◉ 新・電気システム工学 ◉
TKE-5

電気電子計測
［第2版］

廣瀬　明

数理工学社

編者のことば

20 世紀は「電気文明の時代」と言われた．先進国では電気の存在は，日常の生活でも社会経済活動でも余りに当たり前のことになっているため，そのありがたさがほとんど意識されていない．人々が空気や水のありがたさを感じないのと同じである．しかし，現在この地球に住む 60 億の人々の中で，電気の恩恵に浴していない人々がかなりの数に上ることを考えると，この 21 世紀もしばらくは「電気文明の時代」が続くことは間違いないであろう．種々の統計データを見ても，人類の使うエネルギーの中で，電気という形で使われる割合は単調に増え続けており，現在のところ飽和する傾向は見られない．

電気が現実社会で初めて大きな効用を示したのは，電話を主体とする通信の分野であった．その後エネルギーの分野に広がり，ついで無線通信，エレクトロニクス，更にはコンピュータを中核とする情報分野というように，その応用分野はめまぐるしく広がり続けてきた．今や電気工学を基礎とする産業は，いずれの先進国においてもその国を支える戦略的に第一級の産業となっており，この分野での優劣がとりもなおさずその国の産業の盛衰を支配するに至っている．

このような産業を支える技術の基礎となっている電気工学の分野も，その裾野はますます大きな広がりを持つようになっている．これに応じて大学における教育，研究の内容も日進月歩の発展を遂げている．実際，大学における研究やカリキュラムの内容を，新しい技術，産業の出現にあわせて近代化するために払っている時間と労力は相当のものである．このことは当事者以外には案外知られていない．わが国が現在見るような世界に誇れる多くの優れた電気関連産業を持つに至っている背景には，このような地道な努力があることを忘れてはいけないであろう．

本ライブラリに含まれる教科書は，東京大学の電気関係学科の教授が中心となり長年にわたる経験と工夫に基づいて生み出したもので，「電気工学の体系化」および「俯瞰的視野に立つ明解な説明」が特徴となっている．現在のわが国の関係分野において，時代の要請に充分応え得る内容を持っているものと自負している．本教科書が広く世の中で用いられるとともにその経験が次の時代のより良い新しい教科書を生み出す機縁となることを切に願う次第である．

最後に，読者となる多数の学生諸君へ一言．どんなに良い教科書も机に積んでおいては意味がない．また，眺めただけでも役に立たない．内容を理解して，初めて自分の血となり肉となる．この作業は残念ながら「学問に王道なし」のたとえ通り，楽をしてできない辛いものかもしれない．しかし，自分の一部となった知識によって，人類の幸福につながる仕事を為し得たとき，その苦労の何倍もの大きな喜びを享受できるはずである．

2002年9月

編者　関根泰次
日高邦彦
横山明彦

「新・電気システム工学」書目一覧

書目群Ⅰ

1 電気工学通論
2 電気磁気学 ――いかに使いこなすか
3 電気回路理論
4 基礎エネルギー工学［新訂版］
5 電気電子計測［第2版］

書目群Ⅱ

6 はじめての制御工学
7 システム数理工学 ――意思決定のためのシステム分析
8 電気機器学基礎
9 基礎パワーエレクトロニクス
10 エネルギー変換工学 ――エネルギーをいかに生み出すか
11 電力システム工学基礎
12 電気材料基礎論
13 高電圧工学
14 創造性電気工学

書目群Ⅲ

15 電気技術者が応用するための「現代」制御工学
16 電気モータの制御とモーションコントロール
17 交通電気工学
18 電力システム工学
19 グローバルシステム工学
20 超伝導エネルギー工学
21 電磁界応用工学
22 電離気体論
23 プラズマ理工学 ――はじめて学ぶプラズマの基礎と応用
24 電気機器設計法

別巻1 現代パワーエレクトロニクス

第2版へのまえがき

本書の旧版は，2003 年に刊行された．それは筆者にとってはじめての一人で書いた著書であった．電気電子情報分野における種々の計測の概念や手法がその背景に持つ考え方と本質を，読者が高校などで学んだ物理や数理と関連付けて理解することを願いながら執筆した．その目的がいくばくかでも達成されているか心もとないが，ご利用いただいている先生方や学生諸子のご要望を折に触れてうかがうことが，筆者の励みとなっている．

その旧版刊行から 10 年を経た．その間に，急速に教育メディアは多様化し，大学の教程に関わる情報もさまざまな形態のものが試みられるようになった．しかしそれはまた，本というメディアの魅力を顕在化させてもいる．旧版も幸い 2 万人に近い読者を得た．その間，多くの方々からありがたい貴重なご叱正を多数いただき，記述の小修正を重ねた．しかし継ぎはぎが累積して一部には不整合も現れてきていたため，ここで第 2 版を刊行することとなった．

第 2 版では，その基本的な項目や内容に大きな変更はない．しかし読者からもっともご要望の多かった章末問題の略解の増強を図った．本文や図版における変数の不統一や重複も，できる限り解消した．また一部のコラムも含め，最新の状況に合わせた記述に変更した．本書の内容は広範な領域にわたり，説明が不十分なところも多く，またあってはならない誤りもまだまだあるかと恐れる．第 2 版においても，引き続きご叱正をいただきたい．

第 2 版刊行にあたって親身にお世話くださった田島伸彦氏，見寺健氏をはじめ，数理工学社の方々に厚く謝意を表す．

2014 年 11 月

廣瀬　明

まえがき

本書は，電気電子情報関連の計測に関する基盤事項を扱う．その目的は，電気，電子，情報の分野の科学技術者として歩み始める大学学部学生に，その最初に身につけるべき「概念」「方法」「実際」を学び取り，感じ取ってもらうことにある．具体的な内容には，本質的，実用的なもの，あるいは発展性のあるものを選んだ．しかし目的の性格上，それは幅広く多岐にわたる．

現代社会は，この分野の科学技術に大きく依存している．たとえば，電気エネルギー，動力や照明，通信，コンピュータ，放送や娯楽，安全・安心など，関連技術は日常生活のすみずみに浸透している．計測は，さまざまな「自然科学現象」と「人間社会が要請する機能」との間を結びつける，基本的な要素である．学ぶにあたっては，個々の科学技術の本質はどこにあるのかを考えながら，そこで重要な役割を果たしている概念を体得し，また具体的な方法を知識として蓄え，その実際を実感してほしい．そして，それら全体を統合して新たな科学技術を生み出してゆく力を培ってもらいたい．

本書は，電気工学・電子情報工学・電子工学等の学科の学生を主な対象とする講義「電気電子計測」の講義メモを基礎にして書かれた．その際，単学期15回程度の講義を念頭においた．しかし関連科目の履修状況によっては，分量が若干多いかとも思われる．その場合には，長めのいく章かのうち，それぞれの中のやや特殊な内容の節を割愛してもよい．

執筆にあたっては，図版を多くした．また文章をなるべく短くすることを心がけ，箇条書を多用した．そのことが初学者が学ぶために役立つと考えたからである．またできるだけ体系化を意識し，内容相互のつながりを考えた．これは，本来，電気電子計測の内容が雑多で広範囲な技術事項の集積であるため，概念・技術の相互関連が見え難くなりがちであり，そのことが時には体得を難しくする理由のひとつであったと考えるからである．

取り上げた内容については，さまざまな類書を参考にさせていただいた．特に金井寛，斉藤正男，日高邦彦「電気磁気測定の基礎」（昭晃堂，初版 1969 年，第 3 版 1992 年）は著者の学生時代の教科書であり，多くのことを学んだ．またその著者の一人である日高（東京大学）教授が今回の出版の舵取り役の一人となられ，本書の執筆の機会を著者に与えてくださったことに深く感謝する．

計測技術は基本技術であり，その根本的な考え方や心構えは年月にあまり左右されない．しかし同時に，この技術分野は電気電子機器や計測器というモノに密着した先端技術でもあり，刻々変わる機器・計測環境に対応するものでもあって，常に日進月歩で発展している．そのため時代遅れな部分が出てくる可能性もある．また，本書内容は広範囲にわたり，説明が不十分なところも多く，あるいはまた，あってはならない誤りがあるかと恐れる．ご叱正いただきたい．

出版にあたっては，数理工学社の竹田直氏，関口美紀子氏に終始お世話になった．心から感謝の意を表す．

2003 年 7 月

廣瀬　明

目　　次

1 計測の位置付けと基本概念

導入の本章では，計測の位置付けと基本的な事項について述べる．特に，計測は目的があって初めて具体的な方法が決まるものであり，その意味で計測者が主体的にかかわらなければならないものであることに気づいてほしい．そして，そこに計測の面白みもある．

1章で学ぶ概念・キーワード

- 目的があって初めて計測があること
- 直接計測と間接計測
- 零位法と偏位法
- 受動計測と能動計測

1.1 計測とは

計測とは，対象の量やそこに含まれている情報を，何らかの目的のために扱いやすい定量的な数値表現で表すことを指す．

計測には，次の3つの要素が直接かかわる．

(1) **目的：**

まず，何をしたいのか，目的をはっきりさせる．そのために何を知りたいのか，そして何をどう計測するのかを明確にする．たとえば，白熱電球の動作状況を調べるために，フィラメントの抵抗値を求めようと考えたとする．動作時に高温になっているフィラメントの抵抗値は，低温時のそれとは全く異なる．低温のままテスタで計測しても意味のある値は得られない．

(2) **量・情報：**

計測対象が電圧，電流，光の強度，スペクトル密度などの物理量ならば，数値への変換をほぼ客観的に行える．心地良さや味などのかなり主観的な量の場合は，その評価や解釈も一義的ではない．目的を意識して，その量・情報の意味を最も有効に活用できる計測方法を考え採用する．

(3) **数値：**

数値表現の方法も，目的や対象となる量・情報に依存してさまざまである．1つの数値を計測する場合と，複数の関連する数値を計測しそれらの関係をみる場合がある．1個，2個といった離散量と電圧のような連続量がある．また，ある観測条件での1点での値で十分な場合もあれば，1つの変数の関数，あるいは多変数の関数値として扱う必要がある場合もある．等しいことの基準（つりあい，電圧ならば0[V]）や基本的な尺度（スケール，ものさし，1[V]）が明確なものや，逆に曖昧なものもある．目的に見合った最適な表現が必要になる．

1.2　科学技術における計測の位置付け

研究や開発は，さまざまな目的を持っている．目的は1つではないし，人それぞれ，また時々で異なる．たとえば，自分を含むさまざまな人を喜ばせようという目的を，無意識にあるいは意識的に持っている人は少なくないだろう．世の中を解明し，人間や自分を理解するといった楽しみにつながる学問は多い．役に立つものを作り，また害のあるものを消したり作らなくても済むようにしたりして，人の喜びを作り出す研究もある．そして，ほとんどの科学技術分野はその両方の側面を持っている．

科学技術上の研究開発は，実際に生じる現象，あるいは生じるかもしれない現象を，そのような目的に結びつけてゆく作業である．実験や調査によって現実をみて，理論を構築し目的に結びつけられそうな道筋を考え，物を作製したり働きかけたりしてそれを検証する．計測は，そこで理論と現実を結びつける役割を果たしている．また，アンケートや統計処理なども含めれば，計測は広く社会科学でも重要な役割を果たしている．

計測は発見・発明の宝庫だ

計測は主観的なものである．そして，ここに計測者の意図やひらめきが入り得る．たとえば，雑音に対してもよくその内容を吟味して，現象の本質を見逃さないことが大切だ．雑音と思われた現象が重要な発見につながることは，これまでにも数多くある．

たとえば，電子レンジの誕生は，大学での学生実験の計測結果に含まれた雑音がきっかけになった．1920年代に東北大学でマグネトロンとよばれる真空管に関して学生実験を行っていたところ，雑音ともみられる奇妙な電流ゆらぎがみられた．真空管のまわりで人やものが移動すると，それに応じて流れる電流も変化してしまうのである．これをみつけた学生は，その奇妙な現象を，実験の失敗として切り捨ててしまわずに，指導にあたっていた岡部金次郎に報告した．岡部もこのゆらぎを無視せずに詳しく調べ，マイクロ波という短波長の電磁波の発振が起こっていることを発見した．そして，その成果は効率の良い発振器の開発につながった．現在この原理は，電子レンジだけでなく，電磁波を利用する分野で広く応用され暮らしに役立っている．

1.3　科学技術の発展の要となる計測，その例

ここではまず，量子力学の構築の発端となった黒体放射のスペクトル密度の計測結果と理論値のグラフをみてみよう．

1890 年代，波長が長い遠赤外の光のエネルギーを精度良く計測する技術が精力的に研究されていた．なぜならば，黒体放射（ある温度 T の真黒な物体から出る光）のスペクトル密度（波長の関数としての光の強さ）が，それまでの物理では説明のつかない不思議な様相を示すことが徐々に明らかになってきたからである．それを説明するため，さまざまな理論が提案されていた．そして，それら理論を検証し現象を解明するために，放射光を結晶で多重反射させて長波長帯のねらった波長の光を分離する計測方法などが新たに考案された．

図 1.1 は，当時の最新の遠赤外計測の結果例である．ここでは岩塩を多重反射フィルタに使用している．横軸が黒体の温度 T，縦軸がスペクトル密度 $\rho(T)$ であり，遠赤外光（波長 $\lambda = 51.2\,[\mu\mathrm{m}]$）の観測強度がいくつかの点で示され，それを通る実線が引かれている．

一方，その当時の代表的な理論値が破線などで示されており，比較されている．それまでの短い波長の光の計測結果から有望と思われていたものは，ヴィーン (Wien) による理論 (1896 年) で

$$\rho(\nu, T) \propto \nu^3 \exp\left(-\frac{\beta\nu}{T}\right) \quad (\nu \text{ は放射光の周波数，} \beta \text{ は調整パラメータ})$$

である．この式は，短波長の光を計測すると実験値によく合うのであるが，新たに図のような遠赤外領域で計測結果が得られると，それは実測から外れることが明らかになった．

その他の理論値，特にレイリー (Rayleigh) による理論値 (1900 年 6 月) の

$$\rho(\nu, T) \propto \nu^2 T \exp\left(-\frac{\beta\nu}{T}\right)$$

は観測値によく一致しているようにみえる．しかしこのグラフではうまく一致しているかにみえるが，高温・短波長の領域では計測値から大幅にずれてくるのである．

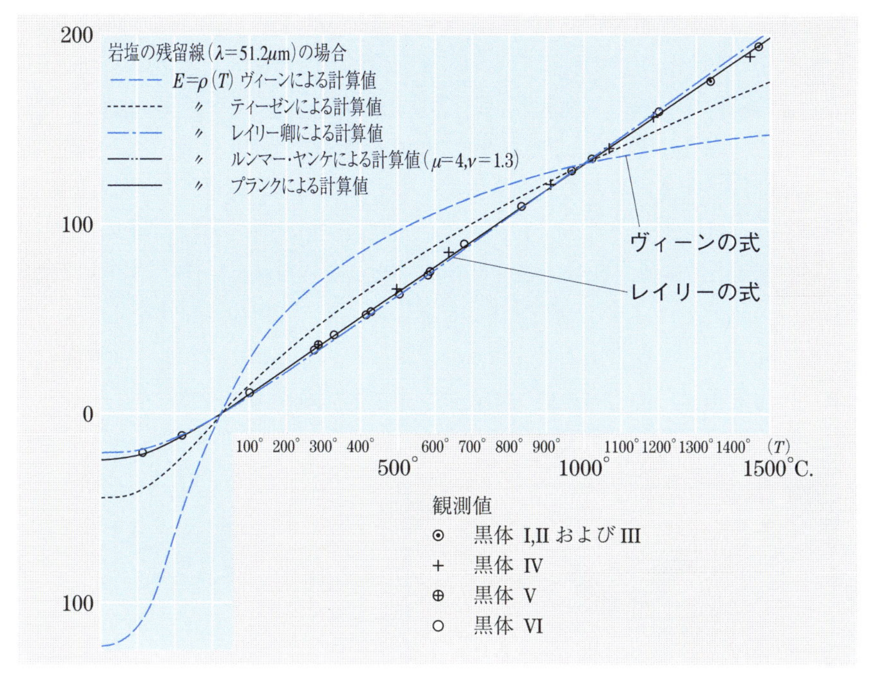

図 1.1 量子力学構築の発端となった黒体放射のスペクトル密度の計測グラフと理論値（H. Rubens and F. Kurlbaum，プロシア科学学士院会報 (1900), p.929 による）.

計測の対象波長や温度をさまざまに設定し，検出方法に工夫をこらして計測精度を高めることで，より詳しく広い範囲の計測結果が得られていった．そして，すべてをうまく説明する実験式として，後に正しいことがわかるプランク (Planck) の式 (1900 年 10 月) が導かれた.

$$\rho(\nu, T) = \frac{8\pi h\nu^3}{c^3}\frac{1}{e^{h\nu/kT} - 1} \tag{1.1}$$

h はプランク定数とよばれることになる定数である．そして，プランクはその式の意味を考え，$h\nu$ がエネルギーをやり取りするときの 1 つのかたまり（量子）である，とする解釈に至った．これがきっかけで，量子論が生まれてゆくことになる．黒体放射という基本物理量を計測して新しい物理理論を打ちたてるには，物質の性質を生かした巧みなフィルタを作り，広い波長範囲・広い温度範囲にわたって精度の高い計測を実現する必要があった．

現代物理のもう1つの柱である相対性理論も，光速が一定であるという実験事実に基づいている．マイケルソン (Michelson) とモーリー (Morley) の実験 (1887) で，彼らは図 1.2 (a) のような 2 つの腕を持つ干渉計を使った．干渉計の感度を極限まで高めるため，腕を幾重にも折りたたみ，光の実効的な腕の距離をできるだけ長くとった．これをさまざまな方向に向け，地球の自転や公転を利用しながら（図 1.2 (b)），当時は存在すると考えられていた電磁波を伝える媒質（エーテル）に対して相対速度を変化させて，光速の変化を検出しようとした．しかし，向きを変えても光速の変化は検出されなかった．すなわち，光速が一定であり，エーテルが存在しないことを高い精度で確認した．

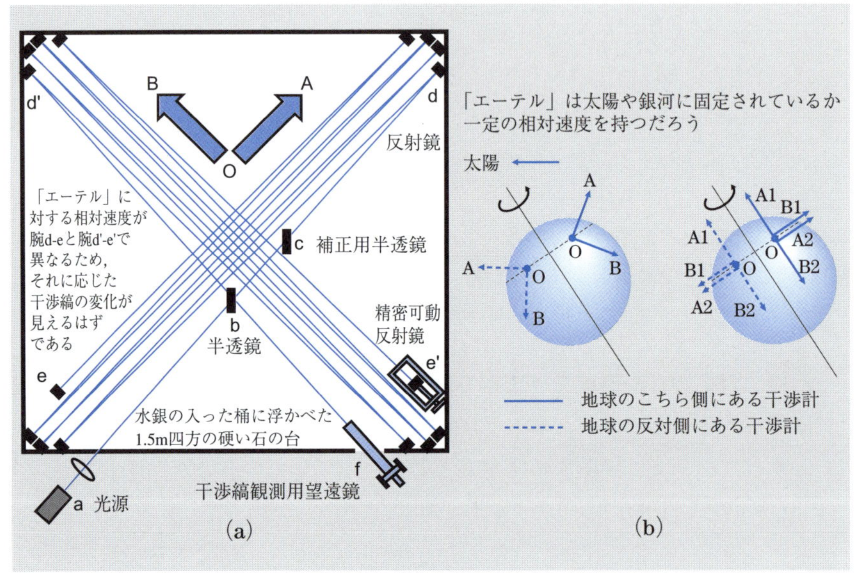

図 1.2　マイケルソンとモーリーによる光の干渉実験：(a) 光路を多重に折りたたみ干渉計の腕を長くして感度を高めた干渉計と (b) 地球の自転や公転を利用して，どこか（たとえば太陽や銀河系）に固定されているであろう「エーテル」に対する 2 つの腕の相対速度を変化させる方法（(a) は A.A. Michelson and E.W. Morley, American Journal of Science (1887), pp.333–345 による）．

1.4　計測上の実際的な注意点

黒体放射や光速の例は物理の基本にかかわることであり，広い計測範囲や高い精度が要求された．一方，応用がはっきりしている分野では，実際の利用状況に重点をおいた計測が必要になるだろう．

電気電子情報分野は，基盤的かつ実用的な科学技術である．したがって，これから本書で学んでゆく計測では，基本原理から応用・利用方法までを見渡して実行する必要があるものが多い．計測対象の選択と方法は，計測するその人のセンスや思想を反映する．

次のような実際的な心構えが挙げられる．

(1)　目的に合っているか，計測条件は妥当か：

何を計測するのか，その計測方法は，計測値の利用目的に適っているか．

(2)　見込まれる誤差は適当か：

関連する計測に比べて極端に誤差が大きすぎたり，逆に小さすぎたり（計測時間がかかりすぎたり大げさな計測装置を使用していたり）していないか．

(3)　典型的な計測結果を想像しつつ，しかし同時に先入観を持たないように留意しているか：

人間は物事を主観的にしか見ることができない．謙虚な心持ちで柔軟に臨む．

(4)　計測結果は計測の進行と同時にチェック可能であるか：

あとでまとめてチェックしようとするのでは，計測結果に疑問があるときに適応的に対処できない．

(5)　再計測は可能か，他の人も追実験できるか：

計測の客観性を保つために重要である．

1.5 計測の要素

計測にかかわる要素を挙げれば，次のようになる．全体として整合的であるか確認しよう．

(1) **計測されるべき量や情報：**

たとえば黒体放射の例であれば，光の強度（スペクトル密度）．

(2) **計測の枠組み**（仮定や前提）**：**

黒体放射の例であれば，温度の関数で周波数の関数でもある．また，関数の形はその物理や状況に合致した意味を持つこと．

(3) **計測標準**（単位量）**：**

強度の基準の定義とそれに基づくものさし，それらの精度も重要．

(4) **計測器，計測者：**

計測者が計測器の中身や性質を熟知していないと思わぬ誤りをまねくことがある．

(5) **得られる計測値**（の分布）**：**

有効数字は適当か，雑音を考慮して意味のある桁数になっているか．

「雑音」も主観的なものである

雑音とは，「計測対象の量や情報を乱すゆらぎ」である．雑音には「音」という字が入っているが，音に限られるものではない．英語では **noise** というが，これも音に限らない．望みの計測対象以外の量や情報が計測値に混入すれば，それはすべて雑音である．計測対象によって，光や電波，熱も雑音になる．株式市場ではいわゆる風評の影響も雑音ととらえられるかもしれない．

また，雑音は計測者が決める主観的なものでもある．すなわち，何を雑音と思い，何を望みの対象と思うか，これは時と場合で異なる．携帯電話で話をしている人にとって，相手の声と自分の声は大事な情報である．一方，まわりでそれを聞かされている人にとって，それは雑音だ．クリスマスの街をイルミネーションできれいに彩りたいと思えば，電飾は望ましいものである．しかし，冬の澄んだ空に星を眺めたいと思えば，同じ電飾は雑音になる．

1.6　手法の分類

計測手法は，次のようないくつかの切口で分類が可能である．これらの考え方を糸口にし，狭い視野にとらわれず，目的を達成するために最良の手法を探し選ぼう．

(1)　直接計測と間接計測：

直接計測 (direct measurement) とは，ものさしで長さを測るように直接に量を比較して計測することを指す．**間接計測** (indirect measurement) とは，1 辺の長さ × 他辺の長さ によって長方形の面積を求めるような間接的な計測を指す．

例 1　ある白熱電球にかかっている電圧と流れている電流を交流電圧計と交流電流計でそれぞれ計測したところ（直接計測），実効値で V および I であった．これらを掛け算すると消費電力が $P = VI$ と得られる（間接計測）．

一方，電磁気の原理をうまく利用して交流電力計を実現し，これによって電力 P を計測することもできる（直接計測）．　□

(2)　零位法と偏位法：

零位法 (null method, zero method) とは，天秤の つりあい によって重さを求めるように つりあい のみの利用によって計測を行う手法である．一方，**偏位法** (deflection method) とは，ばねばかりのように変位の量を利用して計測するものであり，基準となる尺度（単位スケール，1[kg] などの基準）が不安定であると，その影響を受けることがある．

例 2　ある電池の電圧を計測したい．図 1.3 (a) に示すように，さまざまな電圧値をもった電池を用意し，これらと比較することによって つりあう ものを探して（検流計に電流がほとんど流れない状態を探して），未知の電池電圧を決定することができれば，これは零位法である．しかし，あらゆる場合に対応できるように標準電池を準備することは，実際には難しい．

一方，もしも指針の振れが電流に比例するように検流計を工夫することができれば，少数の標準電池によって電圧値と検流計の振れ具合との関係を前もって見極めることができる．そして図 1.3 (b) に示すように，未知の電池電圧を振れの度合から求めることができる．これは偏位法である．　□

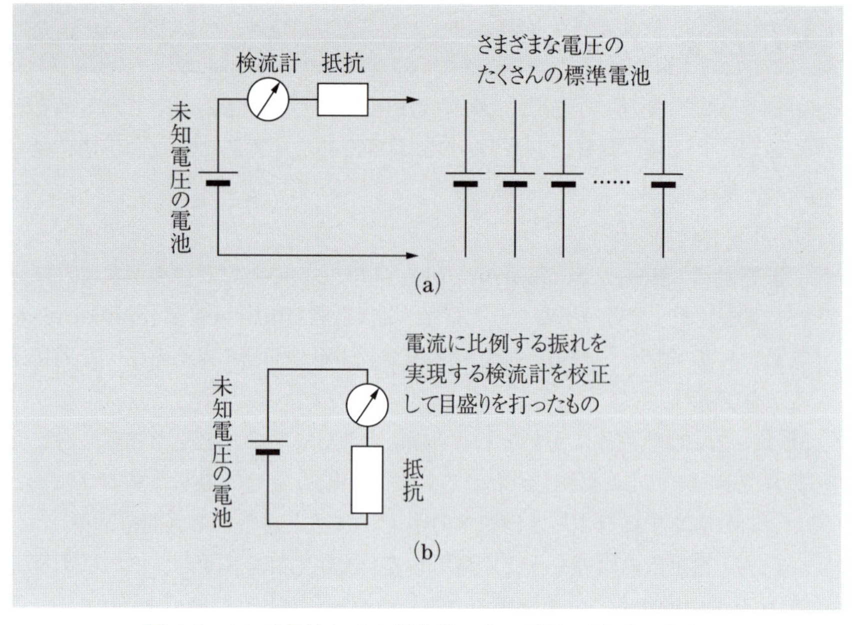

図 1.3　(a) 零位法と (b) 偏位法による電池の電圧の計測

(3)　受動計測と能動計測：

受動計測 (**passive measurement**) とは，目視で飛行機をとらえるときのように，対象現象に陽には働きかけない手法である．**能動計測** (**active measurement**) とは電波を出してレーダで飛行機をとらえるときのように，積極的に対象に働きかけて（対象にエネルギーを与えて）計測する手法である．

例 3　電池の内部抵抗の時間的な増大のようすを計測したいとする．実働状態で外部回路の抵抗と電池端子電圧の変化とからこれを求めれば，これは受動計測といえるだろう．

一方，その電池に外部から探りの電流を注入して電池端子電圧の変化を調べれば，これは能動計測に分類される．後者の場合，注入する電流として交流も許し，その周波数を変化させれば，内部抵抗を周波数の関数として計測することが可能になる．　□

これらは，以降の章の具体例でその都度，詳しくみる．

1章の問題

□**1**　各自の興味ある学問分野や趣味などを考え，そこで計測できたら面白いと思うものを挙げよ．現在，実際には行われていないかもしれない計測や，不可能と思われている計測でもよい．また，実際にそれらを計測する方法の可能性について考えよ．その際，困難と思われる点やその原因を挙げよ．

□**2**　計測において「目的」の明確化がなぜ必要か説明せよ．

□**3**　次の言葉を説明せよ．
・直接計測と間接計測
・零位法と偏位法
・受動計測と能動計測

□**4**　零位法と偏位法の例を，それぞれいくつかずつ挙げよ．

社会生活の計測とプライバシーの保護

近年，情報ネットワークやICカードの利用が世の中で広く進み，技術的には個人個人の行動が細かく記録・蓄積できるようになった．これも計測のひとつである．そのデータを確率・統計的に処理することで有益な情報が取り出されている．防災・減災や交通渋滞回避，社会基盤の整備などの分野を皮切りに，その活用が始まった．それと同時に，多くの場面でプライバシーの問題が発生している．

1970年頃から，いわゆる**POSシステム**（**point of sale system：販売時点情報管理システム**）は小売で広く利用され，その後の会員カードの普及と一緒になって売り上げ促進に利用されてきた．さらに，社会のネット化が進み，多業種で記録システムが導入されて24時間の生活が記録されるとともに，蓄積された情報にさまざまな人が（不正も含めて）アクセスする可能性がある状況となってきた．その情報の網羅性と管理の危うさが問題を顕在化させた．

いつの世の中も，良くも悪しくも，情報管理は政治や社会統治の要であった．1989年にベルリンの壁を崩して東西の人々が合流したとき，光通信や無線通信の分野で働いていた世界の技術者は，情報の流通が世界を変えたと感激したものである．現在の情報収集・利活用社会も，その運用方法をオープンに議論して広く合意を得ることが，長期的な展開には欠かせない．経済活動や政治でありがちだが，出し抜いて事を進めようとすると後顧の憂いを残す．これは社会人としても電気電子情報分野の技術者としても，責任を持つべき仕事である．

mF や nF はあまり使われない

電気部品の呼称に使われる単位の接頭語（表 3.4）は，実際にはふつうにすべてが用いられているわけではない．たとえば抵抗の場合，部品としては [mΩ], [Ω], [kΩ], [MΩ] くらいである．それ以下やそれ以上は，部品として作りづらいからだ．コイルでは，[mH], [μH], [nH] などがよく使われる．

面白いのはコンデンサで，よく使われるのは [μF] と [pF] である．[mF] や [nF] はほとんど見られない．たとえば，直流電源の整流用の電解コンデンサには，1000 [μF] とか 4700 [μF] などが使われるが，これらを 1 [mF] とか 4.7 [mF] とよぶことはない．また，1000 [pF] とか 2200 [pF] とはよぶが，1 [nF] とか 2.2 [nF] とよぶことはあまりない．これらは単に慣習による．コンデンサ表面に，102（= 1000 [pF]）とか 223（= 22000 [pF] = 0.022 [μF]）などの表記で値が記載されている場合，その解読にはこのような常識も要求される．なお集積回路を議論するときには，もっと小さい [fF] なども使われる．

一方，部品の値の仮数部分（位取り以外の値）の並び方は，E ○○系列とよばれるものが用いられている．これは対数軸上で○○個の値が 1 つの桁の中で等間隔に並ぶものである．これによって，計算上望ましい値の部品が見つからずに実在の部品を使用しなければならないとき

$$\text{正規化された誤差} = \frac{\text{理想との誤差}}{\text{素子の値}}$$

が均等に分布するように工夫されている．これらの系列の値を下に示す．その他に E48 系列，E96 系列などもある．

E6 系列：10, 15, 22, 33, 47, 68

E12 系列：10, 12, 15, 18, 22, 27, 33, 39, 47, 56, 68, 82

E24 系列：10, 11, 12, 13, 15, 16, 18, 20, 22, 24, 27, 30, 33, 36, 39, 43, 47, 51, 56, 62, 68, 75, 82, 91

2 統計的な性質と処理

本章では計測の基礎のうち，主に数理統計的な概念を学ぶ．それらはやや抽象的だが，さまざまな計測に生じる雑音をどう扱うかにもかかわる重要な基礎概念である．

2章で学ぶ概念・キーワード

- 誤差，偏差，ばらつき
- 標本，標本平均，標本分散
- 母集団，母平均，母分散
- 不偏推定量，不偏平均，不偏分散
- 仮説検定
- 誤差の伝搬
- 相関，相関係数
- 有効数字

2.1 誤　　差

誤差 (error) とは，計測によって得られる計測値と（仮想的な）真の値との差である．誤差には，**系統誤差** (systematic error) と**偶然誤差** (accidental error) が含まれる．それらは次のような関係にある．

$$\text{（誤差）} \equiv \text{（計測値）} - \text{（真の値）} \tag{2.1}$$

$$\begin{aligned}\text{（誤差）} &= \text{（系統誤差：追求可能な要因による偏り）} \\ &\quad + \text{（偶然誤差：その他の要因による偏り）}\end{aligned} \tag{2.2}$$

系統誤差 ←
- 理論的誤差（仮定，近似など）
- 計測器の性能限界（仕様）
- 計測器の調整不足，扱い方の問題（応答速度不足など）
- 計測者のくせ（目盛りの読み取りのくせなど）

偶然誤差 ← いわゆる雑音によるもの（熱雑音，量子雑音，$\cdots$）

注意　本書では記号 “≡” は，左辺を右辺によって定義することを意味する．□

誤差に関連する用語には，次のようなものがある．1つのことがらについて多数回計測した結果として得られる計測値は，誤差のためにふつう図2.1のような分布を持つ．**偏差**あるいは**偏り** (bias, deviation) と**ばらつき** (scattering, dispersion) は，それぞれ図2.1に示されるような量である．真の値は未知であるので，真の偏差を知ることはふつうできない．また，計測の試行ごとに生じるゆらぎの統計的な大きさが，ばらつきである．

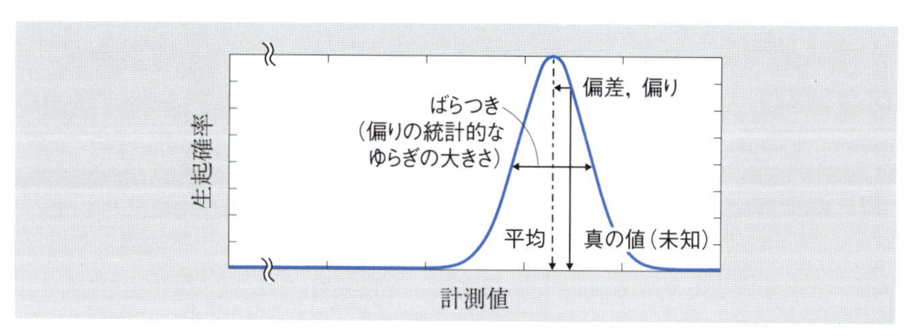

図 2.1　計測値の分布と関連する用語

その他に，次のような概念がある．これらの言葉は，特性表によって計測器の性能を表すときにも使われる．計測器の仕様の例を，表 2.1 に示す．

(1) **分解能 (resolution)**：計測器が検知可能な差異の細かさ．

(2) **精度 (precision, accuracy)**：誤差（偏差とばらつき）の少なさの度合い．

(3) **確度**（同上）：計測器に指定された使用条件で生じ得る最大の誤差の少なさの度合い．

(4) **器差**：計測器で生じる誤差のすべて．計測器の属性としてみたもの．

表 2.1　多機能ディジタルテスタの仕様の例

抵抗計測

レンジ	測定周波数	分解能	確度
100 Ω	DC, 100 kHz	0.01 Ω	± (1% + 1 Ω)
1 kΩ	DC, 100 kHz	0.1 Ω	± (1% + 読み値/フルスケール%)
10 kΩ	DC, 100 kHz	1 Ω	± (1% + 読み値/フルスケール%)
100 kΩ	DC, 10 kHz	10 Ω	± (1.5% + 読み値/フルスケール%)
1 MΩ	DC	100 Ω	± 3%

容量計測

レンジ	測定周波数	分解能	確度
100 pF	10, 100 kHz	0.01 pF	± (3% + 5 pF)
1000 pF	1, 100 kHz	0.1 pF	± (3% + 5 pF)
0.01 μF	1, 100 kHz	1 pF	± 3%
0.1 μF	1, 10 kHz	10 pF	± 3%
1 μF	120 Hz, 100 kHz	100 pF	± 3%
10 μF	120 Hz, 1 kHz	1000 pF	± 3%
100 μF	120 Hz, 1 kHz	0.01 μF	± 3%
1000 μF	120 Hz	0.1 μF	± 3%

インダクタンス計測

レンジ	測定周波数	分解能	確度
10 μH	100 kHz	1 nH	± (5% + 3 μH)
100 μH	10, 100 kHz	10 nH	± (5% + 30 μH)
1 mH	1, 100 kHz	100 nH	± (5% + 300 μH)
10 mH	120 Hz, 100 kHz	1 μH	± (5% + 3 mH)
100 mH	120 Hz, 1 kHz	10 μH	± (5% + 3 mH)
1 H	120 Hz	100 μH	± (5% + 30 mH)
10 H	120 Hz	1 mH	± (5% + 300 mH)
100 H	120 Hz	10 mH	± (5% + 3 H)
1 kH	120 Hz	100 mH	± (10% + 30 H)

2.2 誤差と統計

計測は，図2.2のように，計測される可能性のある値の集合（**母集団** (**population**)）から**標本** (**sample**) を1つ取ってくる作業とみることもできる．母集団から取られた値を x とすると，標本として得られる値の分布 $p(x)$ は，標本の数が増すにしたがって，図2.3に示すような**正規分布** (**normal distribution**)（**ガウス分布** (**Gaussian distribution**) ともよぶ）になる．**平均** (**mean**) μ と，ばらつきの度合を表す**分散** (**variance**) σ^2 を持つ正規分布 $N(\mu, \sigma^2)$ は次のような式で表される．

$$p(x) = N(\mu, \sigma^2) \equiv \frac{1}{\sqrt{2\pi}\,\sigma} \exp\left\{-\frac{(x-\mu)^2}{2\sigma^2}\right\} \tag{2.3}$$

また，σ は偏差のゆらぎの統計的な平均を表し，**標準偏差** (**standard deviation**) とよばれる．

確率分布関数は，全体の積分値（図2.3の着色部分）が1になるように正規化される．正規分布の場合も同様である．特に，平均値 μ から $\pm\sigma$ の範囲に計測値 x がある確率（斜線部分の積分面積）は68%，$\mu \pm 2\sigma$ で95%，$\mu \pm 3\sigma$ では99.7%である．これらの値は計測値の誤差を直感的に評価するために覚えておくと便利である．

また，図2.4のように計測結果をグラフにするとき，場合によってはばらつき具合を $\pm\sigma$ の長さや，その倍数の長さの**エラー・バー** (**error bar**) で表示することもある．

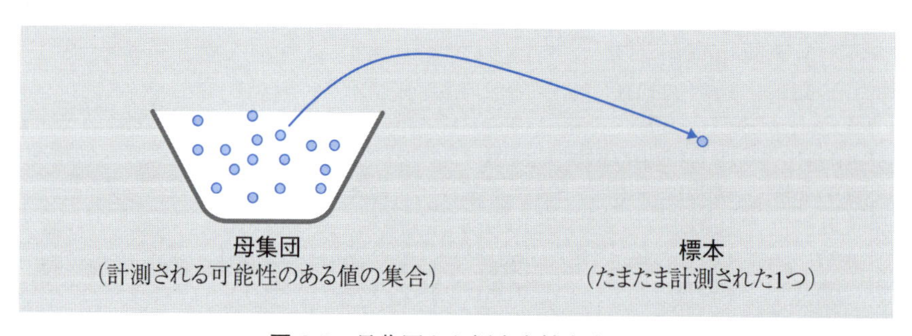

図2.2 母集団から標本を抽出する

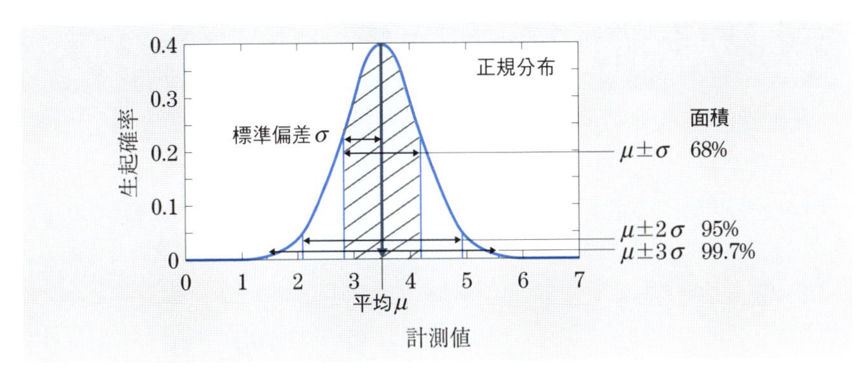

図 2.3　正規分布の形および平均と標準偏差

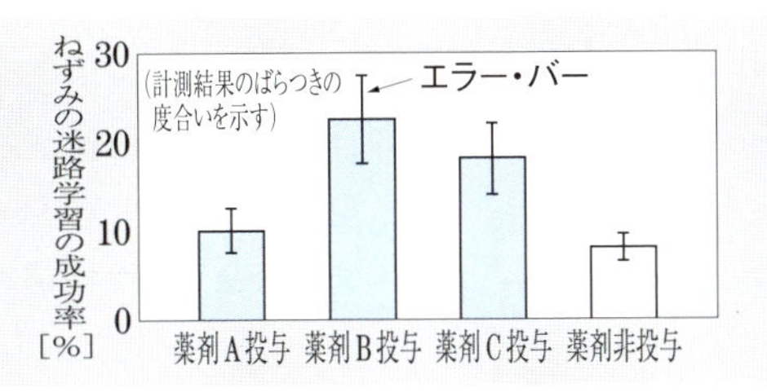

図 2.4　エラー・バーの例．何度も計測して得られた平均結果に対して，その値のばらつき度を縦線で示す．特に，実験結果のばらつきが大きいことが多い生物分野や，物理のうち誤差が重要な意味を持つ基礎分野などで，よく用いられる．

統計的性質を考えることは，厳密な計測をする際にはその数値の有効性（有効桁数など）を見積もるときに不可欠である．統計性の考慮は雑音の取り扱いを考えることでもある．特に工学分野ではいかに雑音の影響を除去・考慮して計測するかが重要である．雑音の除去は，第 11 章で扱う．

一方，統計性が情報表現や情報処理に本質的な役割を果たしている場合もある．脳や神経系におけるパターン処理や，光や電子の量子性を利用する量子計算などである．そこでは統計的な性質自体が情報を担っており，雑音とは別の趣がある．

第 1 章に述べたように一般に，何が誤差（雑音）で，何が計測したい対象（信号）なのかを意識する必要がある．電気電子計測によくみられる計測について，この点も第 11 章で扱うことにする．8 ページのコラムも参照してほしい．

2.3 不偏推定量

計測によって未知の真の値を知りたいわけだが，雑音が大きい場合には誤差も大きくなり，1回の計測では真の値が求められない．ここでは，限られた回数ではあるが何度も計測することによって，どのように真の値が推定されるかについて述べる（これは，第11章で述べる平均化による雑音の除去でもある）．

真の値も一般的には分布していると考えられる．知りたいのは図2.2の母集団の平均や分散である．これらを，**母平均** (**population mean**) および**母分散** (**population variance**) とよぶ．真の値が1つに決まるなら，母分散を0と考えればよい．

これに対し，限られた計測によって得られた標本集合の平均 $\overline{x}$ や分散 S^2 を，**標本平均** (**sample mean**) および**標本分散** (**sample variance**) とよぶ．そして，標本平均や標本分散から標本の取り方に左右されない（偏りのない）値である母平均 μ や母分散 σ^2 を推定したい．そのような推定量を**不偏推定量** (**unbiased estimator**) とよぶ．平均の不偏推定量である**不偏平均**（**unbiased mean**，母平均の推定量）と**不偏分散**（**unbiased variance**，母分散の推定量）は，次のように求められる．

まず，標本集合 $\{x_i\}$ の標本平均 $\overline{x}$ と標本分散 S^2 は，次の値である．

$$\overline{x} \equiv \frac{x_1 + x_2 + \cdots + x_n}{n} \tag{2.4}$$

$$S^2 \equiv \frac{1}{n}\left\{(x_1 - \overline{x})^2 + (x_2 - \overline{x})^2 + \cdots + (x_n - \overline{x})^2\right\} \tag{2.5}$$

そして，標本平均 $\overline{x}$ は，そのままで母平均 μ の良い推定量である．一方，標本分散 S^2 はこのままではやや値が小さすぎ，母分散 σ^2 の推定量とはならない．不偏分散 u^2 は次のように得られる．詳細は，付録Aに記す．

$$\mu \xleftarrow[\text{(推定)}]{} \overline{x} \tag{2.6}$$

$$\sigma^2 \xleftarrow[\text{(推定)}]{} u^2 = \frac{1}{n-1}\left\{(x_1 - \overline{x})^2 + (x_2 - \overline{x})^2 + \cdots + (x_n - \overline{x})^2\right\}$$

$$= \frac{n}{n-1}S^2 \tag{2.7}$$

このように，μ は $\overline{x}$ であると推定され，σ^2 は u^2 であると推定される．すなわち，標本数 n が小さい場合，標本分散は母分散より小さくなる傾向がある．それは標本の取り方自体のばらつきが標本分散に含まれないからである．$n=1$ では分散自体が意味を持たない．また逆に，n を大きくとることによって，標本分散 S^2 は母分散 σ^2 の良い近似になってゆくこともわかる．

例 1　定常状態にあるが，雑音の大きい微小な電圧をディジタル電圧計で何回か計測した結果，次のような電圧値 [μV] の列が得られた．

$$1.33,\quad 1.33,\quad 1.36,\quad 1.35,\quad 1.38$$

このとき，標本平均 $\overline{x}$ と標本分散 S^2 は，式 (2.4) と式 (2.5) によって次のように求められる．

$$\begin{aligned}
\overline{x} &= \frac{1.33+1.33+1.36+1.35+1.38}{5} \\
&= 1.35\,[\mu\mathrm{V}] \\
S^2 &= \frac{1}{5}\{(1.33-1.35)^2 + (1.33-1.35)^2 + (1.36-1.35)^2 \\
&\qquad + (1.35-1.35)^2 + (1.38-1.35)^2\} \\
&= 3.60\times 10^{-4}\,[(\mu\mathrm{V})^2]\ \ (= 3.60\times 10^{-16}\,[\mathrm{V}^2])
\end{aligned}$$

また，不偏平均は $\overline{x}$ と同じであり，一方，不偏分散 u^2 は式 (2.7) によって次のように求められる．

$$\begin{aligned}
u^2 &= \frac{5}{4}\times 3.60\times 10^{-4} \\
&= 4.50\times 10^{-4}\,[(\mu\mathrm{V})^2]
\end{aligned}$$

その結果，母平均 μ と母分散 σ^2 はそれぞれ 1.35 [μV] および 4.50×10^{-4} [$(\mu\mathrm{V})^2$] と推定される．　□

2.4　統計的信頼度と仮説検定

仮説検定 (**hypothesis testing**) とは，ある仮説（計測値）が否定される確率（**危険率** (**risk, risk rate**)）や仮説の**信頼度** (**reliability, degree of reliability**) がどのくらいかを検討し明示することである．

$$(\text{信頼度}) = 1 - (\text{危険率})$$

である．それによって,「○○の信頼度で□□であると推定される」あるいは「真の値が□□であるという判断の信頼度は○○である」と，統計的信頼度を付して計測結果を表示することができる．次のようにこれを行う．

計測結果から得られる不偏平均 $\overline{x}$ も，確率的に分布しているはずである．これを真の平均 μ や標本数を加味したゆらぎ $u/\sqrt{n}$ で平行移動・正規化したような，次の変数 t を考える．

$$t = \frac{\overline{x} - \mu}{u/\sqrt{n}} \tag{2.8}$$

すると，これはあるパラメータ ϕ を持つ次の関数にしたがうことが知られている．

$$f_\phi(t) = \frac{(1 + t^2/\phi)^{(\phi+1)/2}}{\sqrt{\phi}\,B(\phi/2, 1/2)} \quad (\text{ただし，} B \text{ はベータ関数}) \tag{2.9}$$

この分布は **t 分布**（**スチューデントの t 分布** (**Student's t-distribution**)）とよばれ，統計でよく用いられる（Student は発見者の統計学者 W.S. Gosset (1876-1937) のペンネームである）．t 分布は数表が作られており，その概形は図 2.5 のようになる．パラメータ

$$\phi \equiv n - 1 \quad (n \text{ は標本数})$$

を**自由度**とよび，自由度 ϕ の t 分布などとよぶ．$n \to \infty$ で正規分布となる．

すると,「真の平均 μ が $\overline{x} \pm t_{0.05} \times u/\sqrt{n}$ に入る確率は 95%である」などと表現できる．$t_{0.05}$ の値は自由度 ϕ によって決まり，表 2.2 のような値である．

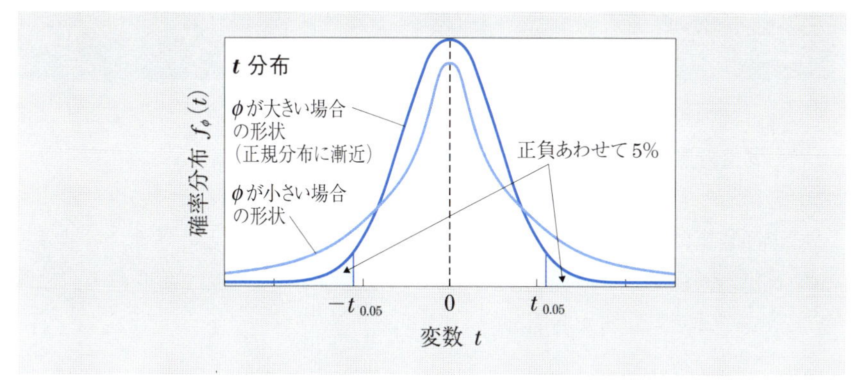

図 2.5　t 分布の概形

表 2.2　標本数 n および自由度 ϕ の t 分布による危険率 5%の t の値 $t_{0.05}$

標本数 n	5	10	20	30	60	∞
自由度 ϕ	4	9	19	29	59	∞
$t_{0.05}$	2.78	2.26	2.09	2.05	2.00	1.96

例 2　電圧を計測し，第 2.3 節の **例 1** に挙げた電圧値の系列が得られたとする．表 2.2 の $n=5$ の値によって，95%の信頼度で次が成り立つ．

$$\left|\frac{\overline{x}-\mu}{u/\sqrt{n}}\right| \leqq 2.78 \tag{2.10}$$

$$\overline{x}-2.78\times\frac{u}{\sqrt{n}} \leqq \mu \leqq \overline{x}+2.78\times\frac{u}{\sqrt{n}} \tag{2.11}$$

例 1 の結果から $u=2.12\times10^{-2}$ [μV] であるから，次を得る．

$$2.78\times\frac{u}{\sqrt{n}}=0.026 \tag{2.12}$$

したがって，真の値 μ [μV] が

$$1.35-0.026 \leqq \mu \leqq 1.35+0.026 \tag{2.13}$$

に入る確率は 95%である，ということができる．なお，第 2.8 節に述べる有効数字の考え方によれば，1.35 と和や差をとることになる ±0.026 の最後の桁はあまり意味が無く，次のような表現が望ましい．

$$1.35-0.03 \leqq \mu \leqq 1.35+0.03$$

□

2.5 誤差の伝搬

直接計測の結果得られた計測値を用いて，計算により求めたい値を得る，すなわち**間接計測**を行う場合，誤差は次のように見積もられる．a と b の値によって c を得るとし，それぞれの値の誤差が Δa, Δb, Δc であるとする．

まず加減算に関しては，誤差は統計的に無相関に生起すると考え，各誤差項を絶対値に置き換えて和をとり，誤差の大きさの上限について次を得る．乗除算については章末問題4参照．

$$\text{加法的}\quad \left.\begin{aligned} c &= a+b \\ c &= a-b \end{aligned}\right\} \rightarrow |\Delta c| = |\Delta a| + |\Delta b| \tag{2.14}$$

$$\text{乗法的}\quad \left.\begin{aligned} c &= ab \\ c &= a/b \end{aligned}\right\} \rightarrow \left|\frac{\Delta c}{c}\right| = \left|\frac{\Delta a}{a}\right| + \left|\frac{\Delta b}{b}\right| \tag{2.15}$$

したがって，次のようなことも明らかになる（導出は章末問題4参照）．

線形和の誤差の上限，平均と分散（A, B を定数とする）

$$c = Aa + Bb \rightarrow \begin{cases} |\Delta c| = |A\Delta a| + |B\Delta b| \\ \mu_c = A\mu_a + B\mu_b \\ \sigma_c^2 = A^2\sigma_a^2 + B^2\sigma_b^2 \end{cases} \tag{2.16}$$

演算が一般的な関数 f で表される場合

$$\alpha = f(a,b,\ldots) \rightarrow \begin{cases} |\Delta\alpha| = \left|\dfrac{\partial f}{\partial a}\Delta a\right| + \left|\dfrac{\partial f}{\partial b}\Delta b\right| + \cdots \\ \mu_\alpha = f(\mu_a, \mu_b, \ldots) \\ \sigma_\alpha^2 = \left(\dfrac{\partial f}{\partial a}\right)^2 \sigma_a^2 + \left(\dfrac{\partial f}{\partial b}\right)^2 \sigma_b^2 + \cdots \end{cases} \tag{2.17}$$

例3　ある長方形の敷地の面積を求めるため，まず辺の長さを計測した．辺の長さは，それぞれ 110.5 ± 0.1 [m]（$\equiv a$），9.82 ± 0.02 [m]（$\equiv b$）であった．面積（$c = ab$）は，そのまま掛け算すれば $c = 1085.11$ [m^2] となる．誤差は式(2.15)によって次のように計算され，面積は 1085 ± 3 [m^2] と見積もられる．

$$\begin{aligned} \Delta c &= (|\Delta a/a| + |\Delta b/b|)c = (0.1/110.5 + 0.02/9.82) \times 1085 \\ &= 2.942 \times 10^{-3} \times 1085 = 3.19\,[\mathrm{m}^2] \end{aligned}$$

□

2.6　相関と相関係数

相関は複数の計測対象があったときに，その間にどのような関係がどのくらいあるかを定量的に示すための量である．複数の種類の計測値系列があった場合，それらを 1 つの空間に示したものを**散布図** (**scatter plot**) とよび，相関を見極めるのに使われる．たとえば人の身長と体重のように 2 つの種類の計測系列 (x_i, y_i)（i：i 番目の人）があったとき，図 2.6 のような散布図を得る．

ここで，x と y の**相関係数** (**correlation coefficient**) ρ_{xy} が，次のように定義される．

$$\rho_{xy} = \frac{\sum_i (x_i - \overline{x})(y_i - \overline{y})}{\sqrt{\sum_i (x_i - \overline{x})^2}\sqrt{\sum_i (y_i - \overline{y})^2}} \tag{2.18}$$

これはベクトルの方向余弦 $\boldsymbol{x} \cdot \boldsymbol{y} / |\boldsymbol{x}||\boldsymbol{y}|$ と類似の表現である．ρ が正ならば正の**相関** (**correlation**) があり（すなわち x_i が大きいと y_i も大きい），負ならば負の相関（その逆）がある．また，統計的に無相関ならば相関係数は 0 になる．図 2.6 の場合，相関係数は正の値をとり，正の相関がある．このとき，各観測点との差の 2 乗和が最小になるような直線（**回帰直線**）を引くと右肩上がりになる．

さらに，多変数の場合には多数の相関係数によって**相関行列** (**correlation matrix**) $\rho_{x_\alpha x_\beta}$ が構成される．なお，2 つの事象に相関があることと因果関係があることとは別のことである．計測に際しても注意が必要である．

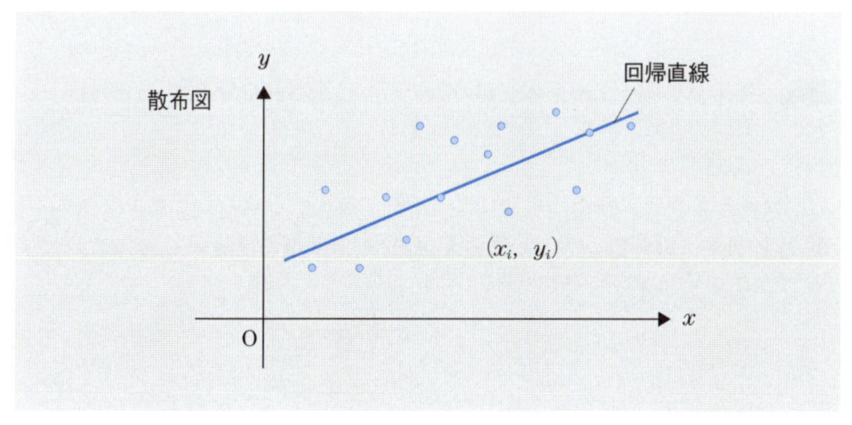

図 2.6　散布図とおよその傾向を表す右肩上がりの回帰直線（正の相関）

2.7　実験式の補間

実験結果からその背後にある原理を追求しようとする場合，理論式を探り当てることになる．実際には，式の形を理論的考察で定め，その式に含まれるパラメータ（定数）を推定する．実験結果から式を求める方法には次のようなものがある．また，統計処理やグラフ描画のソフトウェアには，このような機能が組み込まれている場合が多い．

ラグランジュの補間式 (Lagrange's method of interpolation)

n 点を通る $n-1$ 次式の作り方（たとえば計測点 (x_i, y_i) が3点の場合）：

$$y = y_1 \frac{(x-x_2)(x-x_3)}{(x_1-x_2)(x_1-x_3)} + y_2 \frac{(x-x_3)(x-x_1)}{(x_2-x_3)(x_2-x_1)} + y_3 \frac{(x-x_1)(x-x_2)}{(x_3-x_1)(x_3-x_2)} \tag{2.19}$$

最小二乗法 (method of least squares)

観測点における二乗誤差が最小になる実験式の係数を決定する方法：
実験式の形が $y = f(x; a, b, c, \ldots)$（$x$ は変数，$a, b, c, \ldots$ は定数）と予測されるとき，観測点 (x_i, y_i)（$i = 1, 2, \ldots$）に対して二乗誤差関数 I を作りそれを最小化するように定数を決定する．

$$I \equiv \sum_i (y_i - f(x_i))^2 \quad \left(\frac{\partial I}{\partial a} = 0 \to a \text{ を決定，} \frac{\partial I}{\partial b} = 0 \to b \text{ を決定，} \cdots \right) \tag{2.20}$$

例4　第1章の図1.1の黒体放射の話でも，予測される理論式

$$\rho(T) = \frac{8\pi h\nu^3}{c^3} \frac{1}{e^{h\nu/kT} - 1}$$

のパラメータ h を，最小二乗法によって計測結果から求めることができる．温度 T_i に対する計測値 $y(T_i)$ と理論値 $\rho(T_i)$ で誤差関数を定義し

$$I = \sum_i (y(T_i) - \rho(T_i))^2$$

$$\frac{\partial I}{\partial h} = -\frac{16\pi\nu^3}{c^3} \sum_i (y(T_i) - \rho(T_i)) \frac{\left(1 - \dfrac{h\nu}{kT_i}\right) e^{h\nu/kT_i} - 1}{\left(e^{h\nu/kT_i} - 1\right)^2} = 0$$

として最適な h を数値的に求める（この例ではやや複雑になるが）．　□

2.8 有効数字

有効数字 (**significant figure, significant digit**) は，数で値を表現するときの「意味のある桁（の数字）」のことである．特に工学分野では，数値を表現するとき有効数字の概念を持って丁寧に扱い，無意味な数字を記さないことが，誤解を招かないために重要になる．計測装置の精度や分解能によって，意味のある桁数は決まる．また，統計的には標準偏差程度を有効数字の最小桁とするのが一般的である．

ポイント 1
通常は最小有効桁以下を四捨五入すればよい．

例 5 ある電圧を計測したとき，平均 1.316 [V]，標準偏差 0.02 [V] と得られれば，1.316 ± 0.02 [V] ではなく，1.32 ± 0.02 [V] と表す． □

ポイント 2
表示の仕方を有効数字を含めて明確にする．

例 6 1500 [V] → 有効数字 4 桁（1 ボルトの桁まで確か）
1.50×10^3 [V] → 有効数字 3 桁 □

ポイント 3
引き算による桁落ちに気をつける．

例 7 $1500 - 1475 = 25$ [V]
4 桁　4 桁　2 桁
もともと差が必要な場合には，計測方法自体に工夫が必要であって，初めから差を測る方法をなるべく考案する． □

2章の問題

□**1**　標本分散 S^2 と不偏分散 u^2 の関係を導け．

□**2**　計測によって次のような値の列が得られた．標本平均と標本分散を求めよ．また，不偏平均と不偏分散を求めて，母平均と母分散を推定せよ．さらに，仮説検定の考え方によって真の電圧を信頼度をつけて推定せよ．

101.6, 100.3, 99.7, 99.1, 99.4, 100.3, 101.0, 101.1, 100.6, 99.9

□**3**　計算機を使って乱数を発生させ，標本を多数用意することによって，仮説検定の危険率や信頼度が実際に有効であることを確かめよ．

□**4**　乗法的な誤差の伝搬について，式 (2.15) を導け．また，線形和の場合の式 (2.16) および一般的な関数の場合の式 (2.17) を同様に導け．

透明・公平な徴税方法

誤差や有効数字の考え方は，工学・理学分野ではかなり徹底されていて，製品のカタログや技術書，学術論文でも常に有効数字を意識した書き方がなされている．しかし世の中にはそうでないこともある．徴税方法もその1つだ．所得税の確定申告では，指示に素直にしたがって計算を行えばよい．しかし，有効数字の考え方からいえばかなり大きめな桁数の数を積み上げていって，途中でとたんに切り捨て・切り上げしたり，有効桁数がいいかげんな金額を合算したりするように，指示されていることがある．

また，税率自体もその累進性はステップ状の税率によって実現されていて，誤差や有効数字の考えに合わない．ある金額以上で急に税率が変化するべき原理的な理由は何もない．学生の中にも，アルバイトの収入が非課税になるよう総年収額に注意を払っている人もあろう．現状では，ある金額でとたんに税金がかかるようになっている．各種所得控除の設定方法も，状況を煩雑にしているだけにみえる．これらは，計算機がなかった時代の計算の簡便性のためかもしれない．しかし数値計算が容易になった現代では，もう少し連続的に変化する徴税方法に改められていってもよいかもしれない．そのほうが徴税の公平性や透明性といった原理・原則をよく反映するだろう．

3 単位と標準

単位とは，計測された値を表すためのものさしである．物理量を表すための単位が，どのような思想でいかに定義されているかを学ぶ．そして実際の計測作業に利用可能な形に具現化された標準について，その性質や取り扱い方も含めて学ぶ．また，電気電子情報で不可欠なデシベル表現を身につけてほしい．

3章で学ぶ概念・キーワード

- SI 単位系
- デシベル
- 量子標準
- 標準器

3.1　SI 単位系

世界で使われる数値の単位を統一しておくことは，円滑な情報交換のために欠かせない．科学技術として重要であるばかりでなく，商業的・経済活動的にも重要である．現在の共通単位のシステムは，**SI 単位系** (**SI units**) とよばれている．これは **Système International d'Unités** (**international system of units**) の略で，**国際単位系**ともよばれる．理学・工学的分野では，一般にこの単位系を使用して数量を表す．

表 3.1 に基本的な単位を示す．最も基本的な単位を **SI 基本単位** (**SI base units**) とよぶ．また SI 基本単位を組み合わせて，さまざまな単位を組み立てることができ，それらを **SI 組立単位** (**SI derived units**) とよぶ．SI 組立単位のうち，固有の名称もありよく使われているものを，表 3.2 に示す．これらは物理量の**次元解析** (**dimension analysis**) にも有効である．

例 1　次元解析は，計算に誤りがないかを確認したり，あるいは物理定数間の関係を調べたりするのに重要な手法である．たとえば，表 3.2 にある電圧の単位 V は，仕事率/電流すなわち W/A と考えることにより次のように SI 基本単位に分解することができる．$\mathrm{W} = \mathrm{J/s} = \mathrm{N{\cdot}m/s} = \mathrm{kg{\cdot}m/s^2{\cdot}m/s} = \mathrm{kg{\cdot}m^2/s^3}$ となって，したがって，$\mathrm{V} = \mathrm{kg{\cdot}m^2/s^3/A}$ と分解できる．□

表 3.1　SI 単位系

基本単位		
長さ	1 [m]	メートル
質量	1 [kg]	キログラム
時間	1 [s]	秒
電流	1 [A]	アンペア
温度	1 [K]	ケルビン
物質量	1 [mol]	モル
光度	1 [cd]	カンデラ

→ すべての物理量の単位はこれらの基本単位で組み立てることができる．(組立単位を作ることができる.)

組立単位として表すべきだが，便宜上よく使われるものの例（詳細は表 3.2）		
周波数	$1\,[\mathrm{Hz}] = 1\,[\mathrm{s}^{-1}]$	ヘルツ
抵抗	$1\,[\Omega] = 1\,[\mathrm{V/A}]$	オーム
コンダクタンス	$1\,[\mathrm{S}] = 1\,[\Omega^{-1}]$	ジーメンスあるいはシーメンス (siemens), またあるいはモー (ohm の逆で mho)

表 3.2 固有の名称を持つ SI 組立単位（理科年表（2013 年，丸善）より）

量	単位	単位記号	ほかの表し方	SI 基本単位による表し方
平面角	ラジアン	rad		〈全角で 2π〉
立体角	ステラジアン	sr		〈全角で 4π〉
周波数	ヘルツ (hertz)	Hz		s^{-1}
力	ニュートン (newton)	N		$m \cdot kg \cdot s^{-2}$
圧力，応力	パスカル (pascal)	Pa	N/m^2	$m^{-1} \cdot kg \cdot s^{-2}$
エネルギー，仕事，熱量	ジュール (joule)	J	$N \cdot m$	$m^2 \cdot kg \cdot s^{-2}$
仕事率，電力	ワット (watt)	W	J/s	$m^2 \cdot kg \cdot s^{-3}$
電気量，電荷	クーロン (coulomb)	C		$s \cdot A$
電圧・電位	ボルト (volt)	V	W/A	$m^2 \cdot kg \cdot s^{-3} \cdot A^{-1}$
静電容量	ファラド (farad)	F	C/V	$m^{-2} \cdot kg^{-1} \cdot s^4 \cdot A^2$
電気抵抗	オーム (ohm)	Ω	V/A	$m^2 \cdot kg \cdot s^{-3} \cdot A^{-2}$
コンダクタンス	ジーメンス (siemens)	S	A/V	$m^{-2} \cdot kg^{-1} \cdot s^3 \cdot A^2$
磁束	ウェーバー (weber)	Wb	$V \cdot s$	$m^2 \cdot kg \cdot s^{-2} \cdot A^{-1}$
磁束密度	テスラ (tesla)	T	Wb/m^2	$kg \cdot s^{-2} \cdot A^{-1}$
インダクタンス	ヘンリー (henry)	H	Wb/A	$m^2 \cdot kg \cdot s^{-2} \cdot A^{-2}$
セルシウス温度	セルシウス度 1)	°C		K
光束	ルーメン (lumen)2)	lm	$cd \cdot sr$	cd
照度	ルクス (lux)3)	lx	lm/m^2	$m^{-2} \cdot cd$
放射能	ベクレル (becquerel)4)	Bq		s^{-1}
吸収線量	グレイ (gray)5)	Gy	J/kg	$m^2 \cdot s^{-2}$
線量当量	シーベルト (sievert)6)	Sv	J/kg	$m^2 \cdot s^{-2}$
酵素活性	カタール (katal)7)	kat		$s^{-1} \cdot mol$

1) セルシウス温度 θ は熱力学温度 T により次の式で定義される．

$$\theta\,[°C] = T\,[K] - 273.15$$

2) 1 [lm] は等方性の光度 1 [cd] の点光源から 1 [sr] の立体角内に放射される光束．
3) 1 [lx] は 1 [m^2] の面を，1 [lm] の光束で一様に照らしたときの照度．
4) 1 [Bq] は 1 [s] の間に 1 個の原子崩壊を起こす放射能．
5) 1 [Gy] は放射線のイオン化作用によって，1 [kg] の物質に 1 [J] のエネルギーを与える吸収線量．
6) 1 [Sv] は 1 [Gy] に放射線の生物学的効果の強さを考慮する因子を乗じた量．
7) 1 [kat] は 1 [s] の間に 1 [mol] の基質の化学反応を促進する触媒の酵素活性．

SI基本単位は，表3.3にあるように定義される†．最も基本となるものが**時間**[s]である．原子内電子の量子準位間遷移にともなう放射という，量子的な振る舞いを観測することにより9桁の有効数字を得ている．この高い精度は，量子遷移が基本的な物理現象であることと，波動性・量子性を使うとその本質的な周期性により観測時間に比例した精度が得られることによっている．

表3.3　SI基本単位の定義：( )内は制定年

量	名称	記号	定義
時間 (1967)	秒	s	秒は，セシウム133の原子の基底状態の2つの超微細準位の間の遷移に対応する放射の9 192 631 770周期の継続時間．
長さ (1983)	メートル	m	メートルは，1秒の299 792 458分の1の時間に光が真空中を伝わる行程の長さ．
質量 (2019)	キログラム	kg	キログラムは，プランク定数を$6.62607015 \times 10^{-34}$ [Js] (= [kg m^2/s]) とすることによって定められる質量．
電流 (2019)	アンペア	A	アンペアは，電気素量eを$1.602176634 \times 10^{-19}$ [C] (= [As]) とすることによって定められる電流．
熱力学温度 (2019)	ケルビン	K	ケルビンは，ボルツマン定数k_Bを1.380649×10^{-23} [J/K] (= [kg m^2/s^2/K]) とすることによって定められる温度．なお，0 [K]を絶対零度とする．
物質量 (2019)	モル	mol	1モルは，アボガドロ定数N_Aを$6.02214076 \times 10^{23}$とするとき，それと等しい数の要素粒子または要素粒子の集合体（組成が明確にされたものに限る）で構成された系の物質量．
光度 (1979)	カンデラ	cd	カンデラは，周波数540×10^{12} [Hz]の単色放射を放出し，所定の方向における放射強度が$\frac{1}{683}$ [W/sr]である光源の，その方向における光度．

†）2018年11月に国際度量衡総会にて，質量，電流，熱力学温度，物質量の新たな定義が採択され，2019年5月20日から施行された．この改訂での基本的な考え方については，付録Gを参照．

次に基本的なものが**長さ** [m] である．相対性理論の源が光速一定の法則である．時間と光速から長さを定義する．

質量，**電流**，**温度**，**物質量**の 4 つの定義は，2018 年に改定され 2019 年から施行されている．これらはそれぞれ，プランク定数，電気素量，ボルツマン定数，およびアボガドロ定数の値を「定める」ことによって，定義されるものとした．この改訂は，キログラム原器（1 [kg] を定義し現示する合金の塊）に基づく質量を排除した．また質量をもとにしていた，電流間の力によって定めた電流や 12 [g] の炭素 12 の粒子数という物質量も刷新した．

この改訂の考え方と体系を，付録 G および図 G.1 に記載した．

なお，SI 単位系では，3 桁ずつに区切って桁に名前をつける．その名前を表す **SI 接頭語** (**SI prefix**) を表 3.4 に示す．漢字圏文化では 4 桁区切りが便利だが，インド・ヨーロッパ語的に 3 桁区切りとなっている．

表 3.4 10 の整数乗倍を表す SI 接頭語（理科年表（2013 年，丸善）を改変）

名称		記号	大きさ	名称		記号	大きさ
デカ	(deca)	da	10	デシ	(deci)	d	10^{-1}
ヘクト	(hecto)	h	10^2	センチ	(centi)	c	10^{-2}
キロ	(kilo)	k	10^3	ミリ	(milli)	m	10^{-3}
メガ	(mega)	M	10^6	マイクロ	(micro)	μ	10^{-6}
ギガ	(giga)	G	10^9	ナノ	(nano)	n	10^{-9}
テラ	(tera)	T	10^{12}	ピコ	(pico)	p	10^{-12}
ペタ	(peta)	P	10^{15}	フェムト	(femto)	f	10^{-15}
エクサ	(exa)	E	10^{18}	アト	(atto)	a	10^{-18}
ゼタ	(zetta)	Z	10^{21}	ゼプト	(zepto)	z	10^{-21}
ヨタ	(yotta)	Y	10^{24}	ヨクト	(yocto)	y	10^{-24}
ロナ	(ronna)	R	10^{27}	ロント	(ronto)	r	10^{-27}
クエタ	(quetta)	Q	10^{30}	クエクト	(quecto)	q	10^{-30}

3.2 デシベル表現

特に電気電子情報系で多用される表現にデシベル表現がある．**デシベル** [dB] は信号の実効値パワーや振幅の比を表すときの単位で，次のように定義される．

パワーが P ならば，ある基準パワー P_0 に対して

$$\frac{P}{P_0}\text{倍} \Rightarrow 10\log_{10}\frac{P}{P_0}\,[\mathrm{dB}] \tag{3.1}$$

振幅が A ならば，ある基準振幅 A_0 に対して

$$\frac{A}{A_0}\text{倍} \Rightarrow 20\log_{10}\frac{A}{A_0}\,[\mathrm{dB}] \tag{3.2}$$

デシベル (decibel) は，ベル (bel) という「比の常用対数 $\log_{10}$ をとる単位」(電話の発明者の A.G. Bell による）の 10 倍の値である．ベルは現在あまり使われない．もともと配線の直列接続の減衰や増幅器の縦続接続のゲインの計算を容易にするために考え出された．これによると，掛け算が足し算に変換されて計算が容易になる．計算尺と同じ原理である．

また，式 (3.1) と式 (3.2) では係数を 2 倍だけ違えてあるため，振幅で考えたとしてもパワーで考えたとしても，デシベルで表示すると同じ値になる点も重要なことである．パワー比および振幅比とデシベルの値の例を，表 3.5 に示す．デシベルを知らなければ電気電子情報分野の もぐり である．

例 2　増幅器の増幅度をデシベルで考える例を，図 3.1 に示す．増幅器が 2 つあ

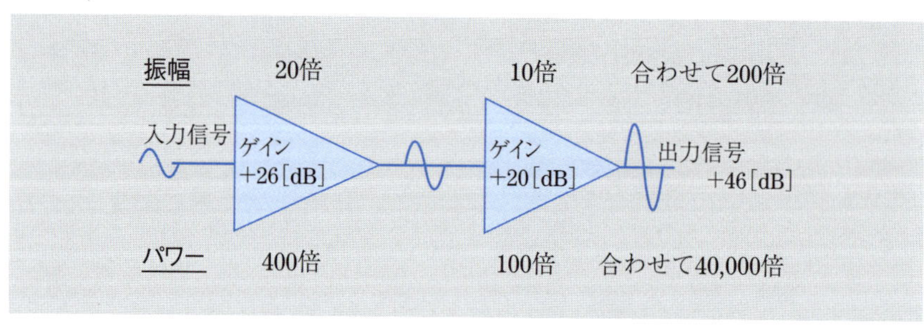

図 3.1　増幅器を例にしたデシベルの考え方

表 3.5　パワー比および振幅比とデシベルの値の対照表

パワー比	振幅比	デシベル
1/100 倍	1/10 倍	−20 [dB]
1/10 倍	1/3 倍	−10 [dB]
1/4 倍	1/2 倍	−6 [dB]
1/2 倍	1/1.4 倍	−3 [dB]
0.79 倍	0.89 倍	−1 [dB]
1 倍（等しい）	1 倍（等しい）	0 [dB]
1.26 倍	1.12 倍	1 [dB]
2 倍	1.4 倍	3 [dB]
4 倍	2 倍	6 [dB]
10 倍	3 倍	10 [dB]
100 倍	10 倍	20 [dB]
1,000 倍	30 倍	30 [dB]
10,000 倍	100 倍	40 [dB]
1,000,000 倍	1,000 倍	60 [dB]
1 億倍	10,000 倍	80 [dB]

り，初めの増幅器が振幅で 20 倍，後の増幅器が振幅で 10 倍の増幅率を持つとする．それぞれの振幅利得は振幅 20 倍 $= +26$ [dB]，振幅 10 倍 $= +20$ [dB] であり，全体の増幅率はこれらの掛け算であって（対数では足し算になり）$26+20 = 46$ [dB] と計算される．□

例 3　図 3.1 をパワーで考えれば，初めの増幅器は（入力や出力のインピーダンス（抵抗）が等しいと考えれば）信号パワーを $20^2 = 400$ 倍に増幅し，また後の増幅器は $10^2 = 100$ 倍に増幅する．その場合でもデシベル表示では増幅率はパワー 400 倍 $= +26$ [dB] およびパワー 100 倍 $= +20$ [dB] であり，全体の増幅率は $26 + 20 = 46$ [dB] と計算される．□

例 4　ある信号ケーブルがある．これによって電気信号を送ると減衰によって 1 [km] 進むごとにパワーが半分（−3 [dB]）になるという．このとき，ケーブルの減衰係数は 1 [km] あたり 3 [dB] であり，すなわち 3 [dB/km] である．たとえば 10 [km] 伝送すると，信号は

$$10\,[\mathrm{km}] \times (-3\,[\mathrm{dB/km}]) = -30\,[\mathrm{dB}]$$

であり，0.001 倍のパワーになる（減衰する）．これは $(1/2)^{10}$ 倍 $\simeq (1/10)^3$ 倍であることに対応している． □

注意 本書では記号 “$\simeq$” は，左辺が右辺で近似されることを表す． □

また，デシベルは人間の感覚を表現する生体情報の分野でも重要である．たとえば騒音の大きさをデシベル表現することは多い．これは人間がそれまでの経験値との比で物事を感じ取る性質があり，その結果として感覚情報が対数表示に適するようになっているからである．

なお，ある共通の基準を決めて絶対表現を行うデシベル表示（**絶対デシベル表現 (absolute dB)**）もある．たとえば次のような単位がある．雑音を扱う第11章でも述べる．

- [dBm] 1 [mW] を基準とする信号電力，ディービーエムなどと読む
- [dBc] 搬送波（キャリア (carrier)）電力を基準とする位相雑音電力
- [dBμ] 1 [μV] を基準とする実効値信号電圧
- [dBi] 仮想的な無指向性（等方性 (isotropic)）アンテナの放射電力を基準とする（主方向の）アンテナ放射電力
- [dBd] ダイポールアンテナ (dipole antenna) の主方向放射電力を基準とする（主方向の）アンテナ放射電力

例 5 抵抗 R で消費される電力は，電圧と電流をかけたものになる．パワー P と電圧 V の関係は

$$P = V\frac{V}{R} = \frac{V^2}{R}$$

となる．$R = 50\,[\Omega]$ の場合，$0\,[\text{dBm}] = 1\,[\text{mW}]$ のパワーに対応する電圧は

$$\begin{aligned} V &= \sqrt{PR} \\ &= \sqrt{0.001\,[\text{W}]\cdot 50\,[\Omega]} = 0.22\,[\text{V}] \end{aligned}$$

になる．これを [dBμ] で表せば，[μV] は [V] と比べて 6 桁だけ 10 進桁が増え，また，$\log_{10} 0.22 = -0.65$ なので

$$20 \times (6\ -0.65) = 107\,[\text{dB}\mu]$$

である．つまり，50 [Ω] の回路では $0\,[\text{dBm}] = 107\,[\text{dB}\mu]$ の換算ができる．第13章に述べるように，高周波の計測はふつう 50 [Ω] のインピーダンスで行われるため，この換算が使える．実際に用いられている． □

3.3 量子標準

電流や電圧などの電気磁気量の計測は，基本単位であるアンペアの定義（表 3.3）に基づくことになる．電子の電荷，すなわち電気素量を定め，電流 × 時間 = 電荷 の関係を使う．この定義は 2018 年に制定され 2019 年から施行されている新しい定義である．

しかしそれ以前には，力の計測を含む複雑な計測方法によって電流を定めていた．またその精度は低かった．そこで以前から，電気量の計測は，**量子標準** (**quantum standard**) によるものに移行していた．量子標準は，時間の定義と同様に量子現象に基づく精度の高いものであり，現在でも広く用いられている．次の 2 つが代表的である．

ジョセフソン電圧標準 (Josephson voltage standard)

ジョセフソン素子 (1962) は，図 3.2 (a) に示されるような構造を持つ超伝導の接合素子である．図のような回路を低温に保って交流電流を流すと，電流が小さいうちは 2 つの超伝導層の間にトンネル電流が流れる．このとき，電圧は発生しない（図 3.2 (b) の電流 I 軸に重なる縦線）．電圧がある閾値を超えると電圧状態に動作がジャンプし，電圧が発生する（抵抗直線上の点から原点への戻りの曲線）．

しかし，これにマイクロ波を照射すると磁束が接合を通り抜けてゆくため，図 3.2 (b) に示されるような電圧の階段が観測される．これは発見者の名前によって**シャピロ・ステップ** (**Shapiro steps**) とよばれる．その 1 段ごとの電圧は量子力学的に次のように決定される（付録 B 参照）．

$$\Delta V = \frac{h}{2e}\,f \tag{3.3}$$

ただし，h はプランク定数，e は電気素量，f はマイクロ波の周波数である．式の形からわかるように，この値は超伝導物質の種類に依存せず，また素子の形状や回路構成に依存しない．したがって，周波数から直接電圧を決定することができる．これにより，現在 8 桁の精度が得られている．式 (3.3) の周波数の係数を逆数で 1 [V] あたりの周波数で表すと

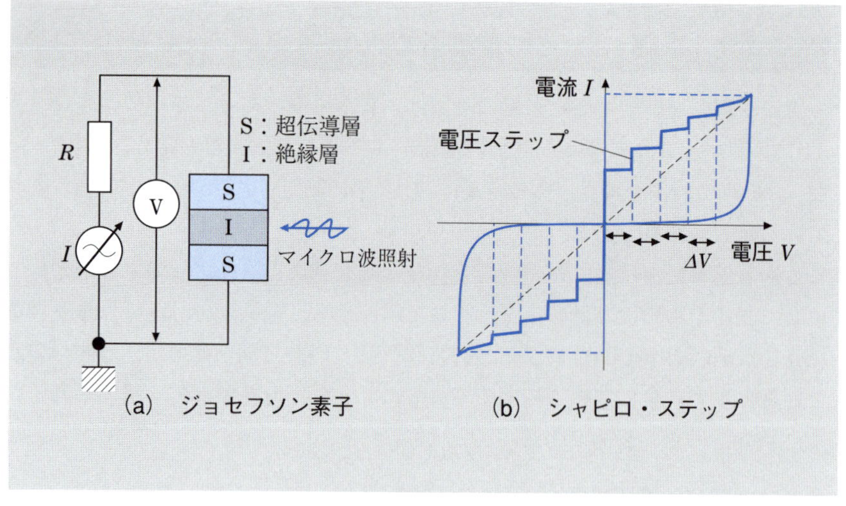

図 3.2　(a) ジョセフソン素子の構造と (b) マイクロ波照射による シャピロ・ステップの発生

$$
\begin{aligned}
K_{\mathrm{J}} &\equiv \frac{2e}{h} \\
&= 4.835979 \times 10^{14}\,[\mathrm{Hz/V}]
\end{aligned}
$$

である．

実際には 10 [GHz] 程度のマイクロ波を照射することになるが，このとき ΔV は 20 [μV] 程度である．このため，ジョセフソン素子を多数（100 個以上）つなげた超伝導集積回路を作り，階段 100 段程度の電圧を観測して，大きな電圧とする．極低温が必要だが，液体ヘリウムを使わず冷凍機で動作可能なものも実現されている．

量子ホール効果抵抗標準 (quantum hall effect resistance standard)

古典的なホール効果は，キャリア密度やキャリア移動度の計測に有効な効果である（付録 C 参照）．量子ホール効果は次のような現象である．図 3.3 に示すように，電界効果トランジスタ（第 7 章）のチャネルのように薄い導電層を極低温にして二次元伝導状態とし，これに強磁界（数テスラ）を印加する．すると，電流を運ぶキャリアは波動性を保ったまま散乱を受けずに運動し，全体として安定な状態をなるべく保つように振る舞う．その結果，ホール抵抗

$$\rho_{xy} = \frac{V_\mathrm{H}}{I}$$

は，磁界の大きさを変化させたときに平坦部を生じるようになる．その値は

$$R_\mathrm{K} \equiv \frac{h}{e^2}$$

の整数分の 1 の値をとる．R_K は**フォン・クリッツィング** (von Klitzing) **の定数** (1980) とよばれ，

$$R_\mathrm{K} = 2.5812807 \times 10^4\ [\Omega]$$

である．8 桁の精度を得ている．

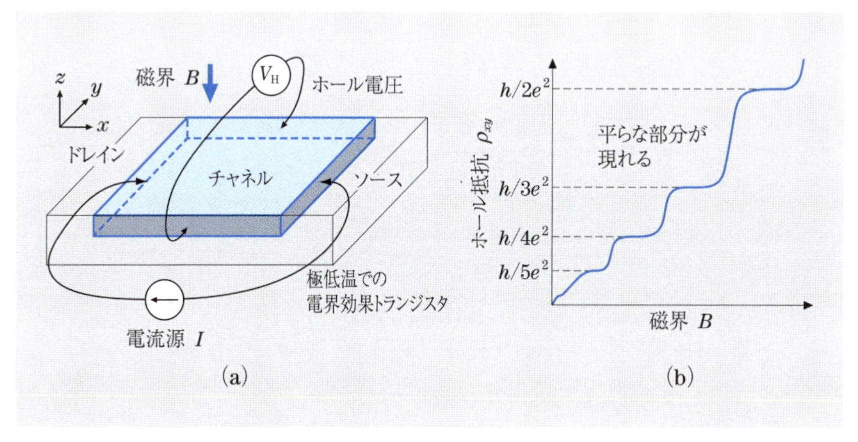

図 3.3 (a) 量子ホール効果の計測方法と (b) ホール抵抗の変化の様子

3.4 可遡及性（トレーサビリティ）と標準器

標準電圧や標準抵抗は，実際に計測や物の生産の際に利用できなければならない．現状では，図 3.4 に示すように標準器の系列を作り，精度に応じて順々に校正できるようにしている．これを**可遡及性**あるいは**トレーサビリティ** (**traceability**) とよぶ．

量子標準などの最も基本的なものは，日本の場合，産業技術総合研究所 (AIST) で管理されており，それによって校正された一次標準も同様である．一次標準で校正された二次標準は，日本電気計器検定所 (JEMIC) で管理されており，それによって，各会社などの標準器は校正される．

一次標準や二次標準で用いられる標準器には次のようなものがある．

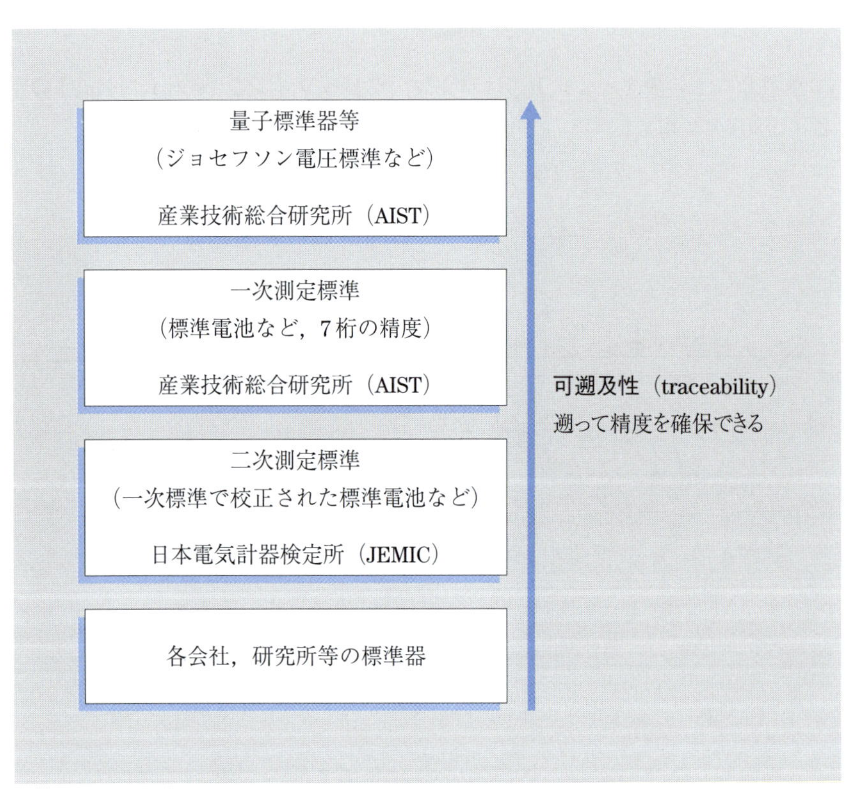

図 3.4 標準器の系列による可遡及性の実現

標準電池 (standard cell)

$CdSO_4$ 溶液と Cd+Hg アマルガムによるガラス封入電池である．図 3.5 (a) にその外観と内部構造を示す．光が減極剤に悪影響を与えるため，遮光ケースに入っている．起電力は配性度によって 1.01861～4 [V] ± 30 [μV] で，温度補正が必要である．中の物質が移動しないよう，運搬や使用にあたって傾けることのないよう気をつける．また機械的なショックに弱いので慎重に取り扱う．一度の測定中に 10^{-5} [C] 以上の電荷を流すと起電力の回復に長時間を要するため，電流を直接取り出さない．電子電圧源をこの電池から構成し，電子回路から電流を供給する．経年変化は 1 [ppm/年] 程度である．

標準抵抗器 (standard resistor)

温度係数が小さく，銅に対する熱起電力が小さいマンガニンを導線とし，アルゴンガスまたは油で密封して安定化している．図 3.5 (b) に示す．ふつう四端子法が採用され，高抵抗ではガードリングが施されている（これらは第 5 章参照）．校正を半年～1 年ごとに行うことにより，0.1～10 [Ω] で 10^{-6}～10^{-7} の安定度を得ている．使用にあたっては，温度上昇に気をつける必要がある．

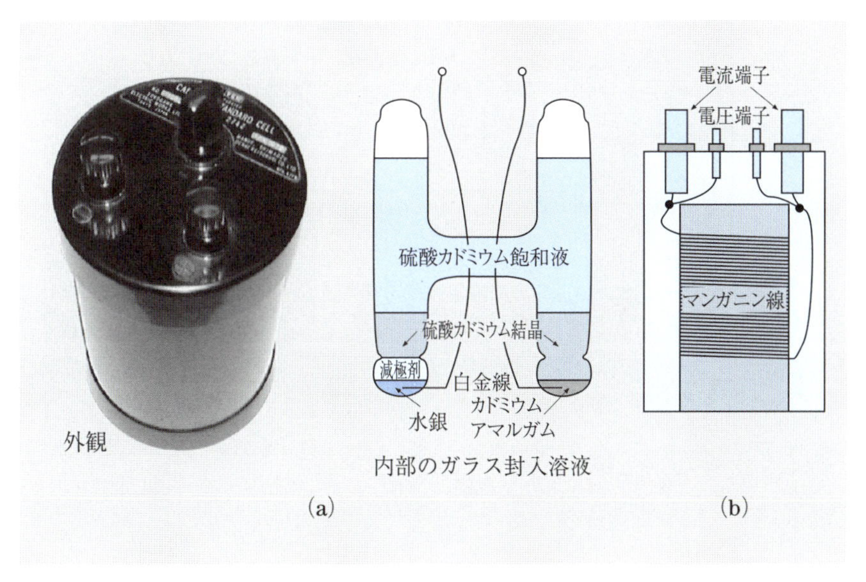

図 3.5　(a) 標準電池と (b) 標準抵抗

3章の問題

□**1** 表3.2に示された固有名称を持つさまざまなSI組立単位について，それをSI基本単位によって表現したときに表3.2の右端の列にあるようになることを，それらの定義と物理法則によって示せ．

□**2** 半導体部品であるオペアンプ（第7章で扱う）の典型的な増幅利得（ゲイン）の値を，オペアンプ規格表などによって調べよ．デシベル表現と，何倍という表現の両方で表せ．

□**3** いくつかの同軸伝送ケーブル（第13章で詳しく調べる）および光ファイバの減衰係数（信号が単位長さ伝搬したときにどれだけその信号が減衰するかを表す係数，第3.2節の**例4**を参照）を表3.6に示す．信号が1 [m], 100 [m], 1 [km]，あるいは100 [km] 伝搬するとき，どのくらい信号は減衰するか．

表3.6 同軸ケーブルおよび光ファイバの減衰係数

ケーブル名称	減衰係数	信号周波数など
3D-2V（絶縁体外径3 [mm]）	0.042 [dB/m]	周波数 10 [MHz]
	0.11 [dB/m]	周波数 200 [MHz]
	0.38 [dB/m]	周波数 2 [GHz]
5D-2V（絶縁体外径5 [mm]）	0.027 [dB/m]	周波数 10 [MHz]
石英系光ファイバ	0.16 [dB/km]	光波長 1.55 [μm]

□**4** 量子標準とは何か．また，どのようなものがあるか，どのような原理によっているか，説明せよ．

□**5** 可遡及性（トレーサビリティ）とは何か，説明せよ．

4 指示計器

指示計器の動作の理解は，計測の実際的な作業の基本になる．電磁気的な原理のみによって作動する単純性のために誤りが少なく，ほとんどの計測器がディジタル化された現在でもその重要性は失われていない．また電磁気の原理をいかに利用するか，基本アイデアにあふれ示唆に富んでいる．指示計器の原理を学ぶことで，電気電子情報計測の根底を身につけよう．

4章で学ぶ概念・キーワード

- 可動コイル形計器，可動鉄片形計器，電流力計形計器，誘導形計器，静電形計器，熱電形計器
- 瞬時値，平均値，絶対値平均，実効値，尖頭値
- 階級

4.1 構造と原理

指針 (indicating needle) によって電圧値や電流値などの電磁気量を指示する計器を，**指示計器** (indicator, meter) とよぶ．電気磁気原理に基づくアナログ計器である．その特長と欠点を挙げる．

長所：

(1) 感覚的に楽に読めるため，計測者の人的誤りを招きにくい．

(2) 計測原理上の誤り（不適切なサンプリング（第9章）など）を発生させにくく，その意味で信頼度が高い．

短所：

(1) 慣性を有する機械的な計測になるため，応答速度が遅い（せいぜい数十[Hz]である）．また，可動部分（指針）があるため機器の寿命が短くなる場合がある．

(2) 人手による読み出しのため，自動計測，反復計測がむずかしい．ただし，計測値をインクで紙に記してグラフとすることは可能で，有用である．

(3) 計算機に接続して複雑な数値処理を行うときの，データの引き渡しが困難である．

ここでは最も一般的な**可動コイル形指示計器** (moving-coil type meter) について，その構造と動作原理を示す．可動コイル形指示計器は，いわゆるアナログ型の電圧計や電流計などに最も一般的に用いられているものである．

図4.1にその構造を示す．電圧や電流を指示する指針は可動コイルに取りつけられている．可動コイルは軟鉄の可動鉄心に巻かれており，それは渦巻型の制動コイルで本体にゆるく固定されている．可動コイルを，磁気回路を構成するための固定鉄心が取り囲んでおり，磁石とともに磁界を生成している．

可動鉄心と固定鉄心の間隙の大きさを一定とし，ここでの磁束密度 B が一様になるようにしてある．コイルの大きさを $a \times b$ とする．コイルが n 巻きで電流 i が流れているとすると，導線に働く力 f がそれぞれ図の向きで，大きさは

$$f = nbBi$$

である．したがって，コイルを回そうとする駆動トルクとして次を得る．

$$T = f\frac{a}{2} \times 2 = nabBi = nABi$$

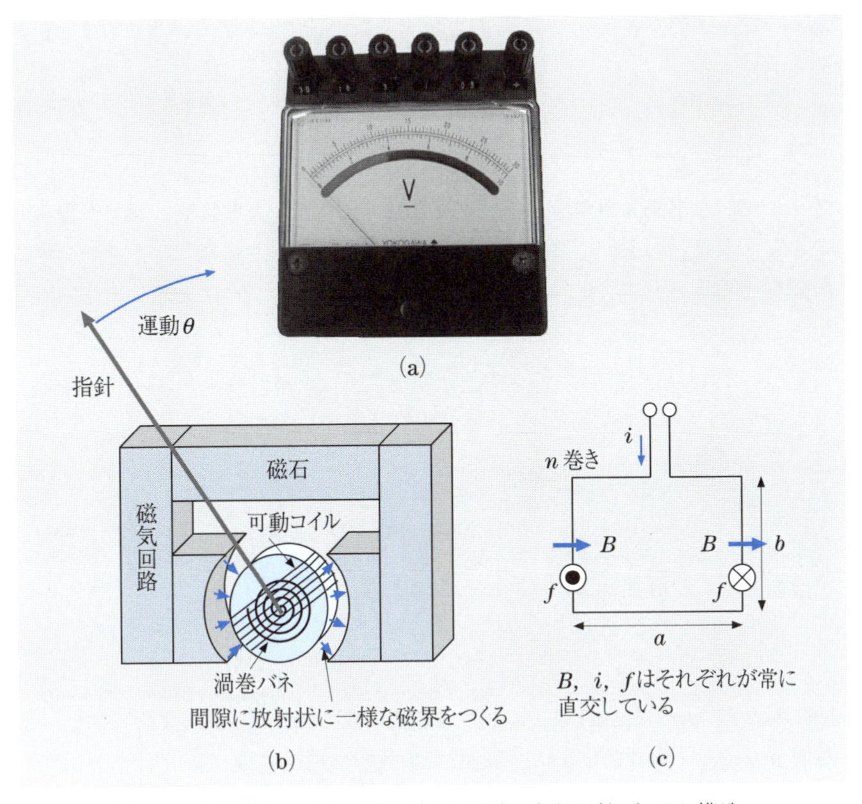

図 4.1 (a) 可動コイル形指示計器の外観（電圧計）と (b) 構造，(c) コイルが受ける力 f と磁界・電流の関係

ただし，$A \equiv ab$ はコイルの面積である．一方，制御トルクは，渦巻バネによって回転角 θ に比例し，定数 c により $T_{\mathrm{d}} = c\theta$ と書くことができる．したがって，つりあいの回転角度 θ_0 は $T = T_{\mathrm{d}}$ より次のように求められる．

$$\theta_0 = \frac{nABi}{c} \tag{4.1}$$

一般に電流値が変化してトルクも変わるときには，I を回転の慣性能率，r を摩擦などによる制動係数として，時間に関する次の微分方程式が得られる．

$$I\frac{d^2\theta}{dt^2} + r\frac{d\theta}{dt} + c\theta = T \tag{4.2}$$

あるいは，制動率 $\delta \equiv r/(2I)$ と固有角周波数 $\omega_0 \equiv \sqrt{c/I}$ で書きなおすと，次のようになる．

$$\frac{d^2\theta}{dt^2} + 2\delta\frac{d\theta}{dt} + \omega_0^2\theta = \frac{T}{I} \tag{4.3}$$

ステップ的な電流入力の場合や，直流成分に周波数が非常に高い雑音が混入しているときなどのように，指針に最終的な静止値がある場合には，その角度は時間微分を0として，$\theta_0 = \overline{T}/(I\omega_0^2)$ である．ただし，$\overline{T}$ はトルクの時間平均である．

また，式(4.3)の一般的な解は，直流分を除いて過渡解を $\theta_{\mathrm{t}} \equiv \theta - \theta_0$ とし，さらに $\theta_{\mathrm{t}}(t) = ae^{pt}$ と仮定して代入によって求めることができる．代入すれば，次のようになる．

$$p^2 + 2\delta p + \omega_0^2 = 0 \tag{4.4}$$

すなわち，この解を p_1 および p_2 としたとき，次を得る．

$$\theta_{\mathrm{t}}(t) = a_1e^{p_1t} + a_2e^{p_2t} \quad (a_1, a_2\text{: 定数}) \tag{4.5}$$

図4.2に示すように，(a) p_1, p_2 がともに複素数であれば振動的な解になり，(b) 重解 $p_1 = p_2$ で臨界的，(c) 2実数解で指数的に漸近する．

指示計器はだいたい(b)よりもやや振動的になるように作製されている．このほうが人間が読みやすい．ただし，後に述べる衝撃検流計の場合には，周期の長い（20秒ぐらい）振動的応答となるようにして，電荷量測定などに利用する．

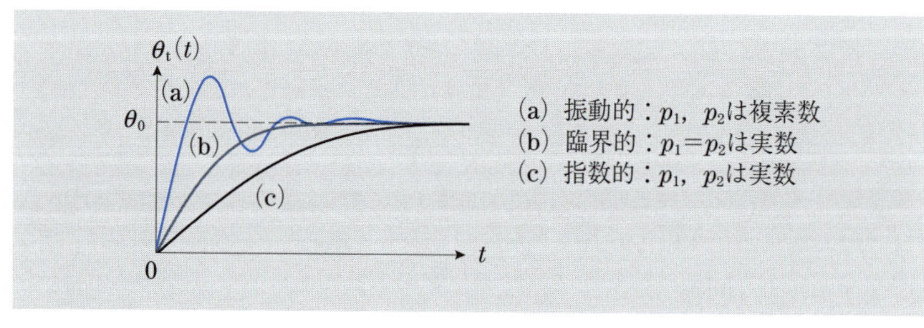

図4.2 コイルの運動：(a) 振動的，(b) 臨界的，(c) 指数漸近的な場合

4.2 回路種類と指示値

前節のように指示計器の指針は慣性を持った力学系として動作するため，その指示値は時間的平均にならざるを得ない．そのため，時間的に変動している信号を計測する場合，どのような回路によって計測対象に接続するかによって，次のように指針の指示値が異なってくる．図 4.3 に代表的なものを示す．

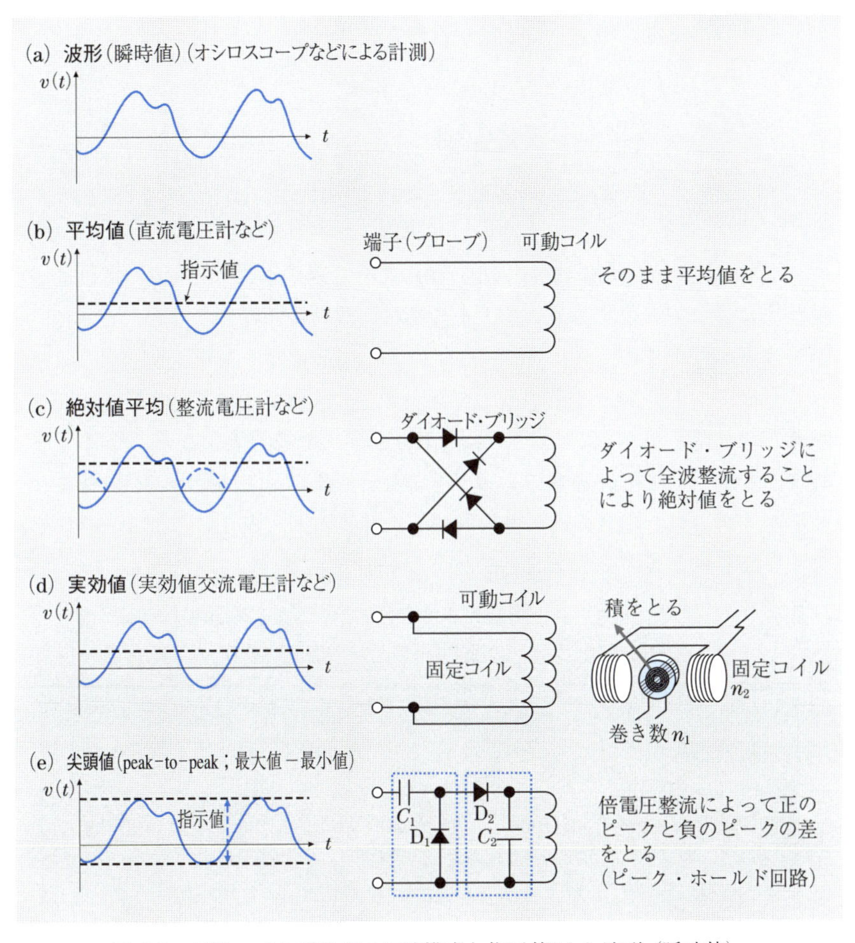

図 4.3 可動コイル形計器の回路構成と指示値：(a) 波形（瞬時値），(b) 平均値，(c) 絶対値平均，(d) 実効値，(e) 尖頭値

電圧を計測するとしよう．(a) 変動している本来の**波形** (**waveform**) は，オシロスコープによって観測することになる．(b) **平均値** (**average value**) を計測するには，可動コイル形指示計器の端子をそのまま接続すればよい．(c) **絶対値平均** (**average absolute value**) をとるには，ダイオード・ブリッジによって全波整流する．(d) 交流計測では**実効値** (**effective value**)（第6章）が重要になることが多い．この場合には，2乗が計測されるように固定磁界も計測電流によってつくる．固定コイルの巻き数が n_2，可動コイルの巻き数が n_1 であれば，次のように電流 i の2乗が計測される．

$$\begin{aligned}&\text{コイルの面積 } A,\\ &\text{固定コイルによる磁界 } B \propto n_2 i,\\ &\text{可動コイルのトルク } T = n_1 ABi \ \propto \ n_1 A n_2 i^2\end{aligned} \tag{4.6}$$

(e) また，**尖頭値**（せんとう）(**peak-to-peak value**) を計測することもある．これは倍電圧整流によって実現する．いま，上の端子に負の電圧がかかると，容量 C_1 を適当に選ぶことによりダイオード D_1 によってそのピーク電圧が C_1 に記憶される．次に，上の端子に正の電圧がかかると，入力電圧に C_1 の電圧が上乗せされた合計電圧が C_2 に記憶され，それが指示されることになる．

例1　それぞれの回路種類によって，また波形によって，指示値が異なる．正弦波が入力された場合の指示値の関係を計算すると，表4.1になる．それぞれ全く異なる振る舞いを示すことがわかる．□

表4.1　正弦波が入力された場合のそれぞれの指示計器の指示値の関係
（正弦波の振幅を v_0，実効値を V_0 とし，観測時間 T の平均を考える）

正弦波交流		$v_0 \sin(2\pi ft + \theta)$	$\sqrt{2}\, V_0 \sin(2\pi ft + \theta)$
平均値	$\dfrac{1}{T}\displaystyle\int v(t)dt$	0	0
絶対値平均	$\dfrac{1}{T}\displaystyle\int \lvert v(t)\rvert dt$	$\dfrac{2v_0}{\pi} \simeq 0.64v_0$	$\dfrac{2\sqrt{2}\, V_0}{\pi} \simeq 0.90V_0$
実効値	$\sqrt{\dfrac{1}{T}\displaystyle\int \lvert v(t)\rvert^2 dt}$	$\dfrac{v_0}{\sqrt{2}} \simeq 0.71v_0$	V_0
尖頭値	$v_{\max} - v_{\min}$	$2v_0$	$2\sqrt{2}\, V_0 \simeq 2.8V_0$

4.3　さまざまな構造の指示計器

指示計器を動作原理によって分類すると，次のようになる．

(1)　可動コイル形 (moving-coil type)

第 4.1 節でみてきたものである．最も一般的な指示計器である．

(2)　可動鉄片形 (moving-iron type)

鉄片どうしの斥力（あるいは引力）によりトルクを得るものであり，変位の小さい範囲では電流値の 2 乗が指示される．図 4.4 にその構造を示す．電流によって磁界が発生すると鉄片が同一方向に磁化し反発する．磁化 M_1, M_2 が磁界に対して線形で $M_1, M_2 \propto i$ であるとき，その結果，磁極間にはこれらの積 M_1M_2 に比例した斥力が働き，その大きさは i^2 に比例する．また，鉄片を直列に並べると引力になる．

また，この力は，コイルに蓄えられるエネルギーがどのように変化するかを考えることによっても，得ることができる．可動鉄片形の場合，系に蓄えられるエネルギーはコイルの自己インダクタンスを L とすると $E = (1/2)Li^2$ である．**仮想変位 (virtual displacement)** の考え方によれば，一般的にどのような計器でも，可動部分に働く力 f はエネルギー E を変位 x で偏微分したものになる．

$$f = \frac{\partial E}{\partial x} = \frac{1}{2}i^2\frac{\partial L}{\partial x} \tag{4.7}$$

また回転部分を設けて指針を振らせるならば，そのトルクはエネルギーを指針

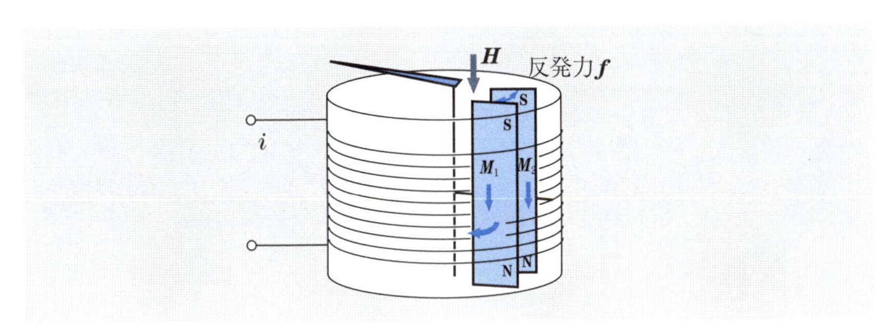

図 4.4　可動鉄片形指示計器の構造

の角度で偏微分したものになる．可動鉄片形の場合にこれによって回転する指針のトルクを得ようとすると，トルクは次のようになる．

$$T = \frac{\partial E}{\partial \theta} = \frac{1}{2} i^2 \frac{\partial L}{\partial \theta} \tag{4.8}$$

例 2　可動鉄片形では，変位が小さい範囲では電流の2乗に比例した指示値が得られる．また直流にも交流にも利用できる．ただし，1 [kHz] 程度を超える周波数の交流では，渦電流やヒステリシスの影響で誤差が大きくなる．渦電流などの損失については，第12章を参照のこと．□

(3)　電流力計形 (electrodynamic type)

実効値の計測（図4.3 (d)）でみたような，電流によって固定磁界をつくり2つの電流の積をとるものである．一般的には2つのコイルに流れる電流は別々でよく，2つの電流値 i_1 と i_2 の積（瞬時値）の平均が指示される．たとえば，図4.5のようにすれば，電源から負荷に供給される実効値電力（第6章）が計測される．

この場合にも同様に，系に蓄えられるエネルギー E は，相互インダクタンスを M として，$E = i_1 i_2 M$ である．ただし，i_1 と i_2 に位相差 ϕ がある場合には，エネルギーは時間平均として $E = \overline{i_1}\ \overline{i_2} \cos\phi\ M$ となる（実効値になる）．したがって，得られるトルクは回転角を θ とすると，次のようになる．

$$T = \overline{i_1}\ \overline{i_2} \cos\phi\ \frac{\partial M}{\partial \theta} \tag{4.9}$$

可動コイル形と同様の磁気回路を使って，可動コイルが回転しても磁界が一定であるようにすれば，M の変化はなくなり常に $T = \overline{i_1}\ \overline{i_2} \cos\phi$ となる．すると，制動渦巻ばねをつけた場合，それによって決まる平衡点は $\theta_0 = T/c \propto \overline{i_1}\ \overline{i_2} \cos\phi$ となって積の実効値が計測できる．

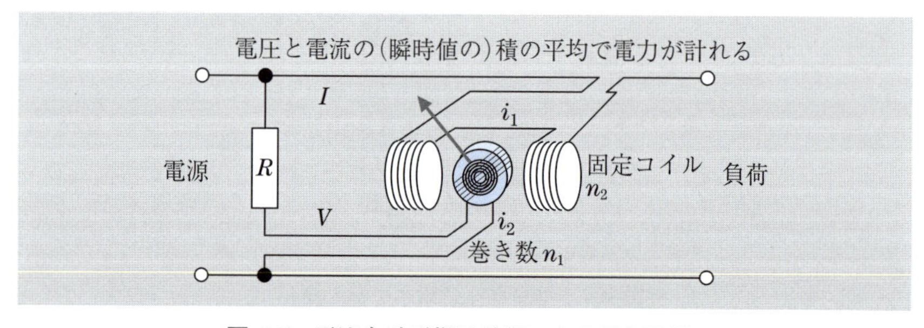

図 4.5　電流力計形指示計器による電力計測

(4)　誘導形 (induction type)

渦電流による反発を利用して導体を回転させる方式で，無限に何回でも回転させられるため積算が必要な計測に適している．構造を図 4.6 に示す．正弦波電流 i_1 と i_2 にはコンデンサやコイルによって位相差をつけて，なんらかの回転磁界が発生するようにする．計測されるべき電流が電流に比例した磁界をつくり，その磁界がそれに比例した渦電流をつくる．その結果，もとの電流と渦電流との反発力が生まれる．したがって，このときのトルクははじめにできる磁界の 2 乗に比例し，したがって電流値の 2 乗に比例することとなる．

例 3　いま，位相がちょうど 90 度異なる i_1 による磁界 H_1 と i_2 による磁界 H_2 がある．ただし，i_1 と i_2 の大きさは互いに異なっていてもよい．

$$H_1 = h_1 \cos \omega t \tag{4.10}$$

$$H_2 = h_2 \sin \omega t \tag{4.11}$$

h_1 と h_2 の大きさが異なると回転する楕円磁界になる．これを次のように書きなおしてみる．

$$\begin{aligned} H_1 &= \frac{h_1 + h_2}{2} \cos \omega t + \frac{h_1 - h_2}{2} \cos \omega t \\ &= H_{\mathrm{cc}} \cos \omega t + H_{\mathrm{c}} \cos \omega t \qquad (4.12) \\ H_2 &= \frac{h_2 + h_1}{2} \sin \omega t - \frac{h_1 - h_2}{2} \sin \omega t \\ &= H_{\mathrm{cc}} \sin \omega t - H_{\mathrm{c}} \sin \omega t \qquad (4.13) \end{aligned}$$

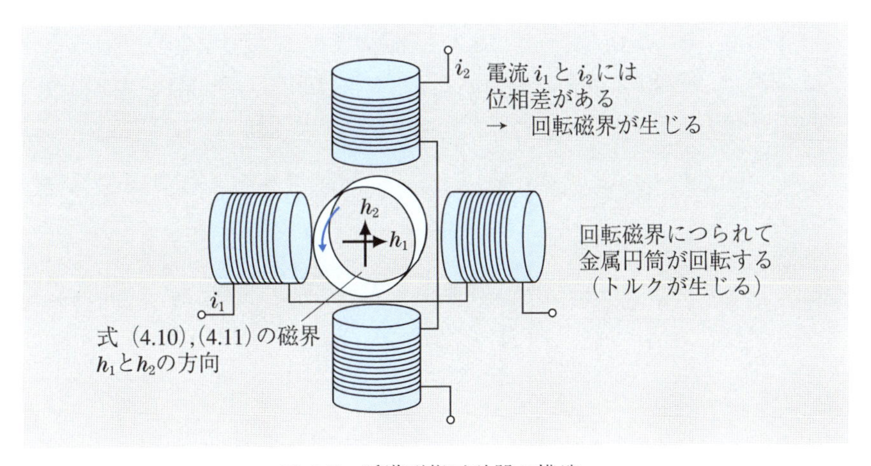

図 4.6　誘導形指示計器の構造

ただし，H_{cc} と H_{c} は次のとおりである.

$$H_{\mathrm{c}} \equiv \frac{h_1 - h_2}{2} \tag{4.14}$$

$$H_{\mathrm{cc}} \equiv \frac{h_1 + h_2}{2} \tag{4.15}$$

すなわち基底として回転基底 H_{cc} と H_{c} を考えると，式 (4.12) と式 (4.13) のそれぞれの右辺第 1 項が反時計回り方向 (counter-clockwise direction) の磁界 H_{cc}，第 2 項が時計回り方向 (clockwise direction) の磁界 H_{c} になっている．これら 2 つの磁界は逆向きの（楕円でない）回転磁界であるから，その合成トルク T は反時計回りを正として次のように表される.

$$T \propto H_{\mathrm{cc}}^2 - H_{\mathrm{c}}^2 = \left(\frac{h_1 + h_2}{2}\right)^2 - \left(\frac{h_1 - h_2}{2}\right)^2 = h_1 h_2 \tag{4.16}$$

以上のように，i_1 と i_2 の位相差が 90 度であれば，トルクは 2 つの電流の積に比例する．なお，90 度でなく一般に θ の位相差がある場合には，トルクは

$$T \propto h_1 h_2 \sin\theta \tag{4.17}$$

のようになる（章末問題 4 参照）. □

(5) 熱電形 (thermoelectric type)

これまで述べてきた磁界による指示計器は，磁界生成のためにコイルを巻く必要がある．そのためインダクタンス成分が大きく，高周波電流が通らない．それに対して，熱電形指示計器を用いると，数百 [Hz] から数 [MHz] 程度のやや高周波の電力を計ることができる．その構造を，図 4.7 に示す.

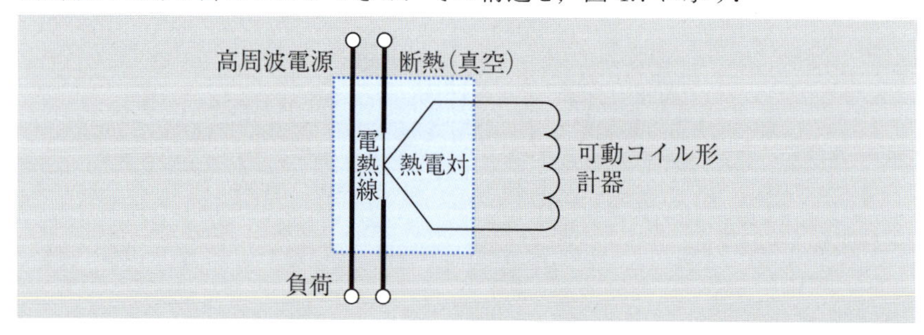

図 4.7 熱電形電力計の構造

真空中に抵抗 R の電熱線をおき，それを通る電流 i のジュール熱 i^2R を用いる．外界との熱抵抗を高くとり，熱電対によって発熱に対してほぼ比例した熱起電力を得て可動コイル形指示計器を駆動する．計測可能な電流値は，1 [mA] ~1 [A] 程度である．大きな電流に対して断線しやすいので注意が必要である．

(6)　静電形 (electrostatic type)

静電形電圧計は耐圧が高く，高電圧計測に適している．図 4.8 (a) に示すような指針位置によって容量 C が可変な構造により，(b) に示すような静電吸引力により電圧 v を計測する．容量に蓄えられるエネルギーは

$$E = \frac{1}{2}Cv^2$$

であるから，トルクは次のように与えられる．

$$T = \frac{1}{2}v^2\frac{\partial C}{\partial \theta} \tag{4.18}$$

構造的に丈夫で，入力インピーダンスが高く，1~100 [kV] くらいの電圧の計測に適している．

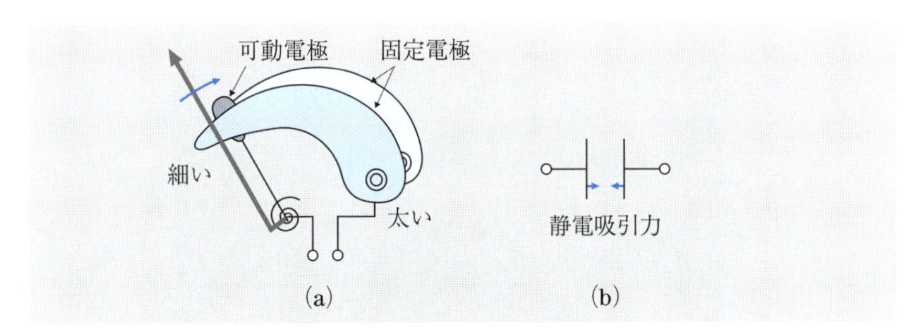

図 4.8　(a) 静電形電圧計の構造と (b) 静電吸引力の模式図

(7)　その他，用途の相異による可動コイル形指示計器などの名称

検流計 (detector)：渦巻バネの代わりに細い吊り糸を使うなどして感度を高めた可動コイル形電流計であり，電流 = 0 を検証するためのもの．ブリッジ（第 5 章）のバランスの検証などに用いる．**ガルバノメータ**（**Galvanometer**：Galvani，イタリアの解剖・生理学者の名前から）ともよぶ．D あるいは G の記号で表す．

衝撃検流計 (**ballistic Galvanometer**)：感度を高く，また慣性を大きくした電流計で，電流の時間積分値を計測するためのもの．等価的に電荷量を測ることができる．

テスタ（**tester** または **multimeter**，**簡易回路試験器**）：つまみで切り替えて電圧，電流，抵抗などを計測できるようにした，簡易計測器．外観を図 4.9 に示す．電気電子関連工作の必需品である．指針のもの（アナログ）もディジタルのものもある．アナログのものは直感的にわかりやすく使いやすいが，一方，ディジタルのものは安価で小型であり衝撃にも強い．

図 4.9 テスタ（ここではアナログのものを示す）

4.4　階級と記号

指示計器の**階級** (class) とは，最大目盛に対する百分率で表した器差（第 2.1 節）であり，0.2 級，0.5 級，1.0 級，1.5 級，2.5 級などがある．数字が小さいほど器差が小さい．たとえば，1.0 級の電圧計では，最大目盛が 100 [V] であれば最大 ±1 [V] の誤差を覚悟しなければならない．階級は計器の目盛板に記載されている．

目盛板にはその他に，計器の構造や設置方法が記号によって記されている．その例を，図 4.10 に示す．

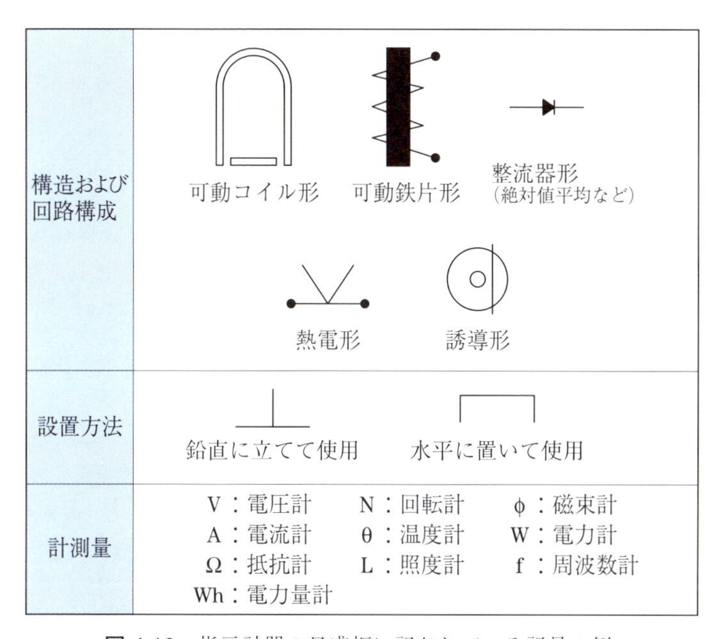

図 4.10　指示計器の目盛板に記されている記号の例

4章の問題

□**1** 図 4.3 で瞬時値，平均値，絶対値平均，実効値，尖頭値のそれぞれを説明せよ．

□**2** 図 4.3 の各回路の電圧計で，家庭用の交流 100 [V] の電源を計測したときの指示値はどうなるか，計算によって求めよ．

□**3** 電流力計形指示計器で実効電力を計測できることを示せ．

□**4** 誘導形指示計器の 2 つの電流の位相差が θ の場合のトルクの式 (4.17) を確認せよ．

□**5** 静電形指示計器について，現実的な大きさの電極を考えて，そのトルクがどのくらいの大きさになるか，試算せよ．

□**6** 階級とは何か，説明せよ．

アナログ表示腕時計のようなハンディ計測器

世の中はディジタル全盛で，計測機器もディジタル技術を用いないものはほとんどなくなった．しかし，表示についていえば，アナログ表示は人間とのインターフェイスとして大変優れている．針の振れの角度は，電圧や電流の大きさ・小ささを直感的に理解しやすい形で表してくれている．

アナログの指針は衝撃に弱く，また機構も高価になる．その点で特に現場用の安価なハンディの計測器では，数字表示のディジタルのものが現在幅を利かせている．しかし，とっさの判断であわてて見誤らないためにも，アナログ表示のものは有用だ．かつてディジタル腕時計が登場したとき，表示もいわゆる 7 セグメントなどのディジタル数値表示が席巻した．その後，数値表示時計は低価格性や耐衝撃性，特殊なデザイン性をねらったものになっている．機構はディジタルだが表示はアナログ，という腕時計が広く使われるようになった．

近年はディジタル表示デバイスも解像度の高い液晶などが安価に供給され，タッチパネルとして入力機能も果たしている．ハンディ計測器もアナログ的表示を活用してもっと柔軟になり，使いやすくなるだろう．指針を精細にグラフィック表現するアナログ表示モードと数値表示モードが状況に応じて選べる，あるいは組み合わせられる計測器が，広く使われるようになってゆくだろう．

5 指示計器による直流計測

直流計測は最も基本的な電気計測である．そのため微小な電圧や電流，また逆に大きな電圧や電流を正確に計測するための概念・常識と基本的なテクニックを体得するのに好都合である．

5章で学ぶ概念・キーワード

- 電圧計，電流計
- レンジ
- 倍率器，分流器
- 四端子法，ガードリング
- 零位法，ブリッジ
- テスタによる抵抗値計測

5.1 電圧計と倍率器

直流 (**direct current：DC**) の計測の要点をみてゆこう．第4章でみた可動コイル形指示計器は最も一般的な指示計器であるが，それ自体では電流計でもあり電圧計でもある中途半端な存在である．また，回路的には抵抗成分とインダクタンス成分を持っている．しかし，直流的には図5.1に示すように抵抗 r のみを考えればよい．これを使って**電圧計** (**voltmeter**) を構成しよう．

可動コイル形指示計器は，典型的にはその最大目盛電流は $i_{\mathrm{max}} = 100\,[\mu\mathrm{A}]$ $\sim 100\,[\mathrm{mA}]$，最大目盛電圧は $v_{\mathrm{max}} = 1\,[\mathrm{mV}] \sim 0.1\,[\mathrm{V}]$ 程度である．そして

$$v_{\mathrm{max}} = i_{\mathrm{max}} \times r$$

であり，内部抵抗 $r =$ 数 $[\Omega] \sim 1\,[\mathrm{k}\Omega]$ 程度である．コイルの巻き数が多いほど高感度で抵抗値は高くなる傾向がある．

指示計器を電圧計として使用する場合には，指示計器に直列に抵抗 R を挿入し，所望の電圧値で**最大目盛**（**フルスケール** (**full-scale indication**)）を指す（振り切れる）ようにする．この抵抗を**倍率器** (**multiplier resistor**) とよぶ．図5.2に示すように，倍率器を端子（タップ）で取り替えたりスイッチで切り替えたりして測定範囲（**レンジ** (**range**)）を選択する．指示計器がもともと持っていた最大目盛電圧 v_{max} に対して，倍率器によって設定される最大目盛電圧 V_{max} は，次のように得られる．

$$V_{\mathrm{max}} = \frac{R+r}{r}\, v_{\mathrm{max}} = \left(\frac{R}{r} + 1\right)\, v_{\mathrm{max}} \tag{5.1}$$

倍率器の抵抗を選定する際の注意点は，次のとおりである．

(1) 高電圧レンジ（高抵抗値）で抵抗の発熱に注意し，損失最大定格に余裕を持って抵抗を選ぶとともに，周囲への発熱の影響が問題ないことを確認する．

(2) また，高すぎる抵抗値（$10\,[\mathrm{M}\Omega]$ 程度以上）は不安定になるので使用しない（第5.3節も参照）．

さらに，

(3) 電圧計の入力抵抗は $R + r$ となるが，これが高いほど回路に与える影響が小さくなり正確な計測が可能になる（電圧計測の場合）ので，できるだけ感度の高い指示計器を使い，大きな R を倍率器として用いる．

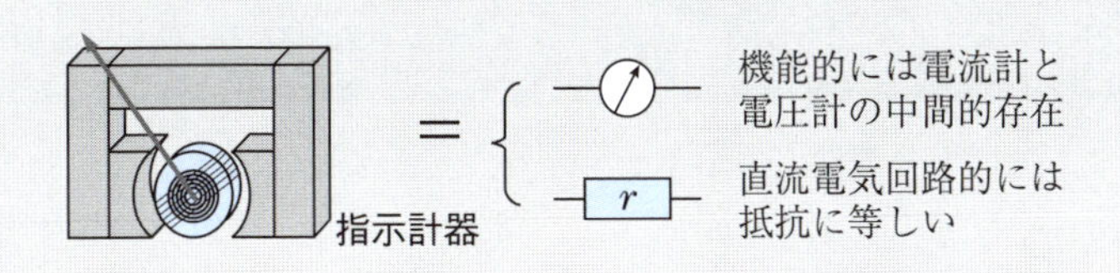

図 5.1　可動コイル形指示計器は，それ自体は電流計でも電圧計でもあり，そして直流回路的には抵抗である

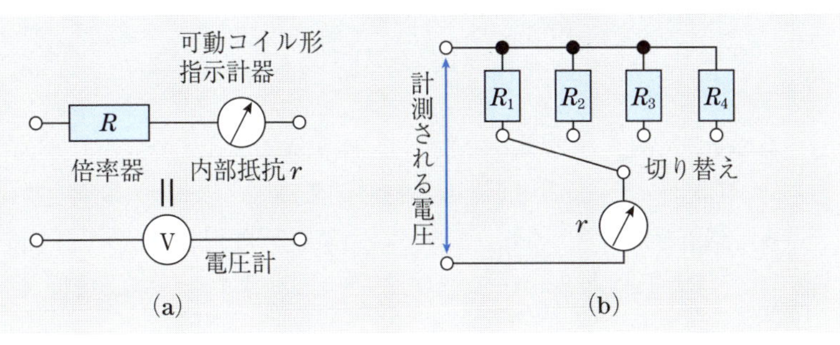

図 5.2　(a) 倍率器による電圧計の構成と (b) 倍率器の切り替えによる電圧レンジの切り替え

例 1　フルスケールが 100 [μA] で内部抵抗が 100 [Ω] の可動コイル形指示計器がある．図 5.2 の回路によって，レンジが 0.01, 0.03, 0.1, 0.3 [V] の 4 段階の電圧計を作るには次のようにする．計器に電流が 100 [μA] 流れているとき，その両端に発生している電圧は

$$100\,[\mu\mathrm{A}] \times 100\,[\Omega] = 0.01\,[\mathrm{V}]$$

となる．したがって，倍率器を短絡（$R_1 = 0$）すれば，その指示計器はそのままでレンジが 0.01 [V] の電圧計である（ただし，電圧計としての入力抵抗が小さいため，計測対象に擾乱（じょうらん）を与えやすい）．また，100 [μA] 流れたときに端子電圧を 0.03 [V] にするためには，倍率器は

$$R_2 = \frac{0.03\,[\mathrm{V}]}{0.0001\,[\mathrm{A}]} - 100\,[\Omega] = 200\,[\Omega]$$

とする．同様に

$$0.1\,[\mathrm{V}]\ \text{レンジでは}\quad R_3 = 900\,[\Omega],$$

$$0.3\,[\mathrm{V}]\ \text{レンジでは}\quad R_4 = 2.9\,[\mathrm{k}\Omega]$$

とすればよい．式 (5.1) はこの関係を表している．　□

5.2 電流計と分流器

同様に，抵抗を**分流器** (**shunt resistor**) として用いることによって**電流計** (**ammeter**) を構成することができる．図 5.3 に示すように，抵抗を指示計器に並列に挿入する．レンジ切り替えも同様である．指示計器がもともと持っていた最大電流目盛 $i_{\max}$ に対して，電流計としての最大電流目盛 $I_{\max}$ は，次のようになる．

$$I_{\max} = \frac{1/R + 1/r}{1/r} i_{\max} = \left(\frac{r}{R} + 1\right) i_{\max} \tag{5.2}$$

分流器の抵抗を選定する際の注意点は，電圧計の場合と相補的である．

(1) 大電流レンジ（低抵抗値）で抵抗の発熱に注意し，損失最大定格に余裕を持って抵抗を選ぶとともに，周囲への発熱の影響が問題ないことを確認する．

(2) 低すぎる抵抗値（0.01 [Ω] 程度以下）は接触抵抗などの影響が大きくなるので使用しない．

さらに，

(3) 電流計の入力抵抗は $(1/R + 1/r)^{-1}$ となるが，これが低いほど回路に与える影響が小さくなり正確な計測ができる（電流計測の場合）ので，なるべく r が小さくても感度が高い指示計器を使い，小さな R を分流器として用いる．

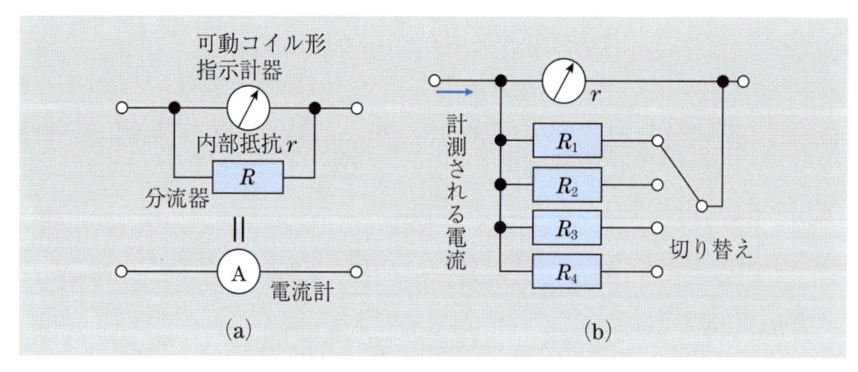

図 5.3 (a) 分流器による電流計の構成と (b) 分流器の切り替えによる電流レンジの切り替え

例 2 フル・スケールが 100 [μA] で内部抵抗が 100 [Ω] の可動コイル形指示計器がある．図 5.3 の回路によって，レンジが 0.1, 0.3, 1, 3 [mA] の 4 段階の電流計を作るには次のようにする．

指示計器はもともと 0.1 [mA] の電流が流れているとき振り切れるから，そのまま何も分流器をつながずに

$$R_1 = \infty$$

で 0.1 [mA] のレンジの電流計である（ただし，この場合電流計としての抵抗が大きく，計測回路に擾乱を与えやすい）．また，同じ 0.1 [mA] の電流が流れているときに両端の電圧は 10 [mV] である．

したがって，0.3 [mA] レンジにするために 10 [mV] の端子電圧で 0.3 [mA] の電流が全体で流れるようにする．分流器には

$$0.3 - 0.1 = 0.2\,[\mathrm{mA}]$$

の電流が流れればよいから，分流器の抵抗を

$$\begin{aligned} R_2 &= \frac{10\,[\mathrm{mV}]}{0.2\,[\mathrm{mA}]} \\ &= 50\,[\Omega] \end{aligned}$$

とする．同様に，1 [mA] レンジでは分流器には 0.9 [mA] の電流が流れればよく

$$R_3 = 11\,[\Omega]$$

3 [mA] レンジでは 2.9 [mA] の電流が流れればよいから

$$R_4 = 3.4\,[\Omega]$$

とする．式 (5.2) はこの関係を表している． □

5.3 高電圧・高抵抗の計測

特に高電圧あるいは高抵抗を計測する場合，まず感電しないよう十分に注意する必要がある．命にかかわる事故が起こる可能性がある．一つひとつの作業を意識的に行う．

次に技術的な留意点は，**碍子**(がいし)(**insulator**) などの絶縁物や高抵抗体であってもその表面にはふつう別の物質が付着していて汚れており，図 5.4 (a) に示すようにこれを通して漏れ電流が流れることである．またこの漏れ電流は，大気の湿度によって大きく変わり，不安定でふらつきやすい．このような漏れ電流を除くため，高電圧・微小電流の計測には**ガードリング** (**guard ring**) とよばれる保護電極を図 5.4 (b) のように取りつける．すると，電流計の内部抵抗は小さいため，計測電極とガードリングはほとんど同電位となり，計測される電流は対象物質の内部を通るもののみとすることができる．

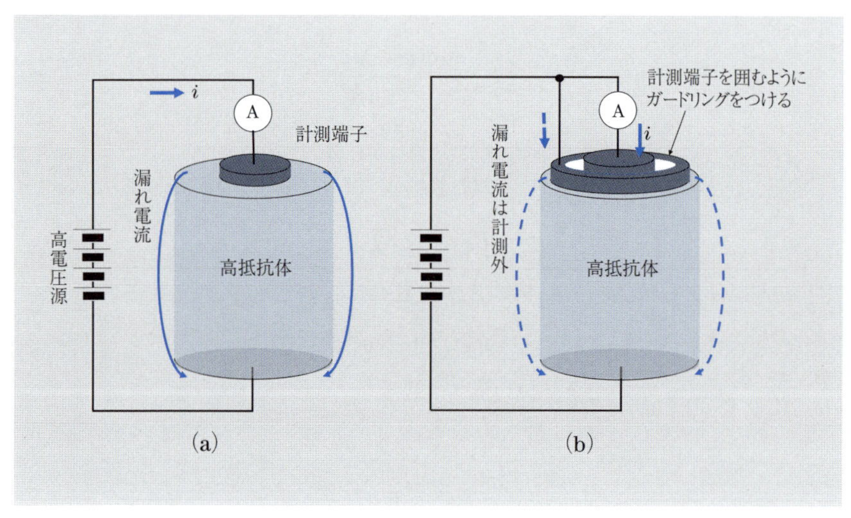

図 5.4　(a) 漏れ電流と (b) それを計測値から除去するためのガードリング

5.4 低電圧・低抵抗の計測

低電圧・低抵抗の計測を行う場合には，いかに**接触抵抗** (**contact resistance**) を抑えるかに留意する．たとえば，図 5.5 (a) のように半導体の基板材料の抵抗値を計測するような場合，**探針**（**プローブ**）が基板と接触しているところの接触抵抗はふつう相対的にかなり大きく，**電圧降下** (**voltage drop**) が生じる．この影響を除去する必要がある．

これには，図 5.5 (b) のように，電流計測端子と電圧計測端子を分離する．電圧計の内部抵抗は一般的に高く（第 7 章に述べる電子式プローブでは特に高く）電流をほとんど流さないため，電圧計プローブの接触抵抗による電圧降下は無視できる．したがって，この電圧値と，別プローブによる電流値から，抵抗を求めることができる．この方法を，**四端子法** (**four-terminal sensing, four-point probes method**) とよぶ．

この方法はさまざまな場面で用いられている．たとえば安定化直流電源で，出力端子と電圧感知端子を別にして，遠方につながる回路の所望の場所の電圧を感知して電圧を制御することも広く行われている．これによって接続線の影響を低減することができる（図 5.5 (c)）．

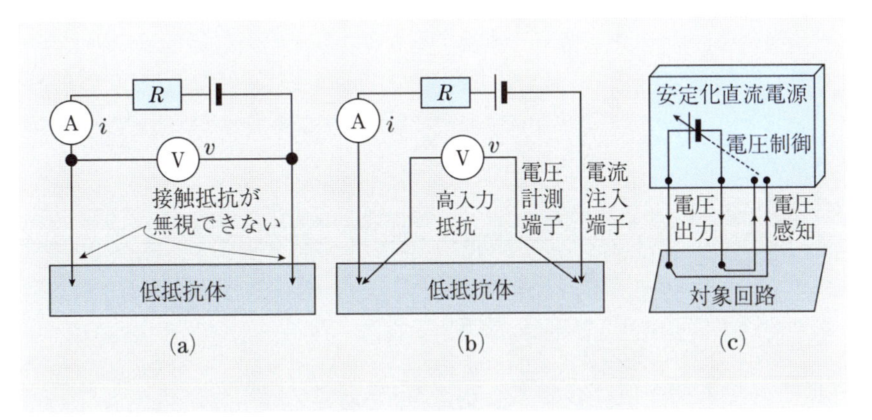

図 5.5　(a) 低抵抗材料の抵抗計測における接触抵抗と (b) その影響を除去するための計測方法である四端子法．また，(c) 安定化直流電圧発生器での利用例．

5.5 零 位 法

零位法 (**null method**, **zero method**) は，つりあいをとる（検流計の指示を0にする）ことによって計測を行う方法であり，高感度である．また基準となるスケール（単位量を決めるものさし）が不要なため，その精度を考える必要がない点でも優れている．特に，次節のブリッジはセンサ回路に多用される．

たとえば電圧を計測するために，図5.6のような回路を構成し，可変抵抗器の正確な抵抗値を目読できるとする．すると，検流計Dの振れを0にすることにより，未知の電圧 V を既知の電圧 E_0 によって

$$V = \frac{R_2}{R_1 + R_2} E_0$$

と決定することができる．

ところで，実際に可変抵抗の値を正確に読み取ることは難しい場合が多い．図5.7 (a) に示すような，多回転の可変抵抗器は比較的高い精度を有する．これに回転数を計数するカウンタとして，目盛りが打たれたつまみを取りつける．抵抗体が巻き線のときには，高い周波数での使用には適さない．

また，図5.7 (b) のような精密可変抵抗器もある．多数の固定抵抗器とロータリー・スイッチ（回転型スイッチ）によって，段階的に（桁をとりながら）分圧の比率を表示しつつ可変電圧を実現するものであり，一種のディジタル・アナログ変換器（D/A コンバータ：第8章を参照）である．通常のD/A コンバータと同様に，高抵抗の抵抗器には非常に高い精度が要求される．また，これも回路が大きくなるため高周波には向かない．

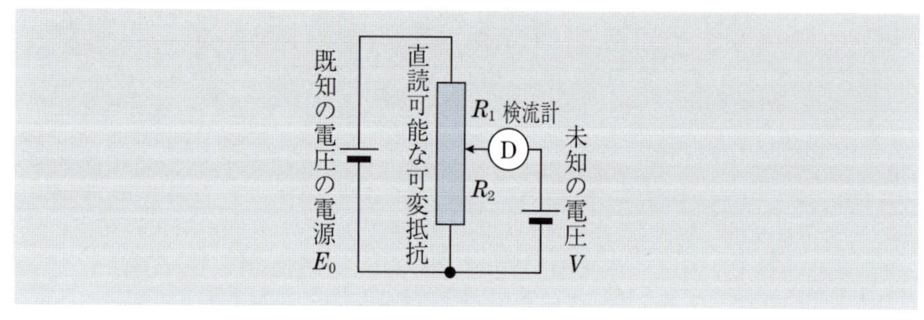

図5.6　零位法による計測の例：電圧のつりあいによる電圧値決定

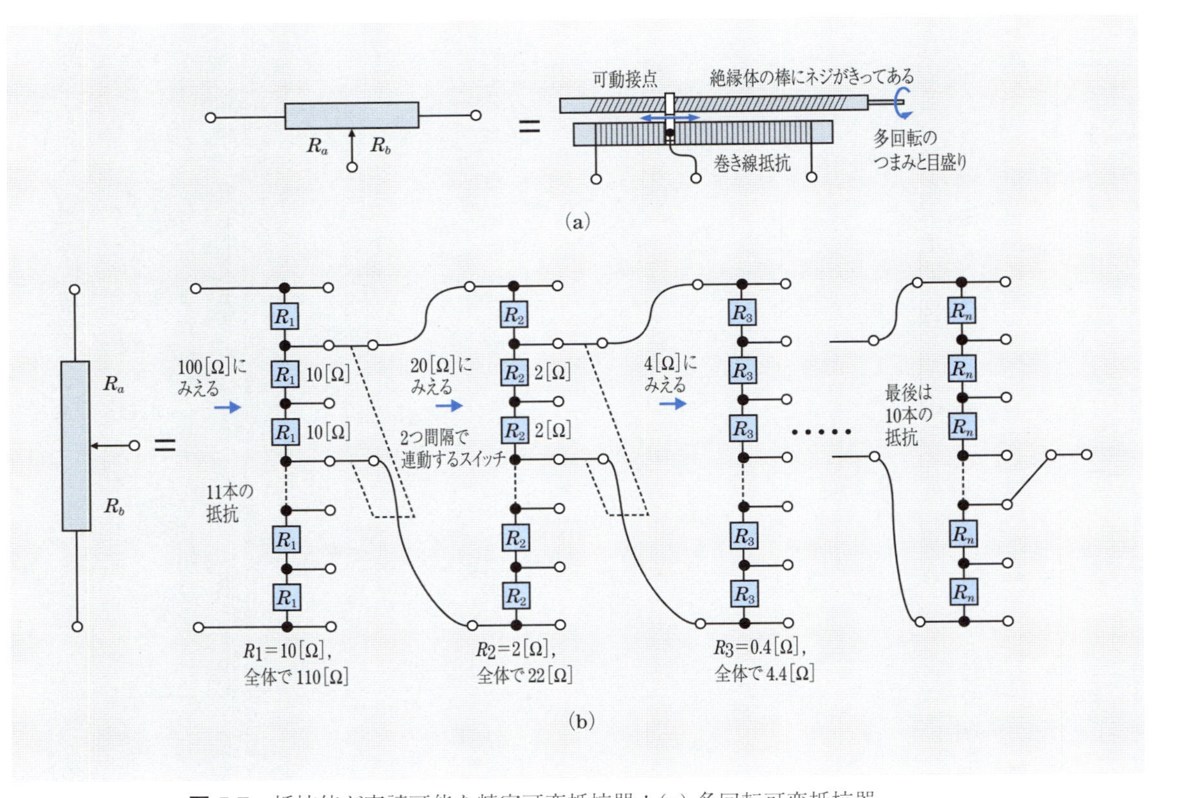

図 5.7 抵抗値が直読可能な精密可変抵抗器：(a) 多回転可変抵抗器,
(b) 固定抵抗とロータリー・スイッチによる可変電圧出力器

5.6 ブリッジ

ブリッジ (**bridge**)（**ホイートストーン・ブリッジ** (**Wheatstone bridge**) ともよぶ）は，零位法を用いる代表的な計測法である．既知の抵抗値から未知の抵抗値を決定する．図 5.8 に示すように，適当な電源と検流計によって抵抗回路を組む．抵抗値 R_1, R_2 および R_4 が既知であるとき，R_3 を求めたい．検流計の指針が 0 を指し，つりあったとき抵抗値の間には次の関係が成り立つ．

$$\frac{R_1}{R_2} = \frac{R_3}{R_4} \tag{5.3}$$

これによって抵抗値 R_3 を求めることができる．そこで，たとえば R_1 を可変にすれば，零位法によってさまざまな値の R_3 を計測することができる．この際，R_3 の値は電源電圧に左右されない利点がある．センサ回路にも利用される．

例 3　図 5.8 のブリッジを組んで，未知の抵抗器の値 R_3 を求めたい．$R_2 = 10\,[\mathrm{k}\Omega]$, $R_4 = 100\,[\mathrm{k}\Omega]$ であった．また，R_1 を図 5.7 (a) のような全抵抗が $10\,[\mathrm{k}\Omega]$ の可変抵抗器とし，1 つの固定端子と可動端子の間が R_1 になるようにした．この可変抵抗器の目盛りは，抵抗値に比例した値を示すようになっている．可変抵抗器を調整したところ，ちょうど目盛りの真中で，検流計の指示が 0 になりバランスがとれた．すると，このとき $R_1 = 5\,[\mathrm{k}\Omega]$ である．したがって式 (5.3) によって次のように求められる．

$$\begin{aligned} R_3 &= \frac{R_1 R_4}{R_2} = \frac{5 \times 10^3 \times 100 \times 10^3}{10 \times 10^3} \\ &= 50\,[\mathrm{k}\Omega] \end{aligned}$$

□

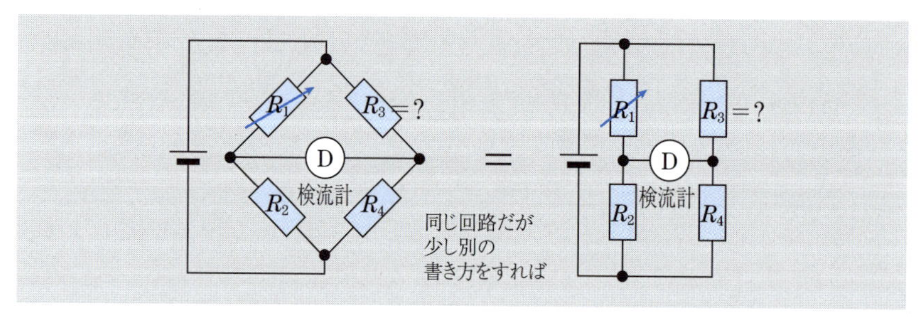

図 5.8　零位法による計測の例：ブリッジによる抵抗値の決定

ダブル・ブリッジ (double bridge) は，ブリッジの四端子計測版である．接触抵抗の影響を取り除く必要のある低抵抗の計測を零位法で行うため，第 5.4 節の四端子法とブリッジとを組み合わせる．図 5.9 (a) のように回路を組む．電源に直接つながる左右 2ヶ所の接続の接触抵抗は通常の四端子法と同様に取り除かれているが，2 つの低抵抗体をまたぐ接続の接触抵抗 r_{m} を考慮する必要がある．2 つの可変抵抗 R_{B} と r_{b} を 2 連（ロータリー・スイッチや可変抵抗の軸が同一）として連動して変化するようにする．それによって，常に $R_{\mathrm{A}} : R_{\mathrm{B}} = r_{\mathrm{a}} : r_{\mathrm{b}}$ となるようにする．電気回路の Δ–Y 変換の考えによって図 5.9 (b) のように等価回路を作ると，合成抵抗 R_{a}, R_{b} および R_{d} は次のようになる．

$$R_{\mathrm{a}} = \frac{r_{\mathrm{a}} r_{\mathrm{m}}}{r_{\mathrm{a}} + r_{\mathrm{b}} + r_{\mathrm{m}}} \tag{5.4}$$

$$R_{\mathrm{d}} = \frac{r_{\mathrm{a}} r_{\mathrm{b}}}{r_{\mathrm{a}} + r_{\mathrm{b}} + r_{\mathrm{m}}} \tag{5.5}$$

$$R_{\mathrm{b}} = \frac{r_{\mathrm{b}} r_{\mathrm{m}}}{r_{\mathrm{a}} + r_{\mathrm{b}} + r_{\mathrm{m}}} \tag{5.6}$$

これによって平衡条件を計算すると，次のように簡単になり，未知の抵抗値 R が求まる（章末問題 4 も参照）．

$$\left(R_0 + \frac{r_{\mathrm{b}} r_{\mathrm{m}}}{r_{\mathrm{a}} + r_{\mathrm{b}} + r_{\mathrm{m}}}\right) R_{\mathrm{A}} = \left(R + \frac{r_{\mathrm{a}} r_{\mathrm{m}}}{r_{\mathrm{a}} + r_{\mathrm{b}} + r_{\mathrm{m}}}\right) R_{\mathrm{B}}$$

$$\longrightarrow \quad R = \frac{R_{\mathrm{A}}}{R_{\mathrm{B}}} R_0 \tag{5.7}$$

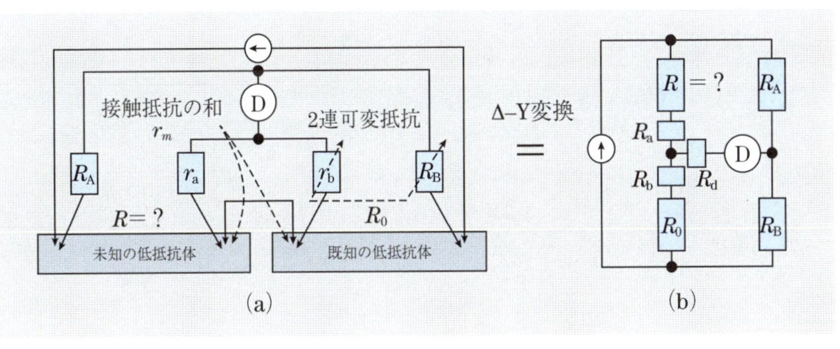

図 5.9　(a) ダブル・ブリッジの構成と (b) 等価回路

5.7 さまざまな零位法計測

電圧比較法 (voltage comparison method) は，単純だが指示計器のスケールや電源電圧に依存しない方法である．図 5.10 (a) に示すように計測し，$V = V_0$ ならば $R = R_0$ と決定する．その逆の利用（$R = R_0$ ならば $V = V_0$ とできる）も重要である．すなわち，集積回路の内部では，抵抗の絶対的な値を希望通りに制御することは容易なことではないが，同一の抵抗値を多数実現したり，あるいは希望する抵抗比の抵抗を実現したりすることは比較的容易である．それを利用した回路構成が盛んに使われる（後述の D/A コンバータなど）．

電流比較法 (current comparison method) には，たとえばこれを用いた図 5.10 (b) に示すような**比率計形計器** (ratio-type meter) とよばれる指示計器がある．直交して巻かれた 2 つの可動コイルにそれぞれの電流を流す．磁界を平行・一様とする．可動コイルの指示角度を θ とすると，R_0 に流れる電流 i_0 と R に流れる i とによって，それぞれのコイルに生じるトルク T_0 および T は，k_0, k を定数として次のように表される．

$$T_0 = k_0 i_0 \sin\theta, \quad T = ki\cos\theta \tag{5.8}$$

$$\xrightarrow[\text{つりあい}]{} \quad \frac{i}{i_0} = \frac{k_0}{k}\ \tan\theta \tag{5.9}$$

つりあいがとれたところで $R = (k/k_0) \times (R_0/\tan\theta)$ である．また，上の単純な計算によって目盛りを打つことも容易である．これを利用した高抵抗測定用の可搬型計器として**メガー** (megger) とよばれるものがある．この比率計形計器と高圧発生器が組み込んである．高抵抗値を簡易に計測することができる．漏電の可能性のあるときの絶縁検査などに用いられる．

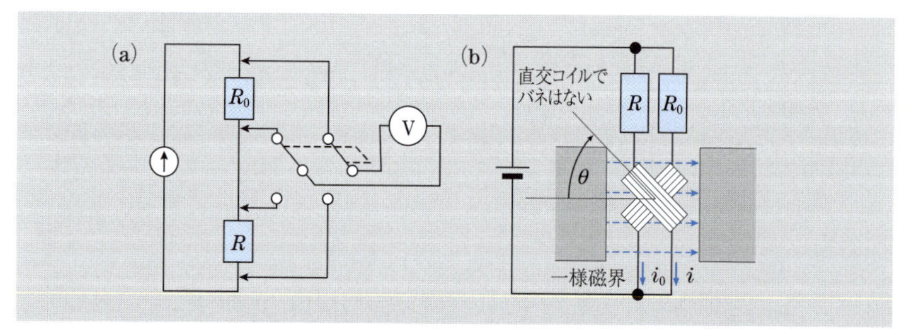

図 5.10 (a) 電圧比較法と (b) 比率計形計器による電流比較法

5.8 テスタによる抵抗値計測

テスタによる抵抗計測は，**基準点調節型抵抗計測** (**resistance measurement by zero-ohms calibration**) とでもよぶべきものである．テスタには電池が内蔵されており，これを使って抵抗値を計測することができる．電池の電圧は使用しているうちにだんだん低下するが，電池電圧にほとんど依存しない抵抗値計測が可能である．

テスタの抵抗値計測時の内部回路を図 5.11 に示す．計測の手順は次の通りである．

(1)　まず，$R = 0$（端子を短絡）としたときの $i = i_0$ によって，電流計の指示が最大目盛を示すように，分流器の可変抵抗 r を調整つまみで調節する．すなわち，分流比 k を調整する．そのとき，指示計器の内部抵抗が $r_A \ll R_s$ ならば，i_0 は次のように表せる．

$$i_0 = \frac{v}{R_s} \tag{5.10}$$

(2)　次に計測対象の R を接続したときの電流計の指示を読むと

$$i = \frac{v}{R + R_s} \tag{5.11}$$

であるから，電池電圧 v に無関係に次のように比が決まり，抵抗の目盛りをあらかじめ打っておくことができる．

$$\frac{i}{i_0} = \frac{R_s}{R + R_s} \tag{5.12}$$

第 4.3 節の図 4.9 に示したテスタの一番上の目盛りが抵抗の計測に使用されるが，式 (5.12) にしたがって非線形な目盛りになっている．

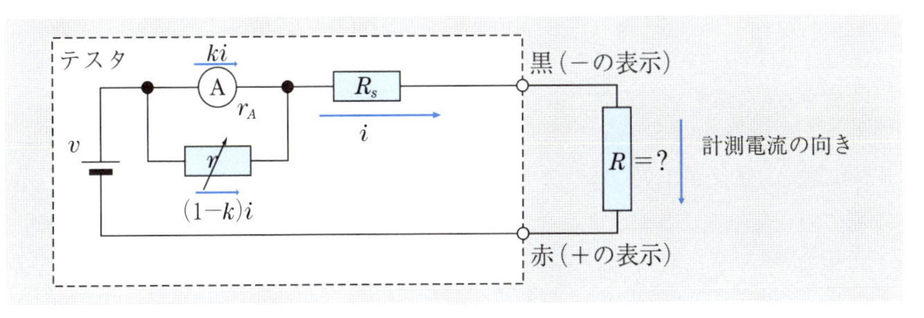

図 5.11　テスタによる基準点調節型抵抗計測

5章の問題

□**1**　フル・スケールが 100 [μA] で内部抵抗が 1 [kΩ] の可動コイル形指示計器がある．これと倍率器およびスイッチを使って，レンジが 1, 3, 10, 30, 100 [V] の 5 段階の電圧計を作れ．

□**2**　上と同じ可動コイル形指示計器と分流器およびスイッチを使って，レンジが 100 [μA], 300 [μA], 1 [mA], 3 [mA], 10 [mA] の 5 段階の電流計を作れ．

□**3**　四端子法およびガードリングを，それぞれ説明せよ．

□**4**　ダブルブリッジの式 (5.7) を導出せよ．

□**5**　テスタによる抵抗値計測が内蔵電池電圧に左右されない理由を説明せよ．

磁場の本質はベクトルポテンシャルである

液体の抵抗をトロイダル・コイルの 2 次電流として計測する方法（図 6.12）では，トロイダル・コイルの導線がぎっしり密に巻かれていると，その磁場はコイルのドーナツ型の鉄心の中にのみ存在する．密に巻かれた無限長のソレノイド・コイルと同じである．すなわち，液体中（ドーナツの穴やドーナツの外）には磁場は存在しない．したがって，液体は磁場の変化を直接感じないのだが，しかし電流は流れる．一般的な 2 次巻き線があるトロイダル・トランスでも同様で，われわれは 2 次巻き線から電圧や電流を取り出すことができる．

このような現象が起こるのは，電界や磁界の本質がポテンシャル（スカラポテンシャルとベクトルポテンシャル）にあるからだ．つまり液体は，磁界 $\boldsymbol{H}$ や磁束密度 $\boldsymbol{B}$ の場を感じるのではなく，むしろそれをつくっているベクトルポテンシャルの場 $\boldsymbol{A}$ を感じている．電磁気学によれば，ベクトルポテンシャルはトロイダル・コイルの外にも存在して交流電流によって変化しており，液体はそれを感じているということができる．このような効果は量子力学におけるアハラノフ・ボーム効果（AB 効果）にも関係するものである．

6 指示計器による交流計測

交流は周波数を持った正弦波の電圧や電流であり，その計測には位相の概念が重要な役割を果たす．それを直感的にも理解するためには，フェーザを使いこなせるようになる必要がある．また扱う周波数によって，計測上留意するべき点もバラエティに富む．本章の内容は，交流電源などの単一周波数交流の扱い方として重要であるとともに，一般的な信号計測の基礎でもある．

6章で学ぶ概念・キーワード

- 瞬時電力，平均電力，実効電力，無効電力，皮相電力，実行値，力率，電力量
- フェーザ，位相遅れ，位相進み
- インピーダンス，アドミタンス，リアクタンス，サセプタンス
- 電力量計
- 変成器，CT，PT
- 交流ブリッジ
- 接地抵抗

6.1　交流と交流電力

交流 (**alternating current**：**AC**) の電圧や電流は，それが単一の周波数を持つならば，一般に振幅，周波数，位相によって表される．回路のある地点の電圧 $v(t)$ やそこを流れる電流 $i(t)$ を，たとえば次のように表すことができる．

$$v(t) = v_0 \cos(\omega t) \tag{6.1}$$

$$i(t) = i_0 \cos(\omega t + \theta) \tag{6.2}$$

ここで v_0 や i_0 は振幅であり，角周波数 ω は周波数 f と $\omega = 2\pi f$ の関係にある．式 (6.1), (6.2) の場合，$v(t)$ を基準にして測った $i(t)$ の位相を θ としている．この関係を図 6.1 (a) に示す．

交流電力には次のようないくつかの種類（概念）があり，また関連する用語がある．

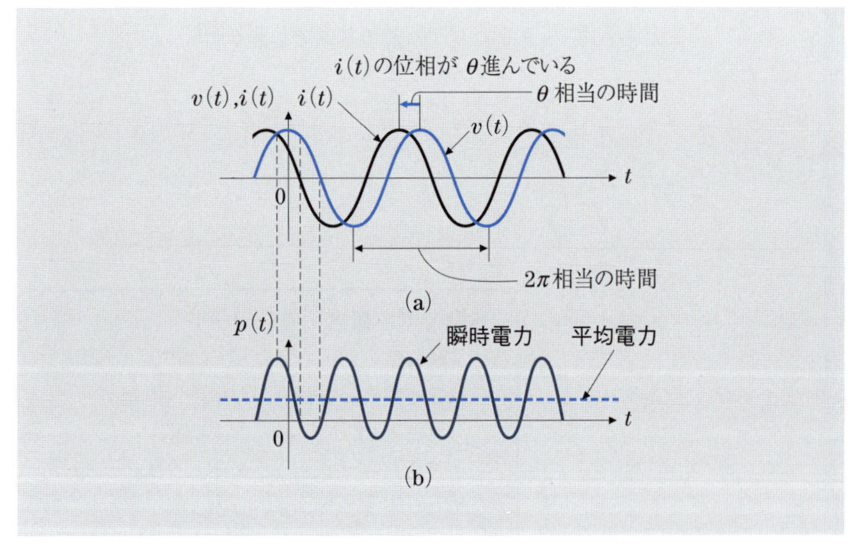

図 6.1　(a) 正弦波交流電圧 $v(t)$ と，同じ周波数を持つ正弦波交流電流 $i(t)$ の間に，位相差 θ があるときの波形の関係．i のほうが v よりも θ だけ進んでいるとき．
(b) それに対応する瞬時電力と平均電力．

(1)　**瞬時電力** (instantaneous power)：時々刻々の電力の大きさ．図 6.1 (b) に示す時々刻々の $v(t)$ と $i(t)$ の積である．

$$p(t) = v(t)i(t) = v_0 \cos(\omega t)\ i_0 \cos(\omega t + \theta) \tag{6.3}$$

(2)　**平均電力** (mean power, average power) あるいは**実効電力** (effective power, root mean square power, RMS Power)：瞬時電力の時間平均であり，平均的にみたとき実効的に仕事を行う電力．ふつう，電力とよぶと，この実効電力のことを指す．次式で T は一周期あるいは十分長い時間とする．

$$P = \frac{1}{T}\int_0^T p(t)dt = \frac{v_0 i_0}{2}\cos\theta = VI\cos\theta \tag{6.4}$$

$$V \equiv \frac{v_0}{\sqrt{2}}, \quad I \equiv \frac{i_0}{\sqrt{2}} \tag{6.5}$$

これら V, I を**実効値** (effective value) とよび，また**実効電圧** (effective voltage)，**実効電流** (effective current) などともよぶ．

(3)　**無効電力** (reactive power, wattless power)：平均化されたとき，仕事をしない電力．

$$P_\mathrm{r} = VI\sin\theta \tag{6.6}$$

(4)　**皮相電力** (apparent power)：実効電力と無効電力をベクトル的に足し算した，見かけ上の電力．位相を考えずに電流値と電圧値を掛け算したもの．

$$VI \tag{6.7}$$

(5)　**力率**（りきりつ）(power factor)：皮相電力のうちの実効電力の割合．電圧と電流の位相差の余弦になる．

$$\cos\theta \tag{6.8}$$

(6)　**電力量** (electric energy)：観測時間内に供給された総エネルギーであり，瞬時電力（あるいは実効電力でも同じ）を全観測時間 t_1 から t_2 にわたって時間積分したもの．

$$W = \int_{t_1}^{t_2} p(t)dt \tag{6.9}$$

6.2 フェーザ

交流を扱う場合，それは必ずしも単一周波数とは限らない．しかし，単一の周波数の電力や信号を想定すると，議論が簡単になることが多い．実際にも，電源ではほとんどの場合，単一の周波数を扱えばよい．また，異なる周波数の波動は直交していて相互作用を考える必要がなく，さらにフーリエ変換の考え方によれば（第10章），さまざまな周波数の正弦波を合成すれば任意の波形を生成することもできる．そのため，単一周波数を仮定する議論は，簡単に正弦波以外の波形の議論に拡張できる．

単一の角周波数 ω の正弦波で交流を記述するとき，**フェーザ** (**phasor**) を利用すると便利である．たとえば，電流 $i(t)$ を，次のように表す．

$$
\begin{aligned}
i(t) &= i_0 \cos(\omega t + \theta) \\
&= \mathrm{Re}[\boldsymbol{i} e^{j\omega t}] \qquad (6.10)
\end{aligned}
$$

$$
\boldsymbol{i} \equiv i_0 e^{j\theta} \qquad (6.11)
$$

この $\boldsymbol{i}$ がフェーザであり，θ の位相角を含む複素数である．Re は実部をとることを意味する．交流であるが，時刻 t を含まない．正弦波を複素平面上で角度 θ を持つ複素ベクトルで表し，また時間依存性 $e^{j\omega t}$ は自明であるので分離・省略したものである．フェーザは**複素振幅** (**complex amplitude**) ともよばれる．本節ではベクトルに似せて太字で表すことにするが，特に誤解を生じない場合には単に i で表すこともある．

例1 電磁気学によれば，コンデンサやコイルに交流電圧をかけると，そのときに流れる電流には位相のシフトが生じる．この場合の**位相進み** (**phase advance**)・**位相遅れ** (**phase delay**) などの**位相シフト** (**phase shift**) は，時間的な微分・積分と関係づけられ，図6.2のように表される．

理想的なコンデンサやコイルによる位相変化は，ちょうど $\pm\pi/2$ であり，これは時間微分および時間積分に対応している．次の表現は，同じ内容をさまざまに表したものである．

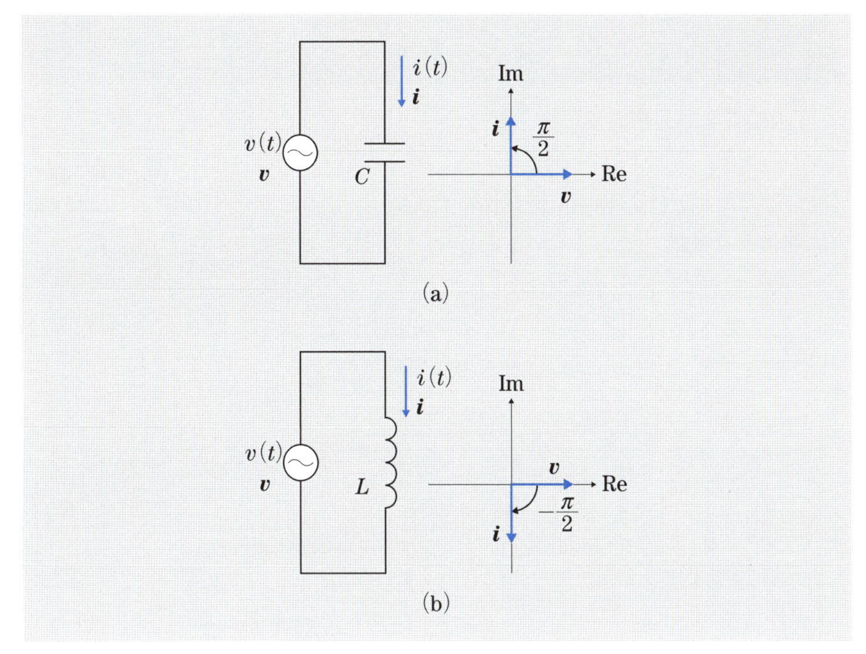

図 6.2　電圧に対する電流の (a) 位相進みと (b) 位相遅れ

$$i = C\frac{dv}{dt} = \mathrm{Re}\left[C\frac{d}{dt}\left(v_0 e^{j\omega t}\right)\right] = \mathrm{Re}\left[j\omega C\ v_0 e^{j\omega t}\right] \tag{6.12}$$

$$\boldsymbol{i} = \omega C \boldsymbol{v} e^{j\pi/2} = (j\omega C)\boldsymbol{v} \tag{6.13}$$

$$i = \int \frac{v}{L} dt = \mathrm{Re}\left[\frac{1}{L}\int v_0 e^{j\omega t} dt\right] = \mathrm{Re}\left[\frac{v_0 e^{j\omega t}}{j\omega L}\right] \tag{6.14}$$

$$\boldsymbol{i} = \frac{\boldsymbol{v}}{\omega L} e^{-j\pi/2} = \frac{1}{j\omega L}\boldsymbol{v} \tag{6.15}$$

□

注意　j は虚数単位．電磁気学や電気電子工学では，電流 i との混乱を避けるために j を用いる．□

6.3 インピーダンスとアドミタンス

交流の受動回路成分を表す言葉を，表6.1に示す．ここに表した用語は，概念あるいは回路要素である．またそれぞれの回路要素の値（数値）をも指す．回路記号は，**ISO** (**International Organization for Standardization**)（**国際標準化機構**）によるものを示した．ただし，抵抗については従来用いられてきた も並記した．

また，具体的な回路部品の名前を表6.2に示す．値を表すために使われる数値については，12ページのコラムも参照してほしい．

表6.1　受動回路成分を表す言葉

概念・回路要素・要素の値		記号
インミタンス (**immitance**)　Z や Y		（概念のみ）
インピーダンス (**impedance**) $Z = R + jX$	アドミタンス (**admittance**) $Y = G + jB$	
抵抗 (**resistance**) R, $1/G$	コンダクタンス (**conductance**) G, $1/R$	
リアクタンス (**reactance**) X, ωL, $-1/\omega C$	サセプタンス (**susceptance**) B, ωC, $-1/\omega L$	
抵抗 (**resistance**) R		
インダクタンス (**inductance**) L		
キャパシタンス / 容量 (**capacitance**) C		

表6.2　受動部品を表す言葉

要素	部品名
抵抗 (resistor)	**抵抗器**あるいは単に**抵抗** (resistor)
インダクタンス (inductance)	**コイル** (coil)，**インダクタ** (inductor) または**誘導子**
容量，**キャパシタンス** (capacitance, capacity)	**コンデンサ**，**蓄電器**または**キャパシタ** (capacitor)

6.4　実効電力の計測

エネルギーとして意味のある電力が実効電力であり，その時間積分が電力量である．誘導形計器による**誘導形積算電力量計** (**electric energy meter**) が一般的に各家庭などで使用されている．その基本原理は，すでに第4章でみた．ここでは，最も簡単な構造の電力量計によって具体例をみてみよう．

例2　図6.3にその構造を示す．磁極の間にアルミ板を挿入する．基本的に第4.3節の図4.6の誘導形計器の円筒を平板にしたものである．ゆっくりと回転させるため，磁界の駆動力を弱くしたり制動磁石をつけたりする．また，コイルの巻き方が異なる．電圧用のコイルは，そのインダクタンスを大きくとり，磁界 $\varPhi_v$ の位相が電圧 $\boldsymbol{v}$ と90度ずれるようにする．また，電流用のコイルはイン

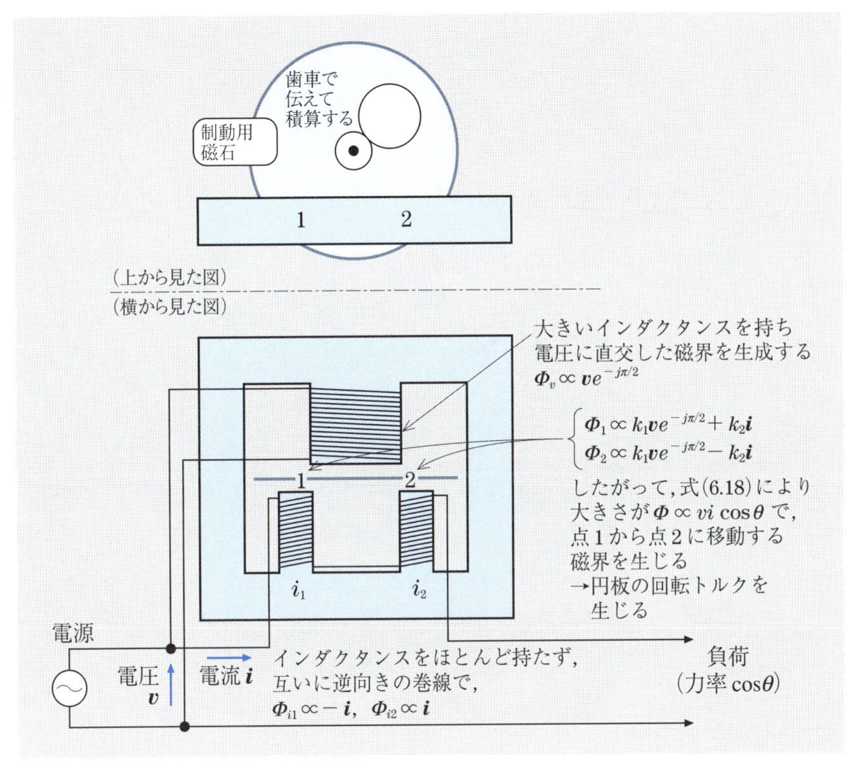

図6.3　誘導形積算電力量計の構造と動作

ダクタンスが非常に小さくなるようにして電流に対して位相ずれがおきないようにし，さらに2つを異なる巻き方向として $\varPhi_{i1}$ と $\varPhi_{i2}$ が逆位相となるようにする．もし負荷電圧 $\boldsymbol{v}$ と負荷電流 $\boldsymbol{i}$ の位相差が θ であるなら，力率は $\cos\theta$ である．このとき点1と点2の場所にできる磁界は，それぞれ次のようになる．

$$\varPhi_1 \propto k_1\boldsymbol{v}e^{-j\pi/2} + k_2\boldsymbol{i} \quad \rightarrow \quad k_1ve^{-j\pi/2} + k_2ie^{-j\theta} \tag{6.16}$$

$$\varPhi_2 \propto k_1\boldsymbol{v}e^{-j\pi/2} - k_2\boldsymbol{i} \quad \rightarrow \quad k_1ve^{-j\pi/2} - k_2ie^{-j\theta} \tag{6.17}$$

（電源電圧 $\boldsymbol{v}$ の位相を基準にしたとき）

その結果，点1と点2の間をなめる移動磁界が生じ，図4.6と類似の誘導形計器として動作する．そのときのトルク T の大きさは式(4.17)によって，次のように求められる．なお，回転成分は sin 成分（虚部）であることに注意する．

$$T \propto -k_1k_2vi\sin\left(\frac{\pi}{2}+\theta\right) = k_1k_2vi\cos\theta \ \propto \ vi\cos\theta \tag{6.18}$$

すなわち，実効電力がそのまま計測される．正負は回転方向を決める．これを歯車で伝えて回転数を計数すれば，電力量が積算され，それが [Wh]（ワット時）の単位で直接指示される．　□

図 6.4　誘導形積算電力量計の外観

6.5 多相実効電力の計測

交流電源には単相だけでなく，多相の電源もある．n 相の場合，n 本の電力線から電圧・電流が取り出されるが，それらの電圧の位相は $2\pi/n$ だけずれるようになっている．たとえば，3 相であれば 3 つの電圧の位相が 120 度（$= 2\pi/3$）ずつ異なる．このようにすると，2 相の場合と異なり，位相が時計回り・反時計回りのどちら向きに回っているか明らかであるため，3 相に対応する交流モータを負荷としてつなげば，モータの回転の方向は一意に決定され，電源オン時にいつも同一方向に回転することになる．

このような多相の電源につながれた負荷の電力を計測したい．n 相電力の計測は，図 6.5 (a) のように考える．何らかの基準点から計測した電圧 v_i（$i = 1, 2, \cdots, n$）と対応する電流 i_i によって，瞬時電力は次のように表される．

$$p(t) = \sum_{i=1}^{n} v_i(t) i_i(t) \tag{6.19}$$

これは，もう少し簡単に計測できる．キルヒホフの法則によって $i_n = -\sum_{i=1}^{n-1} i_i$ であるから，次のように書き換えられる．

$$p(t) = \sum_{i=1}^{n-1} v_i i_i + v_n \left(-\sum_{i=1}^{n-1} i_i \right) = \sum_{i=1}^{n-1} (v_i(t) - v_n(t)) i_i(t) \tag{6.20}$$

すなわち，変数が 1 つ多すぎたのであって，$n-1$ 個の電力量計で計測が可能となる．これを**ブロンデルの定理 (Blondel's theorem)** とよぶ．3 相の電力を計測するには，図 6.5 (b) に示すように配線し，1 つの回転軸に 2 つの駆動トルク発生部をつけて力の和をとる．実際にコンパクトな 3 相電力計が作製できる．

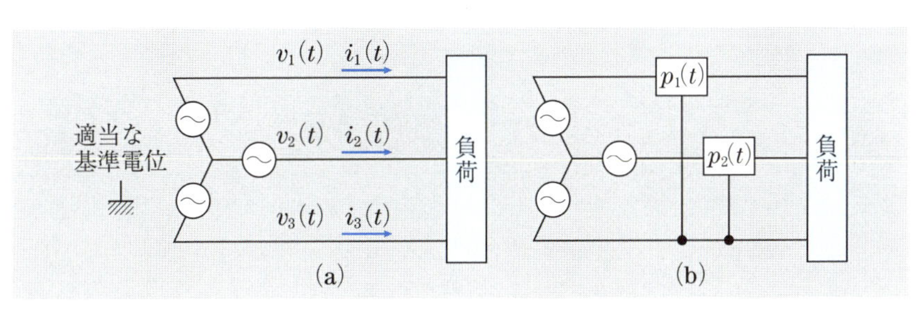

図 6.5　(a) 3 相電力の考え方と (b) ブロンデルの定理を利用した実際の計測法

6.6 変成器

変成器 (transformer) は，**変圧器**と**変流器**の総称である．通常の変成器では，およそ電圧比が巻き数比に比例し，電流比が巻き数比に逆比例する．しかし厳密には，第12章に述べる鉄損，銅損，磁束漏れなどのため，ずれが生じる．

計測用変成器は，このずれを最小限に抑えたものである．その回路記号を図6.6(a) および (b) に示す．**計測用変圧器** (**potential transformer：PT**) は，電圧を計測するためのものであり，2次側を開放したときに電圧がちょうど $1:n$ になるように作られている．一方，**計測用変流器** (**current transformer：CT**) は電流計測用であり，2次側を短絡したときに正確に電流が $n:1$ になる．変成器を利用することによって，計測対象と計測者が絶縁されることが重要な利点である．また計測に適した電圧や電流を得ることができる．

CTについては，実用的には，流れている電流を切断することなく，そこを流れる電流の計測が可能であると都合が良い．そのため，図6.6(c) のように磁気回路を丸いはさみのように形作り開閉可能にした，**フックオン型CT**(**hook-on CT**)（**クランプオン型CT**(**clamp-on CT**) ともよばれる）も便利に用いられ

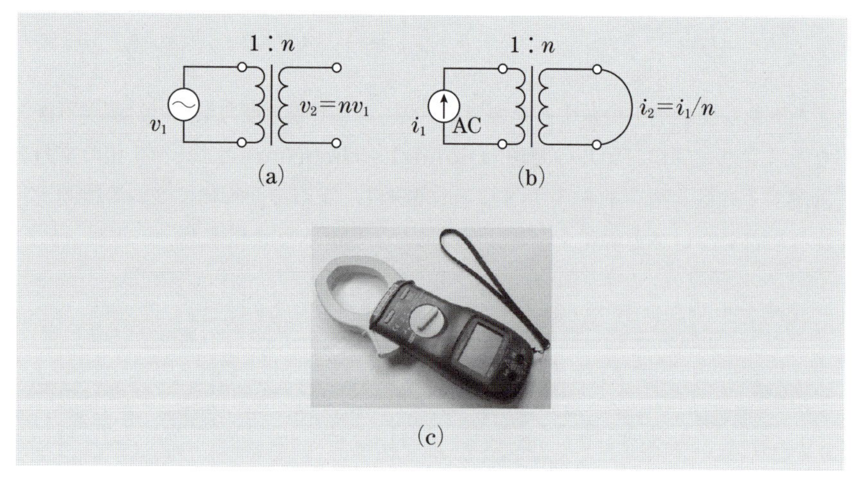

図6.6 (a) 計測用変圧器（PT）と (b) 計測用変流器 (CT)，および (c) フックオン型CTの外観

ている．

ふつうの CT は交流にしか使えない．直流でも絶縁性を保ちながら切断せずに回路の電流を計測できるようにしたものが，**直流用変流器** (**DCCT**) である．その原理を，図 6.7 に示す．過飽和型鉄心を用いる．巻き線のマーク (●) は巻き線の極性（位相）表示であって，印加電圧と出力電圧の位相が等しいもの同士に●がつけてある．内蔵電源によって交流電圧をかけると，過飽和鉄心のために磁束はすぐに飽和するが，計測される直流電流によってその飽和値は 1 および 2 でずれる．これらの電圧を足し算すると右下のような交流波形になり，それを全波整流すれば直流電流を読むことができる．

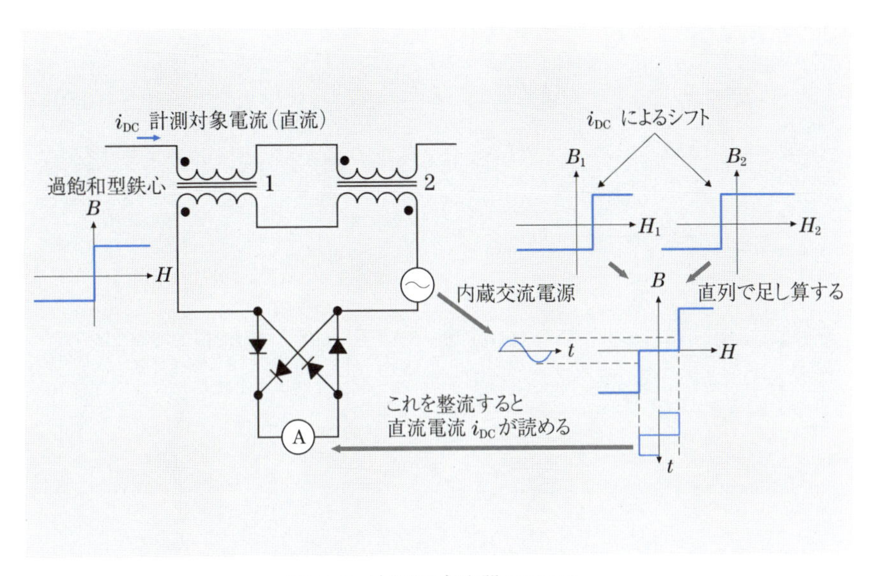

図 6.7　直流用変流器 DCCT

6.7 交流計測における標準素子

交流計測では，素子の導線が持つインダクタンス成分や，周囲の回路や接地に対するキャパシタンス成分（**漂遊容量** (stray capacity)，**浮遊容量** (floating capacity)）など，交流計測に独特の**寄生成分** (parasitic component) を考慮する必要がある．図 6.8 に (a) 抵抗と (b) コンデンサの寄生成分・漂遊成分の考え方，およびそれらの影響を小さくする工夫をした標準素子の構造を示す．

巻線抵抗をはじめほとんどのタイプの抵抗は，扱う信号が高周波になるにつれて，直列にインダクタンスが入り並列にキャパシタンスが入った特性になる．このとき両端のインピーダンス Z は，次のようになる．

$$Z = \frac{1}{j\omega C + \dfrac{1}{R + j\omega L}} \tag{6.21}$$

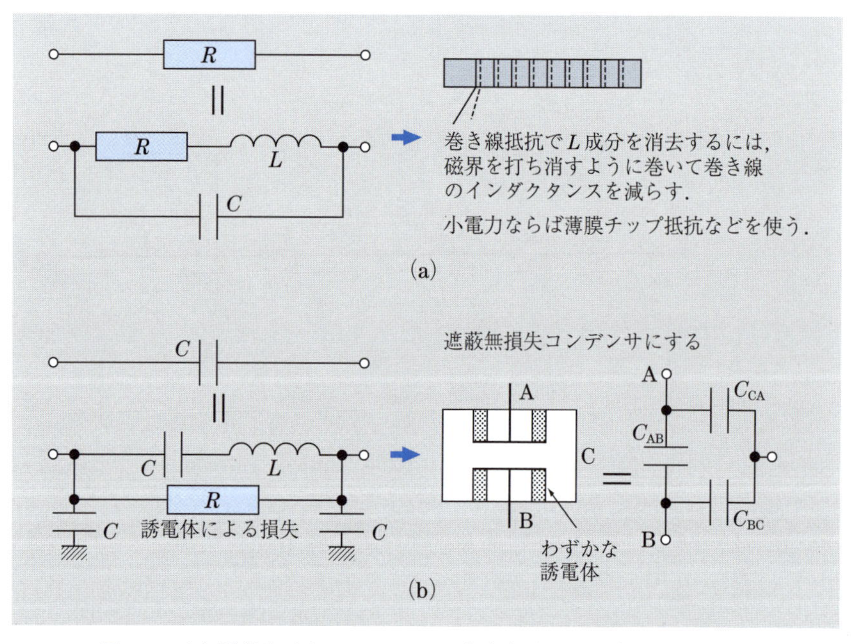

図 6.8　(a) 抵抗と (b) コンデンサの寄生成分・漂遊成分の考え方と標準素子の構造

標準抵抗では図 6.8 (a) に示したようになるべく磁界成分を打ち消すように巻き線の巻き方を工夫する．

回路を実装するときには，なるべく薄膜チップ抵抗などの，構造上寄生成分が小さい抵抗を用いることによって，この影響を回避する．電力消費が大きくてチップ抵抗を使えず，巻線抵抗などにたよらざるを得ない場合には，図 6.8 (a) の方法による．

コンデンサも図 6.8 (b) に示したように，高周波になるにしたがって接地への漂遊容量，誘電体による損失，リード線のインダクタンス成分が大きく効いてくる．これらの影響を排除した標準素子として，**遮蔽（しゃへい）無損失コンデンサ**がある．遮蔽箱の中に空気によって絶縁されたコンデンサを作る．端子を 2 本ずつまとめて容量計測すると，ケースの容量も加味し容量の関係が次のように得られる．

$$
\begin{aligned}
C_1 &= C_{\mathrm{AB}} + C_{\mathrm{CA}} \\
C_2 &= C_{\mathrm{BC}} + C_{\mathrm{AB}} \\
C_3 &= C_{\mathrm{CA}} + C_{\mathrm{BC}} \\
\longrightarrow \quad C_{\mathrm{AB}} &= \frac{C_1 + C_2 - C_3}{2}
\end{aligned}
\tag{6.22}
$$

回路実装には，0.01 [μF] 程度までで 30 [V] 程度までの電圧であれば，チップコンデンサの使用が望ましい．チップコンデンサはその容量や耐圧が小さいものが多い．チップコンデンサが使えない場合には，リード線のあるコンデンサを使うことになるが，インダクタンス成分をなるべく抑えるため，フィルムをロールしたものよりも積層したもののほうが良い．

さらに 1 [μF] 以上の容量では，ふつう電解コンデンサを使用することになる．この場合にも，高周波ではインピーダンスが大きく上昇するので，電解コンデンサと並列にフィルムコンデンサを付加するなどして，高周波でのインダクタンス成分の影響を除去することも多い．

6.8　交流ブリッジ

交流ブリッジ(**AC bridge**) は，直流の場合と同様に零位法によって，交流に対する素子の値を計測する．直流のブリッジの複素版であって，交流の振幅と位相の両方の つりあい をとる．その主な目的は，交流での素子の**寄生成分**を計測することにある．図 6.9 (a) に交流ブリッジの構成を示す．つりあいがとれた場合のインピーダンスは，次のようになる．

$$\frac{Z_1}{Z_2} = \frac{Z_3}{Z_4} \tag{6.23}$$

交流ブリッジによる計測の特徴と留意点は次の通りである．

(1)　実部と虚部の 2 つの要素の平衡をとる．

(2)　インピーダンスは周波数の関数なので，なるべく実際に使用する周波数で計測する．特に高調波が存在するときには，そのことが重要である．

(3)　検流計にはその周波数の交流が計測できるものを使用する．すなわち，電子交流電圧計や, (音声周波数帯域ならば）セラミック・イヤホンなども使える．

交流ブリッジは変数が多く自由度が高すぎるため，いくつかの制約をおいて簡明で一般的な平衡条件をあらかじめ求めておくと便利である．次の 2 つのタイプのブリッジがよく用いられる．

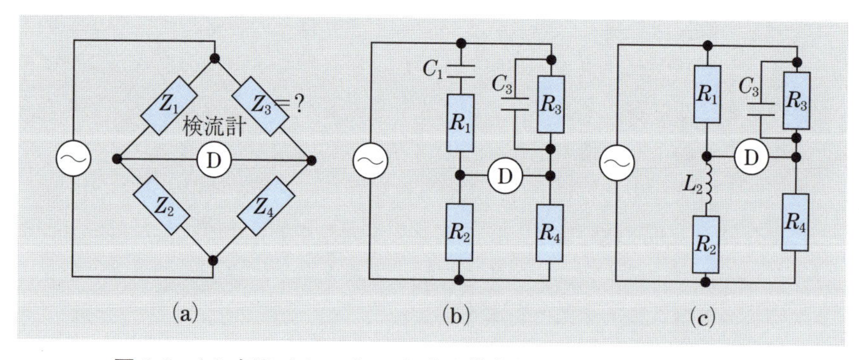

図 6.9　(a) 交流ブリッジの一般的な構成と，特によく用いられる (b) 比型ブリッジ（ウィーン・ブリッジ）および (c) 積型ブリッジ（マクスウェル・ブリッジ）の構成

比型ブリッジ（ウィーン・ブリッジ：Wien bridge）

図 6.9 (b) に示すように，Z_2, Z_4 を実数（抵抗）として，比自体も実数とするもの（$Z_1/Z_3 = R_2/R_4 =$ 実数）である．

$$\left(R_1 + \frac{1}{j\omega C_1}\right) R_4 = \frac{1}{\dfrac{1}{R_3} + j\omega C_3} R_2 \tag{6.24}$$

であるから，$R_2 = 2R_4$ とすれば平衡条件は次のように簡単になる．

$$\begin{aligned} &\omega^2 C_1 C_3 R_1 R_3 = 1\ , \\ &\frac{C_3}{C_1} = 2 - \frac{R_1}{R_3} \end{aligned} \tag{6.25}$$

これは，たとえば次のような条件を含む．

$$C_1 = C_3\ , \quad R_1 = R_3\ , \quad \omega C_1 R_1 = 1 \tag{6.26}$$

計測にあたっては，実際に計測したい素子に予想される抵抗および容量が直列で考えたほうが良いか（R_1, C_1），並列で考えたほうが良いか（R_3, C_3）を見極めて使用する．

積型ブリッジ　（マクスウェル・ブリッジ：Maxwell bridge）

一方，積が実数になるようにするもの（$Z_2 Z_3 = R_1 R_4 =$ 実数）も，図 6.9 (c) のように考えられる．

$$R_1 R_4 = \frac{1}{\dfrac{1}{R_3} + j\omega C_3}\ (R_2 + j\omega L_2) \tag{6.27}$$

すると，ちょうど $j\omega$ が相殺され，簡単な結果を得ることができる．

$$R_1 R_4 = R_2 R_3 = \frac{L_2}{C_3} \tag{6.28}$$

この方法は，キャパシタの損失を並列抵抗で考え，またインダクタの損失を直列抵抗で考えており，実用的である．また上述のように $j\omega$ が式から消えるため，存在するかもしれない**高調波 (harmonic)** 周波数（基本波の逓倍（ていばい）＝整数倍周波数）の成分に左右されない点でも優れている．

例3　図6.9(c)の積型ブリッジによって，直列抵抗の大きいコイルL_2の抵抗値R_2と正確なインダクタンスL_2を知りたい．そのためには，R_3を可変抵抗とし，またC_3を可変コンデンサ（バリコン）として双方を調整してバランスをとる．いま，$R_1 = R_4 = 100\,[\Omega]$としたとする．また，可変抵抗の漂遊容量（すぐ下を参照）が無視できるとする．バランスをとったところ，$R_3 = 1\,[\mathrm{k}\Omega]$, $C_3 = 100\,[\mathrm{pF}]$であった．すると，コイルのインダクタンスは$1\,[\mu\mathrm{H}]$である．

$$\begin{aligned} L_2 &= R_1 R_4 C_3 \\ &= 100 \cdot 100 \cdot 100 \times 10^{-12} = 1.0 \times 10^{-6}\ [\mathrm{H}] \end{aligned}$$

また，直列抵抗は$10\,[\Omega]$になる．

$$R_2 = \frac{R_1 R_4}{R_3} = \frac{100 \cdot 100}{10^3} = 1.0 \times 10\ [\Omega]$$

□

交流ブリッジで周波数が高くなってくると，回路の対地容量（**漂遊容量**，**浮遊容量**）が無視できなくなってくる．これを補償する方法を，図6.10に示す．図6.10(a)は**ワグナ接地法**(**Wagner ground balancing**)とよばれ，D_1とD_2がともに0になるようにZ_1とZ_5を交互に調整するものである．調整後は平衡点がともに接地電位になり，対地容量が無視できる．

図6.10(b)は**自動接地法**(**automatic ground balancing**)とよばれる能動的な方法である．オペアンプなどの増幅器（第7章に述べる）によって負帰還をかけ，仮想接地によって平衡点を自動的に接地電位にする．これは調整の手間が不要な点が利点だが，周波数が高くなってくると増幅器の位相回転が無視できなくなってくるため，比較的低周波の場合の利用に限られる．

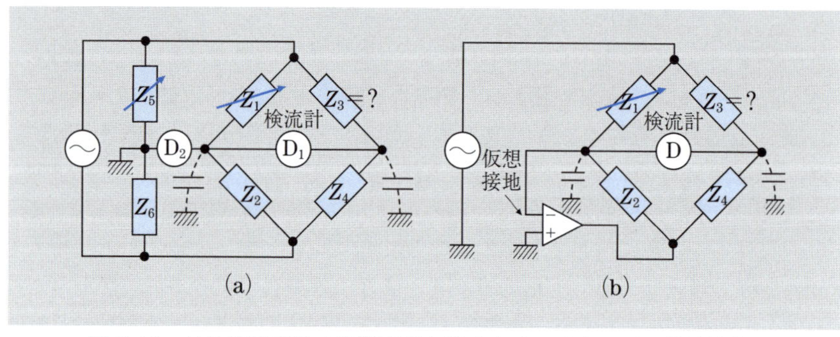

図6.10　対地漂遊容量の影響を取り除くための(a)ワグナ接地法と(b)自動接地法

6.9 接地抵抗

接地 (**ground**, **earth**) とは，回路の基準点を地球につないで同電位にすることである．接地のための電極（金属杭や板）を地中に埋め込むことによって，これを行う．接地を行うことは，回路の安定な動作や雑音の低減，また感電防止などの安全面でも重要なことである．アンテナ回路などを含む通信用接地，避雷器などの保安用接地などがある．

地球との抵抗である**接地抵抗** (**ground resistance**, **earth resistance**) は十分に低いことが求められる．ふつう数 [Ω]～100 [Ω] になる．また，必要に応じて交流的にインピーダンスとして考え，リアクタンス成分も計測することもある．接地抵抗は次のように計測する．

3 電極法

図 6.11 (a) に接地の等価回路と，3 電極法の計測方法を示す．計測される接地電極のほかに計測用の電極を 2 本用意し，3 組できる端子対の間の抵抗を測る．3 つの値をそれぞれ R_{A}，R_{B} および R_{C} とすると，次の関係を得る．

$$
\begin{aligned}
R_{\mathrm{A}} &\equiv R + R_1 \\
R_{\mathrm{B}} &\equiv R + R_2 \\
R_{\mathrm{C}} &\equiv R_1 + R_2 \\
\longrightarrow \quad R &= \frac{R_{\mathrm{A}} + R_{\mathrm{B}} - R_{\mathrm{C}}}{2}
\end{aligned}
\tag{6.29}
$$

これによって接地抵抗を求めることができる．原理的にはこれでよいが，ふつう計測用電極は仮設であって接地抵抗 R_1, R_2 は高くなりがちである．そのため桁落ちしないように気をつける必要がある．

接地抵抗測定器による方法

図 6.11 (b) のような接地抵抗測定器を用いる．電源を内蔵しており，変流器も用いて接地電極および計測用接地電極に電流を流す．可変抵抗によって検流器 D に電流が流れないように平衡させて R_{s} を読む．

$$
e = niR_{\mathrm{s}} \quad \longrightarrow \quad R = \frac{e}{i} = nR_{\mathrm{s}} \tag{6.30}
$$

この場合，R_s の目盛りを工夫すれば接地抵抗を直読できるほか，零位法であるため計測用電極2の抵抗の影響がほとんどないことが利点である．計測用電極1の抵抗が高いと，R_s の分圧比が小さくなり誤差が大きくなる．

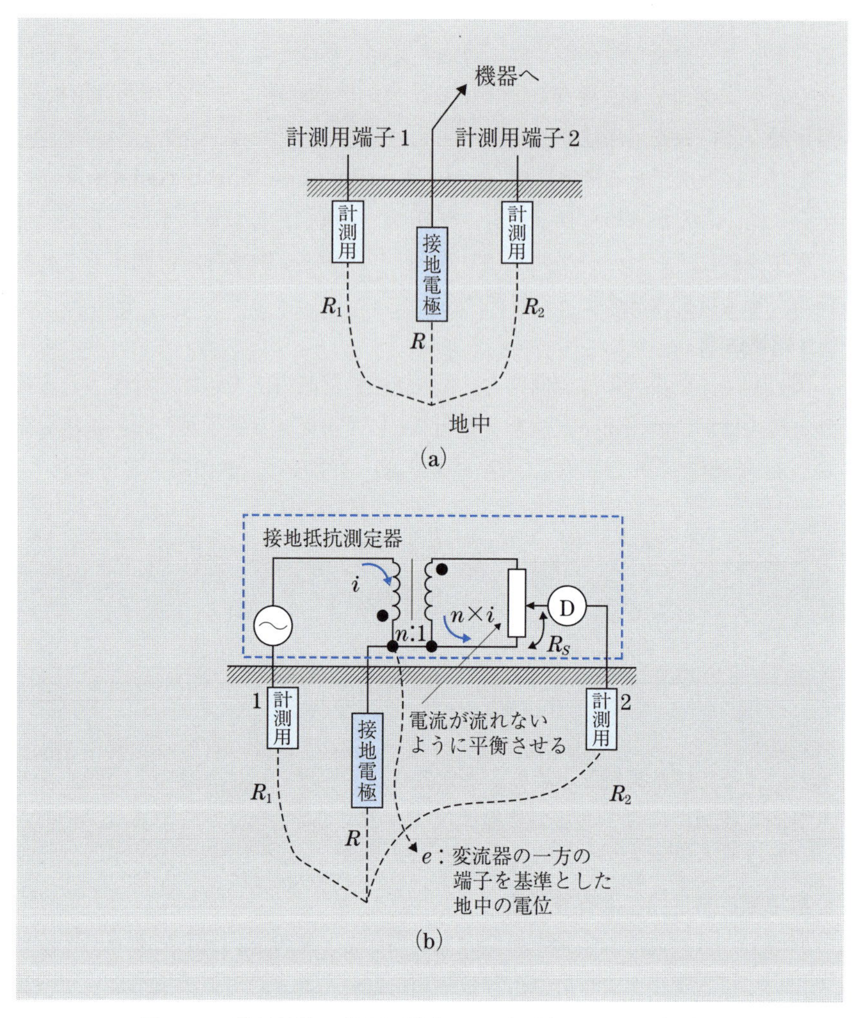

図 6.11　接地抵抗の等価回路とその計測法：(a) 3電極法，(b) 接地抵抗測定器による方法

6.10　液体の抵抗

液体の計測は，生体生理の分野でもますます重要である．液体の抵抗は，次のように交流で計測するとよい．なお，液体の抵抗は温度に大きく依存するため，液体温度が安定してから計測し，計測値にも温度を明示する．

標準 U 字管による方法

図 6.12 (a) に示すような，標準 U 字管を使う．校正用に標準電解液をまずこれによって計測し，次に目的の液体を計測する．このとき，直流ではイオンが大きく移動し分極作用により電流が流れ難くなるが，交流ではこの効果を小さくできる．交流ブリッジで計測し，容量も同時に得ることになる．

誘導による方法

電極を用いる方法は，電極の腐食が起こる液体の場合には使えない．図 6.12 (b) に示すように，トロイダル・コイルを液体に入れると，液体の導電性がちょうどコイルの 2 次巻き線のようになり，図中の等価回路が得られる．2 次電流は空間的に広がっており，計測値はコイルの大きさや形状と液体の導電率によって決まる．補正はやや複雑になる（68 ページのコラムも参照）．

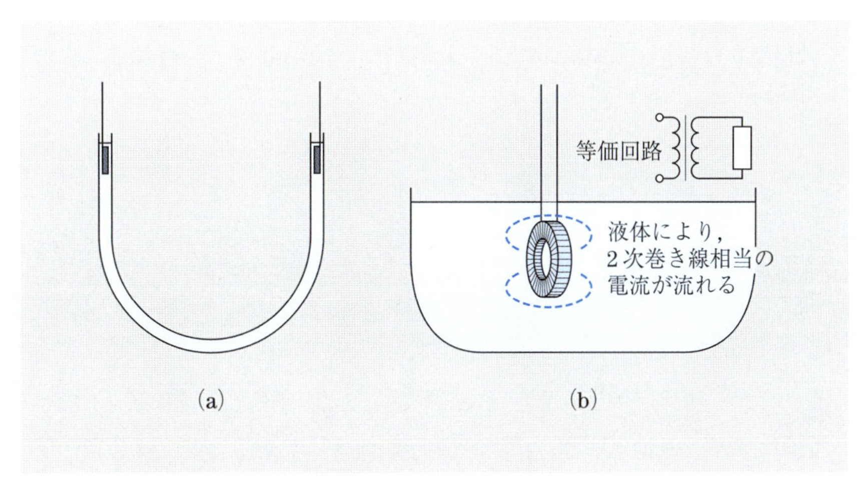

図 6.12　液体の抵抗の計測方法：(a) 標準 U 字管による方法と (b) 誘導による方法

6章の問題

□**1** 次の電力の用語の意味を説明せよ．
瞬時電力，平均電力，実効電力，無効電力，皮相電力，電力量

□**2** 力率とは何か，説明せよ．

□**3** 実効値とは何か，説明せよ．

□**4** 理想的なコンデンサに交流電流を流そうとするとき，コンデンサの両端に生じる電圧の位相は，電流の位相と比べてどのようであるか．複素平面上で図示して説明せよ．また，コイルの場合には，どうなるか．

□**5** 電力量計の構造と動作を説明せよ．

□**6** 誘導形積算電力量計のトルクの式 (6.18) を導出せよ．

□**7** DCCT の動作を説明せよ．

□**8** 図 6.9 の比型ブリッジおよび積型ブリッジで，平衡条件が式 (6.26) あるいは式 (6.28) のようになることを示せ．

□**9** 図 6.11 (b) の接地抵抗測定器による計測が式 (6.30) で与えられることを説明せよ．

7 計測用電子デバイスと機能回路

本章では，計測に広く用いられている電子デバイスと機能回路を扱う．特に，プローブとしての電界効果トランジスタとオペアンプに焦点を絞る．それらの特性の物理的起源や代表的な特性，使用上の注意点について学ぶ．

７章で学ぶ概念・キーワード

- 電界効果トランジスタ (FET)
- FET プローブ
- 差動増幅器
- オペアンプ（演算増幅器）
- 反転増幅器，非反転増幅器，トランスインピーダンス増幅器，電荷量出力器，電圧フォロア，加算器，積分器，微分器
- 増幅器の周波数特性，カットオフ周波数

7.1　電子式プローブ

計測対象に接触あるいは接近させて，その箇所の情報を採取する端子を**探針**あるいは**プローブ** (probe) とよぶ．プローブは，計測対象になるべく擾乱（じょうらん）を与えないことが望まれる．

電圧計測の場合，その**入力インピーダンス** (input impedance) は高いほど良い．図7.1に示すように，抵抗で分圧された電圧を計測しようとした場合，入力インピーダンスが低いと計測値が変化してしまい，実働状態の電圧値が得られない．電流を多く流すようなプローブでは，回路に大きな擾乱を与える．

第4章以降でみたような指示計器は，回路的にはコイルなのでどうしても入力インピーダンスが低くなりがちである．そこで，入力インピーダンスが高い電圧プローブを作りたい．ある種の電子デバイスを使用すると，これをかなり理想的に実現することが可能になる．これを**電子式プローブ** (electronic probe) とよぶ．

これを使えば電流をほとんどとらずに電圧値を得ることができ，非常に高感度の電気計測を行える．電圧ばかりでなく分流によって電流も扱え，さらにさまざまな**物理量変換器**（**トランスデューサ**）を使えば磁気や光などの幅広い物理量を高感度に計測できる．

次節ではMOS型電界効果トランジスタによる電子式プローブをみる．

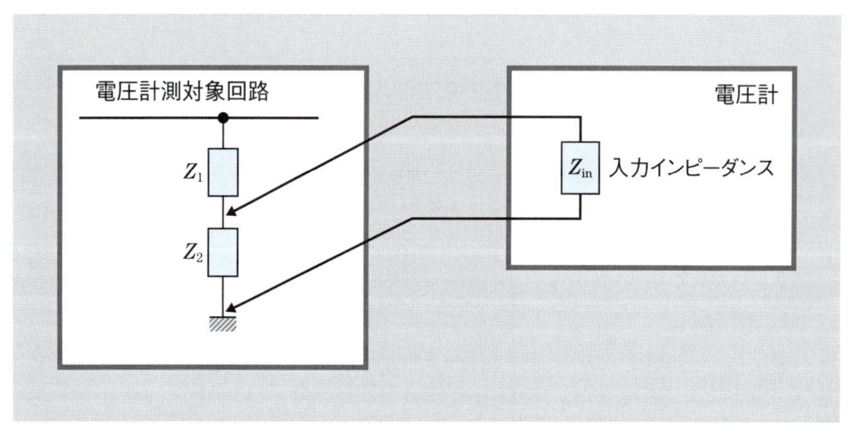

図7.1　電圧計測とプローブの入力インピーダンス

7.2 MOS 型電界効果トランジスタの構造と原理

半導体は，絶縁体と良導体の間の導電率を持つ．それは，結晶を作っている物質の電子が原子核に弱く拘束されているからである．シリコンやゲルマニウム（ともに元素の短周期表で IV 族）といった元素が代表的である．半導体には電気を運ぶ担体（**キャリア (carrier)**）として**電子 (electron)** と，電子が移動していなくなった穴の**ホール (hole)** の 2 つがあり得る．

電子やホールの密度は，たとえば温度を上げると電子が原子核の拘束を振り切って元気に動き回るため，大きくなる．また，IV 族より 1 つ電子が多い V 族の原子（りんなど）をシリコンにわずかに添加すると，電子密度が増え，伝導を電子が担う．逆に電子が少ない III 族の原子（アルミニウムなど）を添加するとホール密度が増え，伝導をホールが担う．電子が多い半導体を **n 型半導体 (n-type semiconductor**, n：negative)，ホールが多い半導体を **p 型半導体 (p-type semiconductor**, p：positive)，不純物が非常に少ない半導体を**真性半導体 (intrinsic semiconductor**) とよぶ．真性半導体の導電率は小さい．

電子とホールが出会うと結びついて（再結合），キャリアが消滅し，もとの状態（基底状態 = 拘束状態）に戻る．しかし，熱や光などのエネルギーをもらうと再び電子とホールに分かれる（励起状態）．実際には，この 2 つの状態が温度などとバランスがとれる状態（適度に励起されている状態）に落ち着くことになる（平衡状態）．電子とホールの様子は，ちょうど水の水素イオンと水酸化物イオンの関係に似ている．温度が一定であれば電子密度 n とホール密度 p の積はほぼ一定であり，それは真性半導体の電子密度 n_0（= ホール密度 p_0）の 2 乗に等しい（$np = n_0^2$ $(= p_0^2)$）．

半導体の代表的な電子デバイスである**電界効果トランジスタ (field effect transistor：FET)** のデバイス構造を図 7.2 に示す．特にここでは，**MOS 型電界効果トランジスタ (MOS–FET)** を取り上げる．その回路記号は図 7.2 (a) の通りであり，n 型と p 型がある．

図 7.2 (b) にその構造（n 型の場合）を示す．MOS は metal–oxide–semiconductor の略で，**ゲート (G：gate)** の構造が金属–酸化膜–半導体（基板）となっていることを意味する．p 型半導体の基板の一部に，V 族のイオンをわずかに

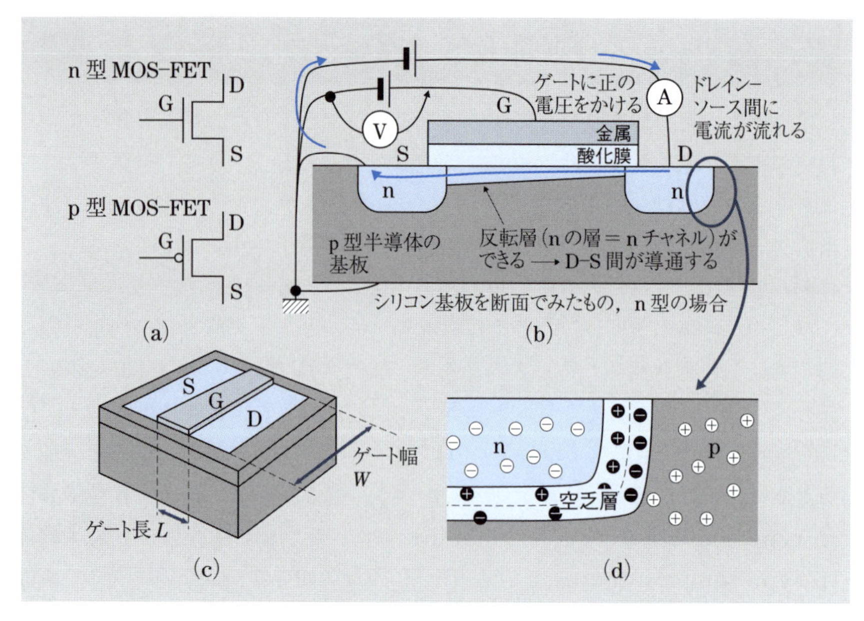

図 7.2　MOS 型電界効果トランジスタ：(a) n 型および p 型の回路記号，(b) デバイス構造（シリコン基板断面でみたもの，n 型 MOS–FET の場合），(c) デバイス構造およびゲート長とゲート幅，(d) pn 接合部分と空乏層

添加すると，その部分は n 型になる．それが**ソース** (S：**source**) および**ドレイン** (D：**drain**) と示した部分である．ソース–ドレイン間のシリコン基板表面に酸化膜を作製し，さらにその上に金属膜を作製してゲート電極とする．

図 7.2 (d) に示した p と n の接合（**pn 接合** (**p-n junsction**)）部分では，n 側からは動ける電子（⊖）が p 側のホールに拡散してゆき，正の固定電荷（**ドナーイオン** (**donor ion**)）が残される（➕）．一方，p 側からは動けるホール（⊕）が n 側に拡散して負の固定電荷（**アクセプタイオン** (**acceptor ion**)）が残される（➖）．固定電荷により電界が生じ，拡散が平衡に達する（p のフェルミ準位と n のフェルミ準位が一致する）．このときの電位差は**拡散電位** (**diffusion potential**)，**内蔵電位** (**built-in potential**) などとよばれ，シリコンの場合 0.6 [V] 程度である．またこのとき，このイオン領域ではキャリアが存在せず，これを**空乏層** (**depletion layer**) とよぶ．厚みは 0.1 [μm] 程度，電界強度は

$10^5 \sim 10^6$ [V/m] 程度になる．

このとき，D–S 間は n–p–n となり，その等価回路は（⊣◀—▶⊢）という 2 つの逆接続ダイオードであって，このままでは D–S 間に電流は流れない．ところが，ゲートと基板の間に図 7.2 (b) のように電圧をかけると，基板で原子核にゆるく拘束されていた電子がゲートに引きつけられて移動し，ゲート電極の直下だけ電子密度が増す，すなわち n 型になる．この部分を**チャネル** (**channel**) とよぶ．このチャネルができることにより，D–S 間は n–n–n となり，電子は供給源のソースから排出口のドレインまで流れることができるようになる．また，ゲート電圧を変化させれば，チャネルの電子密度は変化し，電流の流れやすさも変化する．したがって，ゲート電圧で（ゲートに電流を流さなくとも）ドレイン電流を制御することができる．これが，MOS–FET の動作原理である．

なお，上では nMOS–FET について説明したが，pMOS–FET では構造の p 型半導体部分と n 型部分を取り替え，また p 型のチャネルをホールがキャリアとして移動する動作になる．電圧や電流の向きもちょうど逆になる．

FET のアイデアはバイポーラ・トランジスタよりも古かった

歴史的には，市場にはまず 1940 年代末バイポーラ・トランジスタが出回り，つづいて FET が出回ることになった．しかし FET の原理提案は古く，1918 年にリリエンフェルト (Lilienfeld) によってアイデアの英国特許が出されている．FET はゲート電圧の電位でドレイン電流を制御するものであり，これは真空管の原理に似ていて発想しやすかっただろう．すなわち，真空管はグリッドとよばれる高入力インピーダンスの制御金属網面の電位でプレート電流を制御するものである．構造は大きく異なるものの，基本的な考え方が近い．

ところが提案当時，金属などを用いてもキャリア密度がはじめから高すぎて，その効果を実証することはできなかった．その後 1952 年に現代的な FET の理論が構築され，1960 年代に半導体の精製技術も上がりプロセス技術が発達してはじめて，FET が実現されることになった．これは 1948 年にバイポーラ・トランジスタが実現された後だった．

FET は基本構造が簡単で小さく作製できるため，高集積化が必要なディジタル VLSI を中心に，現在広く用いられている．一方，バイポーラ・トランジスタも高速・低雑音などの用途を中心に用いられている．

7.3　MOS–FETの特性

MOS–FETは次のような電気的特性を持つ．nMOS–FETで図7.3 (a)に示すような回路を組む．電源電圧 V_{dd}（> 0）から負荷抵抗 R_{D} を介してD–S間に正の電圧をかける．ソースを基準としたゲート電圧 V_{GS} を段階的に変えたとき，ドレイン電流 I_{D} とドレイン電圧 V_{DS} の関係は，図7.3 (b)のようになり，V_{DS} が高いほど I_{D} も大きい．

もう少し詳しくみると，V_{DS} が小さいうちは（$V_{\mathrm{DS}} < V_{\mathrm{GS}} - V_{\mathrm{th}}$），導電率が V_{DS} によらずほぼ一定であり，すなわち I_{D} は V_{DS} に比例して増大する．この領域を**線形領域 (linear region)** とよぶ．一方，V_{DS} が大きくなると（$V_{\mathrm{DS}} > V_{\mathrm{GS}} - V_{\mathrm{th}}$），$I_{\mathrm{D}}$ はあまり変化しなくなる．この領域を**飽和領域 (saturation region)** とよぶ．飽和領域でも若干 I_{D} は変化する．そのときのドレイン抵抗

$$r_{\mathrm{D}} \equiv \frac{\partial V_{\mathrm{DS}}}{\partial I_{\mathrm{D}}}$$

は無限大ではないが，かなり大きな値になる（数十 [kΩ] 以上）．MOS–FETの動作は，おおざっぱにいってこの2つの領域からなる．

図7.3 (c)は，ドレイン電流 I_{D} をゲート電圧 V_{GS} の関数として表したものであり，ほぼ V_{GS} の2乗に比例して I_{D} が増大する．ただし，V_{GS} がある**閾値電圧 (threshold voltage)** V_{th} を超えないと電流がほとんど0である．この閾値は，最初にあったp型基板のホールの密度によって変化する．したがって，作製プロセスによってある程度 V_{th} を制御することができる．ふつうMOS型では $V_{\mathrm{th}} > 0$ であり，このようなFETを**エンハンスメント型 (enhancement type)** とよぶ．ゲート電圧（の絶対値）が大きくなるほどドレイン電流が流れるからである．逆に $V_{\mathrm{th}} < 0$ のものを**デプリーション型 (depletion type)** とよぶ．これは主に $V_{\mathrm{GS}} < 0$ の領域で使用され，ゲート電圧の絶対値が小さくなるほどドレイン電流が流れるからである．MOS型ではなく接合型とよばれるFET（**接合型FET (junction FET)**）の場合には，むしろデプリーション型のほうが一般的である．

一方，p型MOS–FETではチャネルはp型であり，キャリアは電子ではなくホールとなる．電荷が逆になるのに対応して，図7.3 (d)〜(f)のように回路のバイアス電圧や流れる電流の向きを逆に考えれば，全く同じ動作になる．

なお，このようにFETでは電流輸送に関係するキャリアがn型あるいはp型で電子またはホールのそれぞれ1種類なので，FETのことを**ユニポーラ・トランジスタ (unipolar transistor)** とよぶことがある．それに対して，少数キャリア注入によるnpnあるいはpnpなどのトランジスタ（ベース電流を流すもの）では，一度に電子とホールの両方が伝導に関与するため，これを**バイポーラ・トランジスタ (bipolar transistor)** とよぶ．

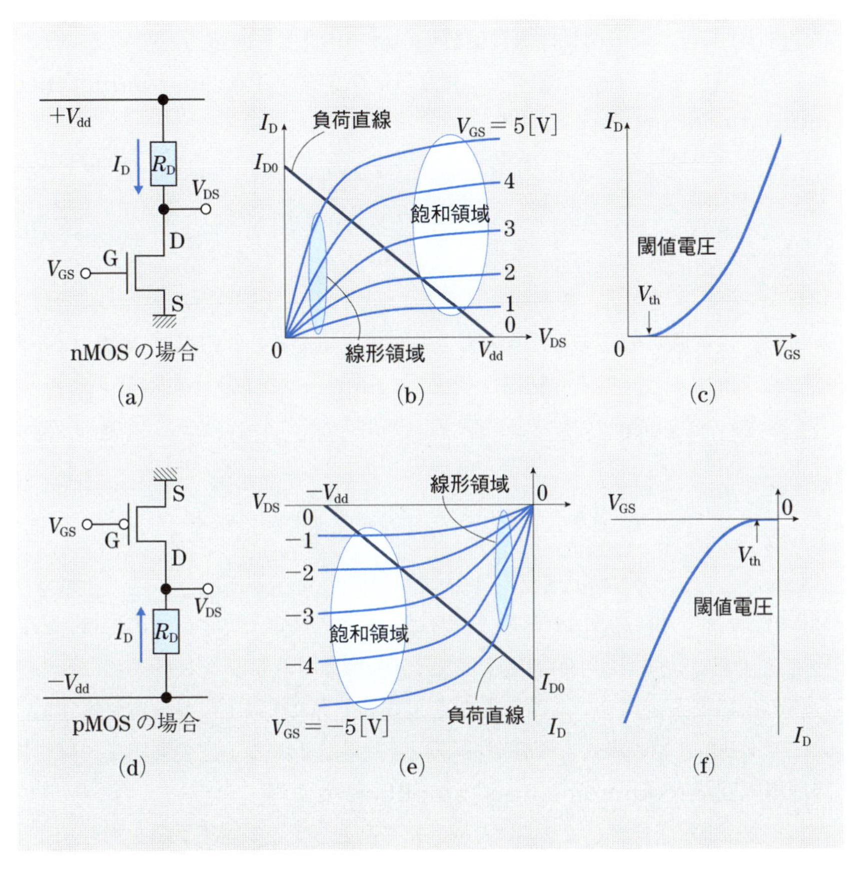

図 7.3 MOS 型電界効果トランジスタの動作：nMOS の場合の (a) 動作計測回路，(b) ドレイン電流–ドレイン・ソース電圧特性，(c) ドレイン電流–ゲート・ソース電圧特性，(d)〜(f) pMOS の場合の対応するもの

7.4　ソース接地増幅回路

FET を用いて電圧を増幅する増幅器を作ることができる．図 7.3(a) の回路で，入力電圧を $V_{\rm in} = V_{\rm GS}$，出力電圧を $V_{\rm out} = V_{\rm DS}$ と考える．負荷抵抗 $R_{\rm D}$ を接続すると，流れる電流 $I_{\rm D}$ と出力電圧 $V_{\rm DS}$ の関係が次のように得られる．

$$V_{\rm DS} = V_{\rm dd} - I_{\rm D} R_{\rm D} \tag{7.1}$$

図 7.3 (b) には，この関係が**負荷直線** (**load line**) として表されている．また，$V_{\rm GS}$ の増減に対する $I_{\rm D}$ の増減を，**相互コンダクタンス** (**transconductance, mutual conductance**) $g_{\rm m}$ によって次のように表す．

$$\Delta I_{\rm D} = g_{\rm m} \Delta V_{\rm GS} \tag{7.2}$$

$$g_{\rm m} \equiv \frac{\partial I_{\rm D}}{\partial V_{\rm GS}} \tag{7.3}$$

相互コンダクタンスは，ある部分（いまの場合はゲート）の電圧が別の部分（ドレイン）の電流に影響するときの大きさを表す値であり，FET では数 [mS] 程度である．すると，電圧の**利得**（**ゲイン** (**gain**)）は次のように計算される．

$$\begin{aligned} &-\frac{\Delta(V_{\rm DS} - V_{\rm dd})}{R_{\rm D}} = g_{\rm m} \Delta V_{\rm GS} \\ &-\frac{dV_{\rm DS}}{R_{\rm D}} = g_{\rm m} dV_{\rm GS} \quad \longrightarrow \quad \frac{dV_{\rm out}}{dV_{\rm in}} \equiv \frac{dV_{\rm DS}}{dV_{\rm GS}} = -g_{\rm m} R_{\rm D} \end{aligned} \tag{7.4}$$

したがって，$g_{\rm m}$ と $R_{\rm D}$ の積が 1 以上であれば，電圧が増幅される．その電圧利得はこれらの積 $g_{\rm m} R_{\rm D}$ である．ただし，マイナスがついているので信号の正負は逆転する（位相は 180 度回転する）．入力インピーダンスは，ゲートの酸化膜のために大変高く，ふつう少なくとも数十 [MΩ] 以上，並列容量も 1 [pF] 以下である．p 型の場合も同様である．図 7.3 (a) および (d) の回路を，**ソース接地増幅回路** (**common-source amplifier**) とよぶ．

たとえば，電圧計としてなるべく回路に擾乱を与えない**電圧プローブ**を，FET を 1 つ使って図 7.4 のように（原理的には）作ることができる．これは入力インピーダンスの高い電圧増幅器である．図 7.4 (a) に回路を示す．ここでは，エンハンスメント型 FET が適切に動作する動作点を実現するために，閾値電圧以上の電圧の電池を使ってバイアス電圧 $V_{\rm b}$ を与えている（$V_{\rm GS} = V_{\rm in} + V_{\rm b}$）．

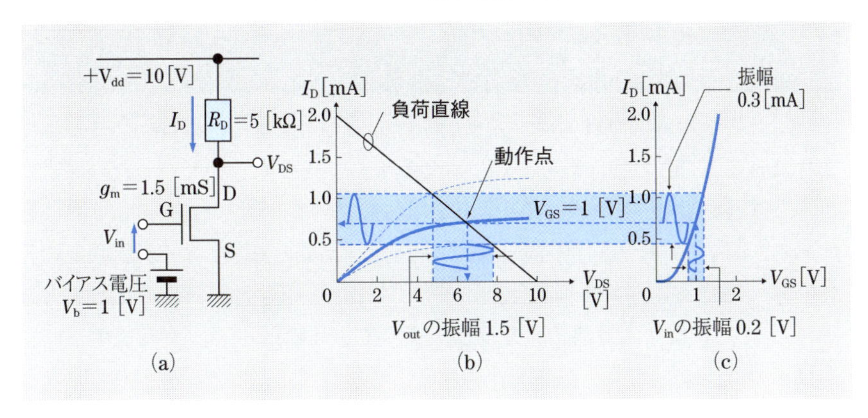

図 7.4　1 個の FET による電圧増幅器（あるいは電圧プローブ）の正弦波入力に対する電圧増幅の様子：(a) 動作計測回路，(b) ドレイン電流–ドレイン・ソース電圧特性，(c) ドレイン電流–ゲート・ソース電圧特性

FET の g_m がその**動作点 (operating point)**（無信号時の FET の電圧電流の状況，バイアス状況）で 1.5 [mS] であれば，R_D をおよそ 0.7 [kΩ] 以上にすれば電圧ゲインが 1 以上になる．ここでは $R_D = 5$ [kΩ] にしよう．すると負荷直線は，図 7.4 (b) に描いたものになる．いま，図 7.4 (c) に示すように，振幅 0.2 [V] の交流電圧が入力電圧 V_{in} として入力に加えられたとする．それによって流れるドレイン電流は，図 7.4 (c) の縦軸に表されているように，振幅約 0.3 [mA] の交流電流である．これは，図 7.4 (b) の縦軸と同一である．それに対応する出力電圧変化 V_{out} を図 7.4 (b) に読むと，振幅約 1.5 [V] の交流電圧になっている．このように電圧ゲインが 7.5 倍（18 [dB]）の増幅が行われることがわかる．またこのとき，ゲートにはほとんど電流が流れないため，電圧プローブとして使用するならば，被計測回路に与える擾乱は極めて小さい．

ただし，このままでは電圧変化に対する出力電圧の線形性がよくない．そのことは，正弦波入力に対して図 7.4 (b) の電流波形や出力電圧波形が歪んでいる（正弦波からずれている）ことからも理解される．またこの回路では，出力電圧が直流的にシフトしてしまっている．また温度変動による直流的なふらつき（ドリフト）も実際には大きい．さらに，エンハンスメント型 FET が適切に動作する動作点を実現するために，電池などを使ってバイアスを与えなければならない．これらの点が，次節で述べるように改良されなければならない．

7.5 差動増幅器

ソース接地増幅回路は簡単で効果的な増幅器だが，線形性が低い，また温度変化による FET の動作点のずれで生じるドリフトが大きいといった問題点がある．**差動増幅器 (differential amplifier)** はそのような問題を解決する回路である．図 7.5 にその回路図を示す．図 7.5 (a) がその基本となる抵抗負荷の差動増幅回路である．差動増幅回路は 2 つの電圧入力端子 $V_{\mathrm{in+}}$（非反転入力端子）と $V_{\mathrm{in-}}$（反転入力端子）を持ち，その差分（$V_{\mathrm{in+}} - V_{\mathrm{in-}}$）を増幅し，対称に出力電圧 $V_{\mathrm{out+}}$ と $V_{\mathrm{out-}}$ を出力する．対称性によって，温度ドリフトなどの発現を抑制することができる．

FET を 2 つ，対称に使用する．そのソースを統合して定電流回路（高い値の抵抗など）に接続して，FET1 のドレイン電流 i_1 と FET2 の i_2 の和を一定にする．いま，入力として V_{in} を 2 つの入力端子 $V_{\mathrm{in+}}$ と $V_{\mathrm{in-}}$ の間に入力したとすると，2 つの FET の特性が十分にそろっていれば，その電圧は半分ずつ 2 つの FET のゲート–ソース間に（反対電圧として）かかることになる（$V_{\mathrm{GS1}} = V_{\mathrm{in}}/2,\ V_{\mathrm{GS2}} = -V_{\mathrm{in}}/2$）．その結果，ドレイン電流の変化も

$$\Delta i_1 = -\Delta i_2 = \frac{g_{\mathrm{m}} V_{\mathrm{in}}}{2}$$

となる．このことは，$i_1 + i_2 = $ 一定 という条件と一緒になって，非常に高い対称性で実現される．その結果，出力電圧の変化も

$$\Delta V_{\mathrm{out+}} = -\Delta V_{\mathrm{out-}} = \frac{g_{\mathrm{m}} R_{\mathrm{D}} V_{\mathrm{in}}}{2}$$

となる．

差動増幅器は次のような利点を持つ．

(1) 温度変化による動作点ずれで生じるドリフトが相殺される．温度が変化すると，FET1 と FET2 のドレイン電流が同じ方向に増減しようとする．この場合，$i_1 + i_2$ を一定とする回路のために，この変化は抑制される．対称な回路構成が，同相（同じ方向）の変化を妨げる効果を持つ．

(2) $V_{\mathrm{in+}}$ と $V_{\mathrm{in-}}$ に同相で入る雑音を増幅しない．これを，平衡入力の回路とよぶ．差動入力に対する利得 A（大きい）と同相入力に対する利得 A_{cm}

（小さい）の比 A/A_{cm} を**同相抑圧比**（**common-mode rejection ratio：CMRR**）とよび，回路の良さの指標の1つとなるが，これが大きい．

(3)　増幅特性の線形性が高まる．これも差動構造によって $i_1 + i_2 =$ 一定のため，非線形な I_D–V_{GS} 特性が補正されるためである．

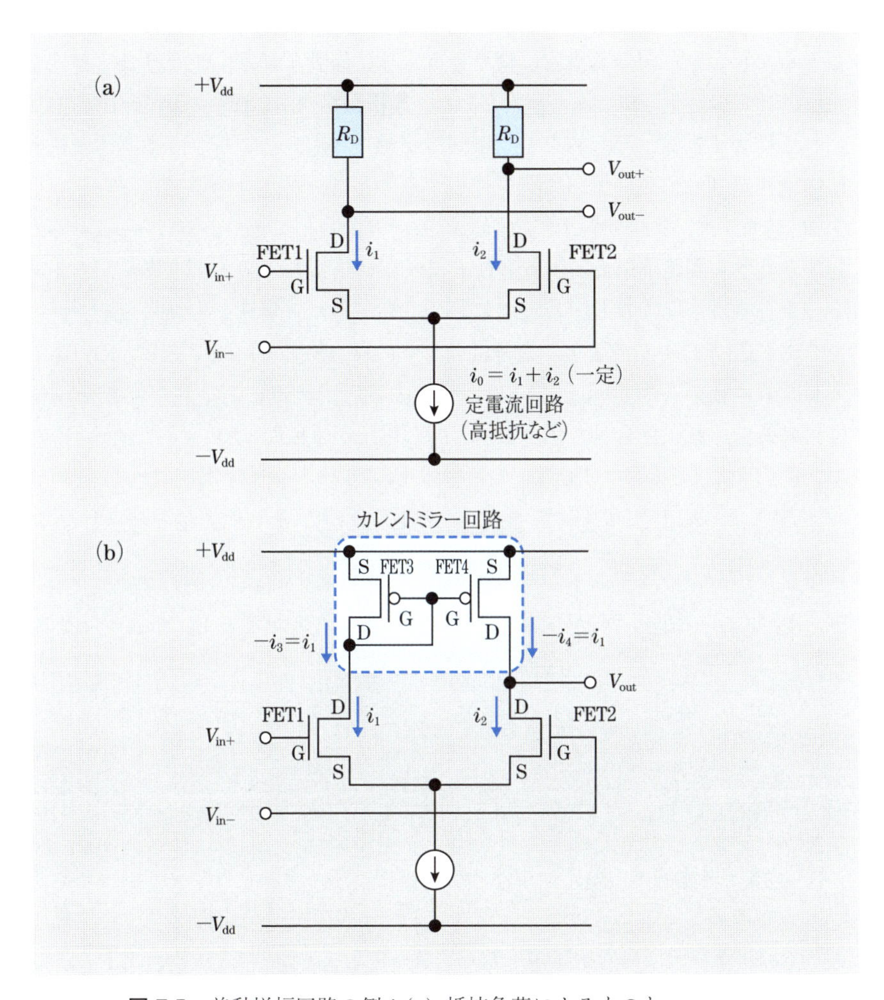

図 7.5　差動増幅回路の例：(a) 抵抗負荷によるものと，(b) 集積回路として作製するためになるべく抵抗を使わず，カレントミラーを負荷とするもの

7.6 オペアンプ

差動増幅器は個別部品でも作製できる．そのとき2つのFETの特性が一致している必要があるが，個別FETではばらつきが大きすぎる場合が多い．FETの特性は，作製に使用される半導体基板の相異やウエハー内の場所に大きく依存する．しかし，同一基板内に隣り合うように作製すれば，かなり良く特性を一致させることが可能である．すなわち，**集積回路** (**integrated circuit：IC**) として作製すれば，理想的な差動増幅器が得られる．ところが，半導体基板上に集積回路として高い値の抵抗を作製することは，あまり簡単ではない．

図7.5(b)は，集積回路用に負荷抵抗 R_D の代わりに2つのpMOSによる**カレントミラー回路** (**current mirror circuit**) を使用するものである．カレントミラーとは，片方のトランジスタFET3のドレイン電流をもう片方のトランジスタFET4のドレイン電流に鏡像のように移し換える回路である．FET3のドレイン電流が i_1 であったとすると（$-i_3 = i_1$），そのときのゲート電圧 V_GS3 は自動的にそれに見合った値となる．同じ電圧がFET4の V_GS4 にもかかるため，FET3とFET4の対称性が高ければFET4のドレイン電流は

$$-i_4 = -i_3 = i_1$$

となる．すなわち，出力端子から流れ出ようとする電流 i_out は，FET2のドレイン電流 i_2 とカレントミラーの電流 i_1 との差になる．入力電圧 V_in が入ったとき

$$\Delta i_1 = -\Delta i_2 = \frac{g_\mathrm{m} V_\mathrm{in}}{2}$$

であったから，2つの電流が協力して合算され

$$i_\mathrm{out} = g_\mathrm{m} V_\mathrm{in}$$

となる．そして，同相入力成分はここでも相殺される．

ICでは定電流源は，安定な電流源を別に作って，それをカレントミラー回路でうつし取ってくることが多い．また，図7.5(b)では負荷抵抗がなく（無限大）で利得が無限（出力電圧が不定）になってしまうが，実際にはFETのドレイン抵抗 r_d があるため，電圧利得は $g_\mathrm{m} r_\mathrm{d}$ となる．ふつう r_d は高いので，カレントミラー負荷は利得の増大にも役立つ．

しかし，この回路の場合でも（接地に対する）入力電圧と出力電圧の間には

シフトが生じてしまい，直流も含めた増幅器としては使いづらい．これも解決したものが，図 7.6 (a) である（ここでは初段を pMOS としている）．差動増幅の後に 1 段ソース接地増幅を行う．これによって直流シフトも相殺する方向の電圧シフトが得られる．全体の利得は，差動増幅とソース接地増幅の掛け算であって，およそ $(g_{\mathrm{m}\ 差動}r_{\mathrm{d}\ 差動}) \times (g_{\mathrm{m}\ ソース接地}r_{\mathrm{d}\ ソース接地})$ となる（なお，ここでは実際に多用されている回路として，pMOS 差動入力，nMOS ソース接地増幅の回路を示した．このほうが作製プロセスで初段の pMOS が基板から隔離され，一般的に雑音が少ないことが知られている）．またここでは，差動増幅器の合計電流は FET5 と FET6 のカレントミラーで定電流にし，出力段 FET7 の負荷も同様に FET8 の定電流としている．

図 7.6 (a) を**演算増幅器**または**オペアンプ** (**operational amplifier**) とよび，図 7.6 (b) の記号で表す．図 7.6 (c) に外観例を示す．名前の由来は，この回路が歴史的にアナログ計算機の単位演算素子として用いられたことにある．

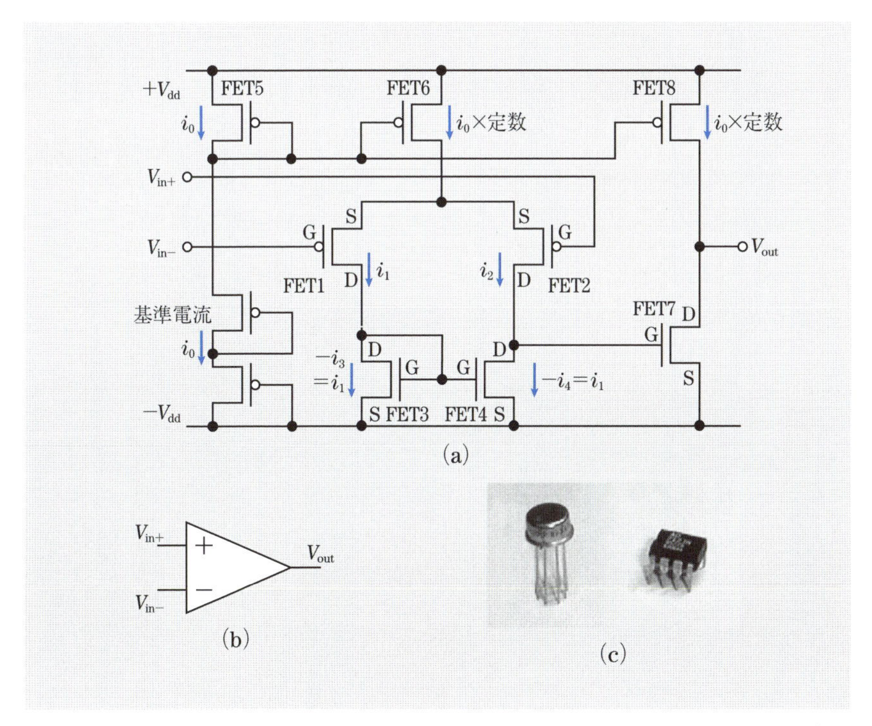

図 7.6　(a) オペアンプの基本回路と，(b) 回路記号，および (c) その代表的な外観

オペアンプの特徴は次の通りである．

(1) かなり理想的な増幅機能（下記）を持つ．
(2) 直流電位のシフトを抑えられる．
(3) 単電源でも動作する（回路図にも明示的に接地を入れなくてもよい）．
(4) 集積回路であり，安価に量産できる．

理想的な増幅機能とは，具体的にはたとえば次のような特性数値を指す．なお，変数は図 7.7 に対応する．

(1) 高い電圧利得：$A \simeq 10^4 \sim 10^5 = 80 \sim 100$ [dB]
(2) 高い入力インピーダンス：$Z_{\mathrm{in}} > 10$ [MΩ]
(3) 低い出力インピーダンス：そのままでは $Z_{\mathrm{out}} \simeq 10$ [kΩ] 程度だが，フィードバックの利用で見かけ上，インピーダンスを下げられる（後述）．
(4) 広い周波数帯域：そのままではカットオフ周波数（遮断周波数）$f_{\mathrm{c}} = 1$ [kHz] 程度だが，フィードバックの利用で見かけ上，帯域を広げられる（後述）．

また，そのほかの特性として，次のような典型的な値を持つ．

スルーレート(slew rate)（ステップ入力に対する立ち上り速さ）> 1000 [V/μs]，
同相抑圧比（第 7.5 節参照）CMRR > 100 [dB]，
最大出力振幅電圧 $\simeq$ 電源電圧，
出力温度ドリフト < 1 [μV/K]（帰還後のゲイン $= 60$ [dB] のとき）

なお，オペアンプは高い入力インピーダンスのため静電気のショックに弱いことも多く，破壊防止の回路的な工夫や取り扱い上の注意が必要である．

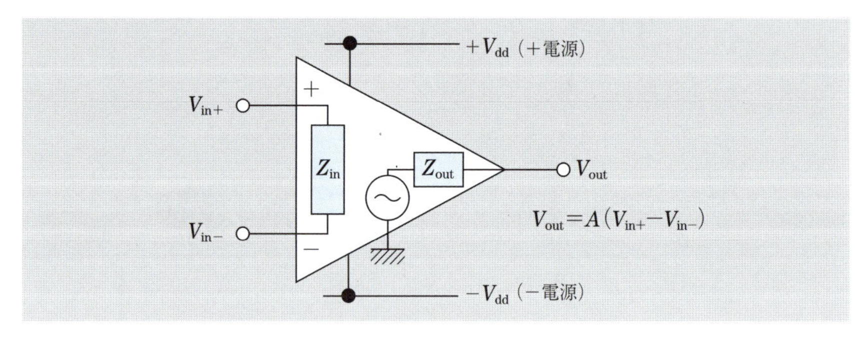

図 7.7 オペアンプの動作特性を表すパラメータ

7.7 オペアンプを用いた機能回路

オペアンプ自体は，前節でみたような利得の高い増幅回路である．実際にこれを増幅器として計測に用いる場合には，所望の利得や周波数特性を実現する必要がある．すなわち，回路的に**帰還**（**フィードバック** (**feedback**)）を構成して，これを利用する．また，フィードバックを工夫することにより，さまざまな機能回路を実現することができる．基本的な回路をみてみよう．

(1) 反転増幅器 (inverting amplifier)

反転増幅器は，次の非反転増幅器とともに，オペアンプを利用した最も基本的な機能回路である．図 7.8 (a) のように入力抵抗 R_1 とフィードバック抵抗 R_2 による回路を組む．オペアンプの反転入力端子 $V_{\mathrm{in}-}$（図中の − 端子）が R_1 を介して増幅回路の入力につながる．入力に V_{in} の電圧がかかると，R_1 によって入力電流 i が流れる．オペアンプ自体の入力インピーダンスは非常に高いので，この電流は R_2 に流れるしかない．たとえば $V_{\mathrm{in}} > 0$ の場合を考えると，オペアンプの反転入力端子は正の電圧になる．非反転入力は接地されており，またオペアンプの利得 A は非常に大きいので，出力電圧 V_{out} は大きく負に振れる．すると，フィードバック抵抗 R_2 を介して電流 i が流れ，オペアンプの反転入力端子を負にしようとする．入力と出力がちょうどつりあう点は，すべての入力電流がちょうどフィードバック電流に一致して，反転入力端子の電圧が非反転入力端子の電圧 $= 0$ に一致する点である．

$$i = \frac{V_{\mathrm{in}}}{R_1} = -\frac{V_{\mathrm{out}}}{R_2} \tag{7.5}$$

したがって，入力電圧の変化に対してオペアンプの応答が十分に速ければ，出力電圧は次のように定まる．

$$V_{\mathrm{out}} = -\frac{R_2}{R_1} V_{\mathrm{in}} \tag{7.6}$$

すなわち，電圧利得は $G = -R_2/R_1$ となる．負の符号がつくため，反転増幅器とよばれる．この動作は，入力が負の電圧であっても同様である．

このように入力による変化を引き戻す方向に働くフィードバックを，**負帰還**（**ネガティブ・フィードバック** (**negative feedback**)）とよぶ．また，反転入力端

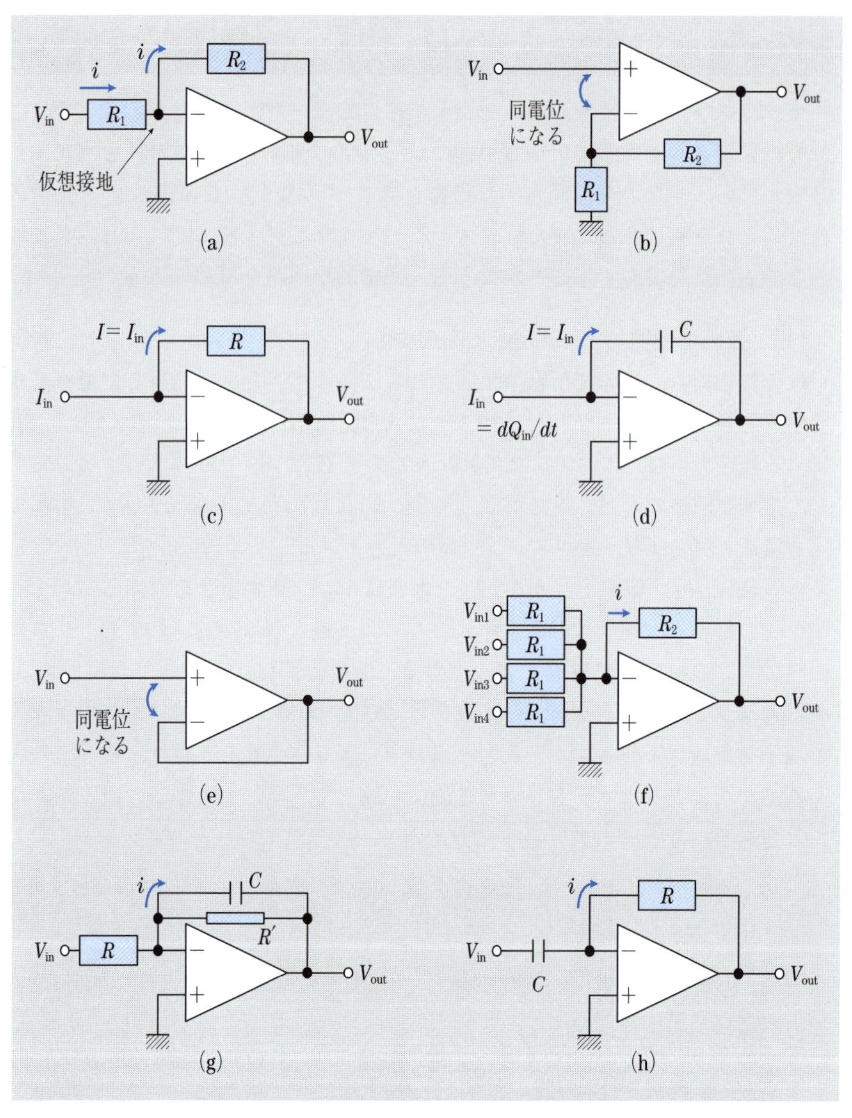

図 7.8　オペアンプによる機能回路：(a) 反転増幅器，(b) 非反転増幅器，(c) トランスインピーダンス増幅器，(d) 電荷量出力器，(e) 電圧フォロア，(f) 加算器，(g) 積分器 (LPF)，および (h) 微分器 (HPF)

子の電位が（接地されていないにもかかわらず）負帰還によって常に0になることを，**仮想接地** (**virtual ground, virtual earth**) とよび，オペアンプの利用にあたって重要な概念である．なお，反転増幅器では仮想接地のために増幅器全体の入力インピーダンスは R_1 となる．

例 1　$R_1 = 1\,[\mathrm{k}\Omega]$, $R_2 = 10\,[\mathrm{k}\Omega]$ とすれば，利得 $20\,[\mathrm{dB}]$ の反転アンプになる．入力インピーダンスは $1\,[\mathrm{k}\Omega]$ である．□

(2)　非反転増幅器 (non-inverting amplifier)

図 7.8 (b) に示す回路である．こんどはオペアンプの非反転入力端子 $V_{\mathrm{in}+}$（図中の + 端子）が増幅器全体の入力であり，フィードバックは出力から反転入力端子に加わる．この場合にも，負帰還となる．平衡点は反転入力端子の電位が非反転入力端子の電位に一致するときである．

$$V_{\mathrm{in}} = \frac{R_1}{R_1 + R_2}\,V_{\mathrm{out}} \tag{7.7}$$

したがって，出力電圧は，次のように決定される．

$$V_{\mathrm{out}} = \frac{R_1 + R_2}{R_1}\,V_{\mathrm{in}} \tag{7.8}$$

電圧利得は $G = (R_1 + R_2)/R_1$ となる．入力インピーダンスはオペアンプの入力インピーダンスと同じであり，極めて高い．

例 2　$R_1 = 1\,[\mathrm{k}\Omega]$, $R_2 = 10\,[\mathrm{k}\Omega]$ とすれば，利得 $21\,[\mathrm{dB}]$ の非反転アンプになる．入力インピーダンスは $10\,[\mathrm{M}\Omega]$ 以上である．□

(3)　トランスインピーダンス増幅器 (transimpedance amplifier)

トランスインピーダンス増幅器とは，入力の電流 I_{in} によって出力の電圧 V_{out} が制御され，その利得が（無次元ではなく）インピーダンス（多くの場合，抵抗）として $R_{\mathrm{G}} = V_{\mathrm{out}}/I_{\mathrm{in}}$ で表される増幅器である．その回路は図 7.8 (c) に示す通りであり，反転増幅器の入力抵抗を取り除いたものであって，そのために電流入力となっている．その動作は同様の考え方によって，次のように計算される．

$$V_{\mathrm{out}} = -RI_{\mathrm{in}} \tag{7.9}$$

利得インピーダンスは，$R_{\mathrm{G}} = -R$ である．

トランスインピーダンス増幅器は，電流–電圧変換増幅器である．入力インピーダンスが0になるため，理想的な電流プローブとして使える（ただし，信号電流を接地に逃すことになる）．電子システムの中でも，例えば光検出のための電流出力デバイスであるフォトダイオードの信号の初段増幅などに用いられる．

例3 $R = 10\,[\mathrm{k\Omega}]$ とすれば，トランスインピーダンス $10\,[\mathrm{k\Omega}]$ のトランスインピーダンス（反転）増幅器になる．入力インピーダンスは，出力電圧が飽和しない限り0に近く，電流を吸い込む． □

(4) 電荷量出力器 (charge amplifier)

図7.8(d)の回路によると，流入した電荷 Q_{in} はすべて帰還容量に蓄えられて，その値を出力電圧とすることができる．電荷量プローブともいえる．

$$V_{\mathrm{out}} = -\frac{Q_{\mathrm{in}}}{C} = -\frac{1}{C}\int I_{\mathrm{in}}(t)dt \qquad (7.10)$$

一種のトランスインピーダンス回路である．入力インピーダンスは0となる．また，実際的には帰還がキャパシタだけであると，直流的には負帰還がかからないため回路のオフセット（入力がなくても出力に出ている電圧）などが蓄積されて出力が電源電圧の $+V_{\mathrm{dd}}$ または $-V_{\mathrm{dd}}$ に張りついてしまう．そのため，キャパシタに並列に高い値の抵抗を挿入する必要がある（(7)の積分器参照）．

例4 $C = 0.001\,[\mu\mathrm{F}]$ とすれば $10^{-9}\,[\mathrm{C}]$ で $-1\,[\mathrm{V}]$ を出力する電荷量出力器になる．これはトランスインピーダンス $1/(j\omega C)$ のトランスインピーダンス増幅器であるともいえる．入力インピーダンスは出力電圧が飽和しない限り0に近い． □

(5) 電圧フォロア (voltage follower)

図7.8(e)の回路によると，非反転増幅回路の動作と同様の考え方により，出力電圧が入力電圧と等しくなる（$V_{\mathrm{out}} = V_{\mathrm{in}}$，すなわち利得が1）．このとき入力インピーダンスが非常に高いのに対し，出力インピーダンスを非常に低くすることができる．なぜならば，出力から電流を取り出すことによって少しでも出力電圧が変化すれば，すぐにそれが反転入力端子に伝わり，その変化を打ち消すからである．すなわち，負帰還により見かけ上，出力インピーダンスを極めて低くすることができる．その値はオペアンプの負帰還がない場合の出力インピーダンス Z_{out0} と電圧利得 A に対して，およそ $Z_{\mathrm{out}} = Z_{\mathrm{out0}}/A$ となる．

このように，電圧フォロアは入力インピーダンスを高く，出力インピーダンスを高く，出力インピーダンスを低くする，インピーダンス変換器といえる．これは理想的な電圧プローブでもある．ただし，ゲインはない（$G = 1$，すなわち 0 [dB]）．

例 5 通常，入力インピーダンスは 10 [MΩ] 以上である．それに対し，出力インピーダンスは，オペアンプの出力インピーダンスを仮に 10 [kΩ]，オペアンプの利得を 80 [dB]（10^4 倍）とすると，1 [Ω] になる．ただし，オペアンプからあまり多くの電流を取り出そうとすると，出力段 FET が過電流で壊れてしまう．実際には破壊防止の保護回路が内蔵されていることが多く，上限電流を超えると出力インピーダンスは急に高くなる． □

(6) 加算器 (adder, analog adder, summing amplifier)

図 7.8 (f) に示されるような電圧を加算する回路である．仮想接地の考え方により出力電圧は次のように入力電圧の和に比例する．入力インピーダンスは R_1 である．

$$\begin{aligned} V_{\text{out}} &= -iR_2 \\ &= -\left(\frac{V_{\text{in1}}}{R_1} + \frac{V_{\text{in2}}}{R_1} + \cdots\right) R_2 = -\frac{R_2}{R_1}(V_{\text{in1}} + V_{\text{in2}} + \cdots) \end{aligned} \tag{7.11}$$

例 6 $R_1 = R_2 = 1$ [kΩ] とすれば，電圧が単に加算され反転されて出力される．$R_1 = 1$ [kΩ], $R_2 = 10$ [kΩ] とすれば，加算され 20 [dB] 増幅され，反転されて出力される． □

(7) 積分器 (integrator)

図 7.8 (g) に示されるような回路であり，電圧を時間積分する．すなわち入力電圧に応じた入力電流が流れるが，それを帰還容量にため込む動作を行い，その容量電圧がそのまま出力電圧となる．また，入力インピーダンスは R になる．

$$V_{\text{out}} = -\frac{1}{C}\int i(t)dt = -\frac{1}{CR}\int V_{\text{in}}(t)dt \tag{7.12}$$

図 7.8 (g) の回路中，帰還容量に並列に挿入されている抵抗 R' は，回路の直流安定化のためのものである．もしこれがないと，直流的に全く帰還がかからず，オペアンプ回路のわずかな非対称性から生じるオフセット電圧などが蓄積されてしまう．その結果，出力電圧が電源電圧である V_{dd} または $-V_{\text{dd}}$ にいずれ張りついてしまう．これを防ぐために何らかの方法で直流的にも負帰還をかける必要がある．R' は高抵抗とする．それによって低い周波数および直流では積分動作が行われず電圧利得 $-R'/R$ の反転増幅動作を行うことになる．

第6.2節の式(6.14)と同様に，時間積分は$1/(j\omega)$の周波数依存性（周波数に反比例した振幅変化）をもたらす．すなわち，この回路は**ロー・パス・フィルタ**（**低域通過フィルタ** (**low-pass fileter：LPF**)）でもある．帰還のCに並列に入力と同じ値のRを入れると，そのゲインは低周波領域では1，高周波領域では周波数に比例して減衰する．その境界となる**遮断周波数**（**カットオフ周波数** (**cut-off frequency**)）は，$f_c = 1/(2\pi CR)$である．

例7　$R = 10\,[\mathrm{k\Omega}]$, $C = 0.01\,[\mu\mathrm{F}]$, $R' = R$とすれば，カットオフ周波数$f_c = 1/(2\pi CR) = 1.6\,[\mathrm{kHz}]$のロー・パス・フィルタになる．すなわち，この周波数以上で$-6\,[\mathrm{dB/octave}]$（$= -20\,[\mathrm{dB/decade}]$）の減衰特性を持つ．**octave**は**オクターブ**，つまり周波数が2倍になることを指し，周波数が倍で出力電圧が半分になる．また，**decade**は**ディケード**，つまり周波数が10倍になることを指し，周波数が10倍で出力電圧が10分の1になる．ただし，低いf_cを設定したい場合でも安定な動作のためにはおよそ$R' = 1\,[\mathrm{M\Omega}]$よりも小さい帰還抵抗が必要で，それによって決まる時定数に対応する周波数は，この例の場合$1/(2\pi CR') = 16\,[\mathrm{Hz}]$となり，この周波数以下では利得が一定になる．　□

(8)　微分器 (differentiator)

図7.8(h)に示されるような回路であり，電圧を時間微分する．これも仮想接地によって，次のように出力電圧が計算される．入力インピーダンスは$1/j\omega C$になる．

$$V_{\mathrm{out}} = -iR = -CR\frac{dV_{\mathrm{in}}}{dt} \tag{7.13}$$

式(6.12)と同様に，時間微分は$j\omega$の周波数依存性（周波数に比例した振幅変化）をもたらす．すなわち，この回路は**ハイ・パス・フィルタ**（**高域通過フィルタ** (**high-pass filter：HPF**)）でもある．たとえば，入力のCと直列に帰還と同じ値のRを入れれば，**カットオフ周波数** (**cut-off frequency**) が$f_c = 1/(2\pi CR)$のHPFになる．しかし高域を無限に通過させるわけではなく，非常に高い周波数はオペアンプがもともと持っている周波数特性によって制限される．

例8　$R = 10\,[\mathrm{k\Omega}]$（帰還抵抗，入力直列抵抗とも），$C = 0.1\,[\mu\mathrm{F}]$とすれば，カットオフ周波数$f_c = 1/(2\pi CR) = 160\,[\mathrm{Hz}]$のハイ・パス・フィルタになり，この周波数以下で$-6\,[\mathrm{dB/octave}]$（$= -20\,[\mathrm{dB/decade}]$）の減衰特性を持つ．すなわち周波数が半分で，出力電圧も半分になる．　□

7.8 増幅器の周波数特性

一般に増幅器の利得は，周波数が高くなると減少する．オペアンプを利用するときも同じである．回路の中にはどうしても**漂遊容量** (**stray capacity**)（**浮遊容量** (**floating capacity**)）C が存在するため，それは回路の局所的な抵抗成分 R とともに，$\tau = 2\pi CR$ の時定数をつくる．これが高域を通さないロー・パス・フィルタの振る舞いをし，高周波の利得を低下させる．そのカットオフ周波数は $f_{c0} = 1/(2\pi CR)$ であり，これよりも高い周波数では利得 $A(f)$ は周波数 f の逆数で減少する（-6 [dB/octave]，すなわち -20 [dB/decade]）．低周波での利得を A_0 とすると，次のとおりである．

$$A(f) = \frac{A_0}{1 + j2\pi fCR} = \frac{A_0}{1 + j\dfrac{f}{f_{c0}}} \tag{7.14}$$

また，式 (7.14) から，位相は f_{c0} で 45 度回転し，十分高い周波数では 90 度遅れることがわかる．たとえば，$A_0 = 80$ [dB], $f_{c0} = 1$ [kHz] の場合，この様子を図 7.9 に実線で示す．周波数に対するこのような振幅・位相特性を表すグラフを，**ボード線図** (**Bode plot**) とよぶ．

回路中にはこのような時定数は多く存在するが，それらに対して高周波になるたびに位相は加算的に回転する．位相回転が全体で 180 度を超えると負帰還が正帰還に変わってしまい，もしその周波数で利得があると回路は発振してしまう．通常のオペアンプでは，**位相補償** (**phase compensation**) によりそのような発振が起きないように工夫されている．その結果，周波数特性は図 7.9 のようにほぼ -6 [dB/octave] で減衰し，位相は 90 度以上大きくは回転しないように（最悪でも利得が 1 以上の領域で 180 度にならないように）なっている．

いま，図 7.9 中に示すように負帰還によって非反転増幅器を構成し，その（低周波での）利得を $G_0 = (R_1 + R_2)/R_1$ とすると，入力電圧 V_{in} と出力電圧 V_{out}，帰還増幅器の利得 $G(f)$ には次の関係が成り立つ．

$$G(f)V_{\mathrm{in}} = V_{\mathrm{out}} = \left(V_{\mathrm{in}} - V_{\mathrm{out}}\frac{R_1}{R_1 + R_2}\right)A(f) \tag{7.15}$$

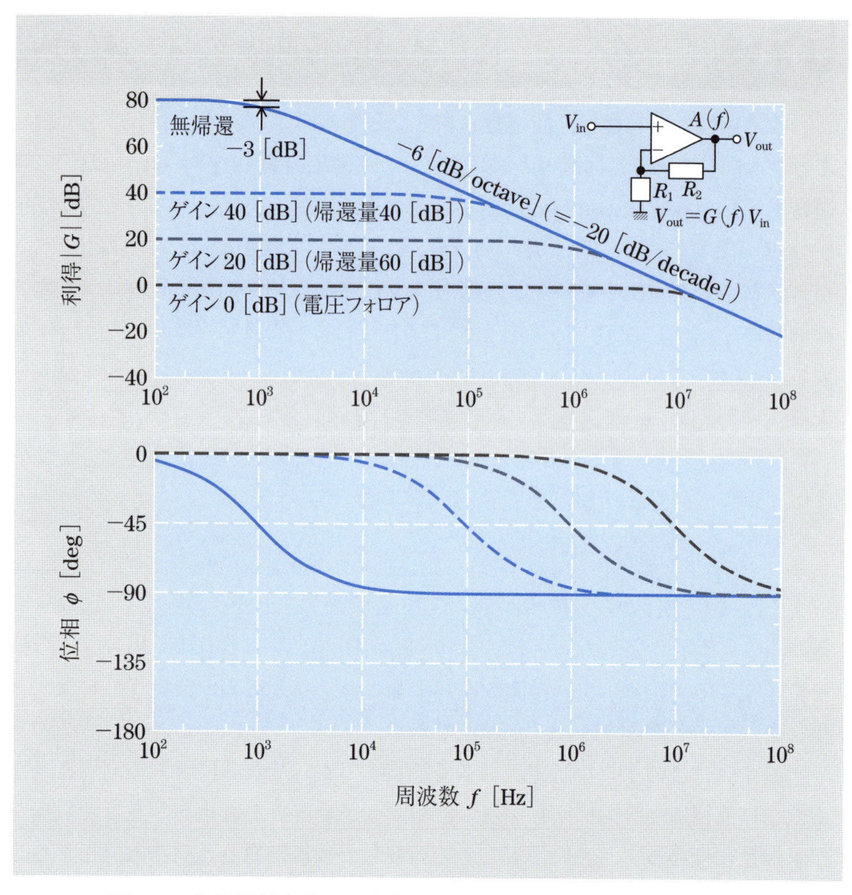

図 7.9　負帰還量を変えたときの非反転増幅器の典型的な利得と位相特性を表すボード線図

これから帰還増幅器の利得 G が次のように求まる．

$$G(f) \equiv \frac{V_{\mathrm{out}}}{V_{\mathrm{in}}} = \frac{A(f)}{1 + \dfrac{A(f)}{G_0}} = \frac{G_0}{\dfrac{G_0}{A(f)} + 1} \tag{7.16}$$

これに式 (7.14) の $A(f)$ を代入すれば，f の関数として G が求まる．

$$G(f) = \frac{G_0}{G_0 \dfrac{1 + j\frac{f}{f_{c0}}}{A_0} + 1} = \frac{A_0}{1 + j\dfrac{f}{f_{c0}} + \dfrac{A_0}{G_0}} \tag{7.17}$$

ここで，A_0 が大きくて，所望の G_0 に対して負帰還量が大きくとれて $A_0 \gg G_0$ の場合には，次のように近似できる．

$$G(f) \simeq \frac{A_0}{\dfrac{A_0}{G_0} + j\dfrac{f}{f_{c0}}} = G_0 \frac{1}{1 + j\dfrac{f}{\frac{A_0}{G_0} f_{c0}}} \tag{7.18}$$

これを式 (7.14) と見比べると，負帰還によって低周波の利得は A_0 から所望の値 G_0 に減少している（帰還量分の 1）．しかし，カットオフ周波数は見かけ上は

$$f_c = \frac{A_0}{G_0} f_{c0}$$

となり，帰還量倍に増大することがわかる．

図 7.9 には，いくつかの低周波利得 G_0（したがって帰還量が異なる）に対して，その利得と位相回転もプロットした．帰還量が増えるにしたがい，低域の利得 G_0 は減少するが，その見かけ上のカットオフ周波数 f_c（増幅器の帯域幅）は上昇する．そのとき，利得と帯域幅の積は変わらない．

$$G_0 f_c = 一定\ (= A_0 f_{c0}) \tag{7.19}$$

すなわち，利得と帯域幅を融通し合うことができる，ともいえる．

このような利得と位相の周波数依存性は，増幅器一般についていえることである．交流計測や後に述べる高周波信号の周波数・位相の計測などでは，このような振幅特性と位相特性を常に頭において行う必要がある．たとえば，第 6.8 節の図 6.10 (b) の自動接地法などは，その適用可能な周波数帯域が限られる．

7章の問題

□**1** 図 7.1 で電源電圧 V_{dd} が抵抗 R_1, R_2 で分圧されているとき，計測される電圧を電圧計の入力抵抗 R_{in} の関数として表せ．また，たとえば電源電圧 5 [V] の回路で，$R_1 = R_2 = 10$ [kΩ] のときに，(1) 入力抵抗が 10 [kΩ] の可動コイル形電圧計で計測した場合の指示値，(2) 入力抵抗 1 [MΩ] の FET 入力電圧計で計測した場合の指示値，および (3) 計測器をつながない場合の電圧はそれぞれいくらか．

□**2** 図 7.8 に示された 8 つの機能回路の動作を，それぞれ説明せよ．

□**3** 増幅器を作製したところ，50 [Hz] の**電源ハム**（ブーンという雑音）が大きく不都合があった．増幅したい信号が，およそ 0.5〜4 [kHz] に分布していることがわかっている．オペアンプとコンデンサ，抵抗 2 つで新たに回路を組み，ハムを −20 [dB] にしたい場合，どのような回路を組めばよいか．

□**4** 非反転増幅器の利得の式 (7.18) を確めよ．また，図 7.9 のような特性になり，利得・帯域幅の積が一定になることを確めよ．

☕ 「増幅」とは「変動分の増幅」のことである

式 (7.3) や式 (7.4) の微分に示されているように，増幅とはふつう交流（微小変動）を増大させることを指す．つまり，ある動作点にある電子回路が入力信号によってゆさぶられるとき，出力端子にそのゆさぶり波形を大きくして出力することである．その際，エネルギーは（直流の）電源回路から与えられる．

また，回路の動作点をうまく設定し無信号時の直流出力を 0 [V] にできれば直流も含めた信号の増幅も可能になるが，オフセット（入力が 0 であるにもかかわらず出力が何かしら出てしまっていること）やそのドリフト（ゆっくりした変動）を十分に抑える必要がある．しかし，半導体素子は温度変化に対して敏感に反応するため，これが容易ではない．また，電源電圧の変動も影響する．差動増幅器やそれを利用したオペアンプは，それらの悪影響をなるべく小さく抑えようとする知恵である．

したがって，直流計測のための増幅器の設計・作製は，交流増幅器たとえばオーディオアンプなどに比べて難しい．ところが，オーディオ増幅器でも，スピーカに直接つながる回路最終段の直列出力コンデンサの影響を除こうとして直流アンプを用いることがある．1970 年代に，日本で自作の直流オーディオアンプ作りが流行ったことがあった．当然，差動増幅器の構成になるが，パワーアンプの発熱のためトランジスタの動作点が大きく変動してなかなか安定に動作せず，オフセットとドリフトが大きくて往生することが多かった．アンプの電源を入れると，低音用スピーカの振動板の位置が目に見えてシフトすることもあった．現在は集積化部品を使うと，安定した直流アンプが比較的容易に作製できるようになった．

8 ディジタル計測

本章では，ディジタル計測の基本的な考え方を学ぶ．現代では多くの計測機器がディジタル化されており，これなしに計測は考えられない．しかし，アナログ計測機器と異なり，ディジタル計測機器には本質的に留意すべき点がいくつかある．ディジタル方式の利点と欠点を考察し，ディジタル特有の性質を把握し，実際の計測時に注意すべきことを習得する．それによって自由にかつ確実にディジタル計測機器を使いこなせるようになろう．

8章で学ぶ概念・キーワード

- 情報のディジタル表現
- A/D コンバータ，D/A コンバータ
- 量子化雑音
- サンプリング周波数
- 時間の離散化

8.1 ディジタルとは

アナログ (**analog** または **analogue**) とは，もともと「対応するもの」「相似の」の意味であり，日常生活によく利用される量にそのまま呼応する量的表現である．たとえば，電荷量や電界強度は電荷に働く力によって表現でき，大きい あるいは 小さいと人間が感じとることができる．その対応関係は連続的であり，また**メトリック**（**計量**：ものさし，情報どうしの近さ・遠さを測る基準）も単純である．たとえば，1.00 [V], 1.01 [V], 2.00 [V] の 3 つの電圧があれば，1.00 [V] と 1.01 [V] は近く，2.00 [V] はそれらから遠いということが素直に感じられ，ほとんど自明である．

一方，**ディジタル** (**digital**) は，手足の指や $0, 1, 2, 3, \cdots$ といった数 (digit) などを語源とし，離散的・記号的な量の表現である．またディジタル表現では，メトリックは必ずしも自明ではない．世の中にある離散的かつ記号的な量，あるいはメトリックは単純だが離散的な量には，次のようなものがある．

(1) それ自体として物理的に何らかの意味のあるもの．

- 電子の個数，原子番号など，物理的に粒子的描像を持つもの．原子の持つ物理的・化学的性質は原子番号によって大きく変化し，それらは必ずしも簡単に内挿・外挿できない（メトリックが単純でない)．
- 生物の DNA の要素配列や個数など．要素の複合が新たな機能単位（記号的作用実体）をつくるもので，やはりその性質は単純には内挿・外挿できない．
- 周期的境界条件によって発生するモードに関するもの．周波数や波長に序列をつけることは容易だが（メトリックが比較的単純)，離散的で，情報的に直交している．
- 周回回路の貫通回数など，立体角に対する周回積分に関するもの．コイルの鎖交数などは整数値でのみ意味があり，これも単純だが離散的である．

(2) 人間の認識（心理）に基づくもの．

みかんの数，りんごの数，教室の番号，卒業に必要な単位数など．みかん 1 個には大きいもの小さいもの，橙色のもの青いもの，甘いものすっぱいものなどの違いもあり，どれを同一の 1 つのみかんと思うかは個人差もあるだろう．みかん 1 個とりんご 1 個を足すことに意味がある場合もあるし，ない場合もある．教室も2つに区切って使えたりする．また卒業に必要な単位数も便宜上厳格に決まっているが，本来は学業を十分に修めたかどうかがこれによって表現できるかどうかの判断は難しい場合もある．これらは人間が意味づけすることによって記号として意味を持つようになるものであり，そこではじめて離散性やメトリックが規定される．

われわれが現代社会で日常的に経験するディジタル量の多くは（2）であり，記号情報として扱うのに便利なようにつくられた人工的な表現である．そこには大きな任意性がある．それが情報処理に役立つこともあり，また一方で直感と異なる状況を生み出すことにもなり得る．

半導体デバイスの原理の理解に大きく役立つ，短周期表

第8.1節で述べたように，原子の持つ物理的・化学的性質は原子番号によって大きく変化し，それらは必ずしも簡単に内挿・外挿できない．しかし，それをある程度可能にするものが，**周期表**である．よく使われる周期表には，1869年にメンデレーエフが考案した**短周期表**と1905年にベルナーが提唱した**長周期表**がある．

短周期表（表8.1）は基礎的な化合物の作り方に注目して作成されたもので，原子価（結合の腕の数）をよく反映している．s軌道とp軌道の電子の振舞いを重視するものである．一方，長周期表はd軌道をも同様に扱う．しかし，d軌道電子はs軌道やp軌道の内側にも外側にも分布するため，それによる元素の性質は内挿・外挿が単純にはできなくなる．

第7.2節のMOS-FETなど半導体の振舞いを説明するには，短周期表が適している．シリコン（Si）やゲルマニウム（Ge）といったIV族元素が4つの結合の腕を持ち中性的で，そこにV族のりん（P）などの不純物を添加すると伝導電子が増えてn型半導体になること，III族のアルミニウム（Al）などによりp型半導体になることなどは，短周期表によれば直観的に理解できる．短周期表の長所である．

表8.1　短周期表．イオン価数と族番号が直接対応し，直観的に理解できる．

典型的なイオン価数	+1価	+2価	+3価	±4価（中性的）	−3価	−2価	−1価	不活性
族／周期	I族	II族	III族	IV族	V族	VI族	VII族	0族
1周期	H							He
2周期	Li	Be	B	C	N	O	F	Ne
3周期	Na	Mg	Al	Si	P	S	Cl	Ar
4周期	K	Ca	Ga	Ge	As	Se	Br	Kr
⋮	⋮	⋮	遷移元素 ⋮	⋮	⋮	⋮	⋮	⋮

8.2 ディジタル表現の利点と欠点

計測におけるディジタル表現の利点には，次のものがある．

(1)（情報的側面）情報を記号化すると表現の自由度が上がり，論理的な演算が容易になる．

記号的表現は，言語（とりわけ，1次元的・明示的な言語であるインド・ヨーロッパ語族言語）やコンピュータのプログラムと相性が良い．たとえば，図8.1に示すように奇数と偶数を判定・分別したいとき，アナログ表現ではなかなか難しいだろうが，ディジタル表現ならかなり楽になる．これは奇偶という概念自体があまりアナログ的でないことに起因する．

(2)（物理的側面）電位や電流によって情報を表すとき，雑音をのせにくくできる．

第2章でみたように，雑音は多くの場合に正規分布に従う．図8.2のように，記号"1"や"0"を表現する電位は平均値 μ_i から離れるにしたがってその確率が正規分布にしたがって $\exp\{-(x-\mu_i)^2/2\sigma^2\}$ に比例して急激に小さくなる．このため，異なる記号を表す電圧の平均値 μ_i をお互いに少し離せば，雑音誤りの確率を大幅に減少させることができる．

一方，ディジタル表現には注意しなければならない欠点もある．

(1) 記号情報のメトリック（近さ・遠さの基準）を人間が細部まで指定する必要がある．情報はすでに物理量の相似物ではないため，既定の自然なメトリックは存在しない．たとえば，プログラムを書くときに，型宣言をする必要がある．

(2) そのため，ちょっとした物理的な誤りが重大な差異になる可能性がある．

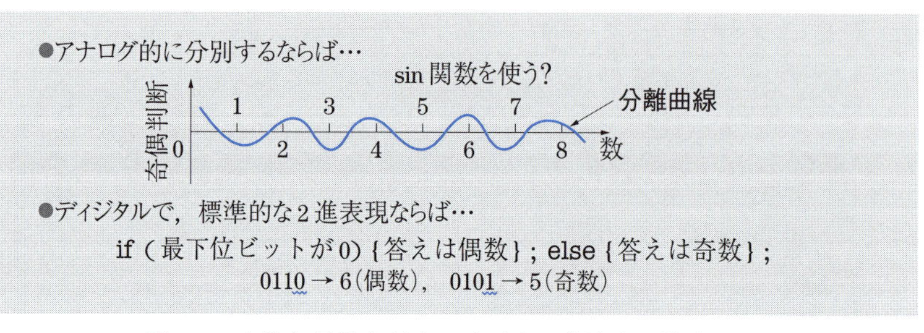

図8.1　奇数と偶数を判定・分別する方法を比較する

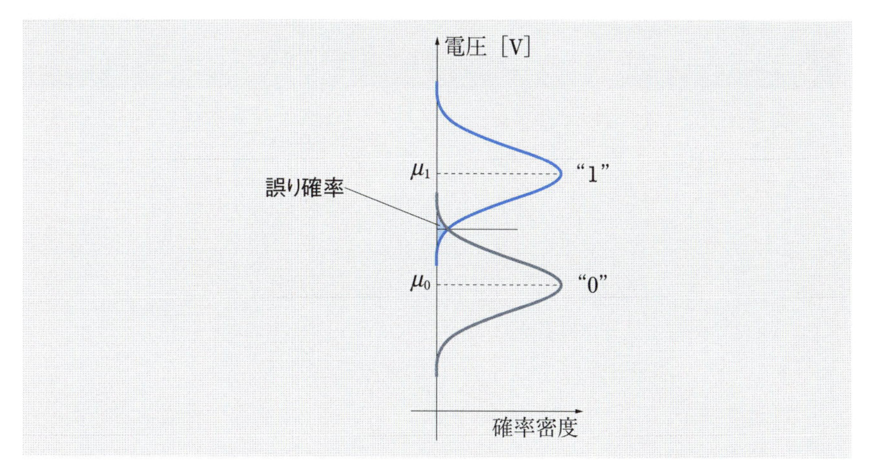

図 8.2 平均値を少し離せば，雑音の影響を非常に小さくすることができる

たとえば，数値表現の **MSB** (**most significant bit**：**最上位ビット**) のエラーは，それを表している物理量（電荷や電位）の大きさとは無関係に大きな誤差を生む．

(3) **量子化誤差**（**量子化雑音**）が存在する．量子化誤差とは，連続量を離散量に変換するときに出てくる丸め誤差を指す．

(4) 量子化誤差を十分に小さい値に抑えるためには，情報あたりのビット数（使用記号数）を増やす必要がある．量子化誤差の評価は，第 8.7 節でみる．

(5) 多ビット情報を処理するために，膨大な記号メモリと広大な周波数帯域を必要とする．これが可能になってきたので，現在のディジタル機器の普及がある．たとえば，電圧 0〜65,535 [mV] を 1 [mV] の分解能でディジタル記憶するには，2 進整数表現で $65,536 = 2^{16}$ と考えると 16 [bit] 分のメモリ（キャパシタ 16 個）を必要とする．しかし，これをアナログ記憶するためにそのまま電圧を充電・保持して記憶するならば，1 つのキャパシタで足りることになる．ただし雑音が少なく保持・計測の精度が高い必要がある．極言すれば，もし雑音が全くなく，計測精度が無限に高ければ，1 つの電圧に無限の情報を詰め込めることになる（この議論はさまざまな場面に適用でき，通信路容量のシャノン・ハートレーの定理と類似の考え方である）．

8.3 数値の量子化

計測されるべき連続量を量子化（離散化，記号化）して何らかの物理量として表すには，どうすればよいだろう．物理量の例として電圧を考えてみる．電子デバイスとして第7章のFETを考えると，物理量のうち電圧が最も扱いやすい．次の3つの点を考慮すると，現在ふつう用いられている2値（2進）の表現方法は，なかなか良い方法であるといえる．

(1)（数値処理的側面）離散量の良さを活かすこと．

すなわち，四則演算など論理的な演算が容易に行えるように考える．数字の表現をそのまま使うとよい．一般に，n 進法の数表記の可能性がある．

(2)（情報的側面）物理的に情報密度の高い桁表現法（n 進）としたい．

図8.3(b)に示すように，デバイスの出力電圧を n の段階に分割して，電圧がそのときどきでどこに属するかによって離散値を表現することを考えよう．高いレベルHと低いレベルLの2つに分けることを，2値とよぶ．中間のレベルMを加えてH, M, Lであれば3値，一般に図8.3(b)のように多値（n 値）の表現ができる．一定の電源電圧 V_{dd} を n 個に区分したとき，この1つの電圧区分が表現する平均の情報量を最大にする n を考える．

n 個の可能なレベル状態があれば，ある判定が起こる確率は $1/n$ であり，その判定の**情報量**(**amount of information**)は a を任意の実数として $\log_a n$ である．情報量の考え方については，付録Dに記した．したがって，各状態の生起確率と情報量を掛け合わせて期待値をとれば，次を得る．

$$\frac{1}{n}\sum^{n}\left(\frac{1}{n}\log_a n\right)=\frac{\log_a n}{n}$$

これを図8.3(c)に示す．平均情報量は $n=e$（自然対数の底）で最大値をとる．この意味で，電圧の分割数は2あるいは3が最良であり，すなわち2進表現（2値）あるいは3進表現（3値）が望ましいといえる．

(3)（物理的側面）また，雑音やデバイスのばらつきが大きい場合には，分割が細かすぎると誤りが急激に増大する．それは図8.2に示したとおりである．その点で，分割数は少ないほうがよい．

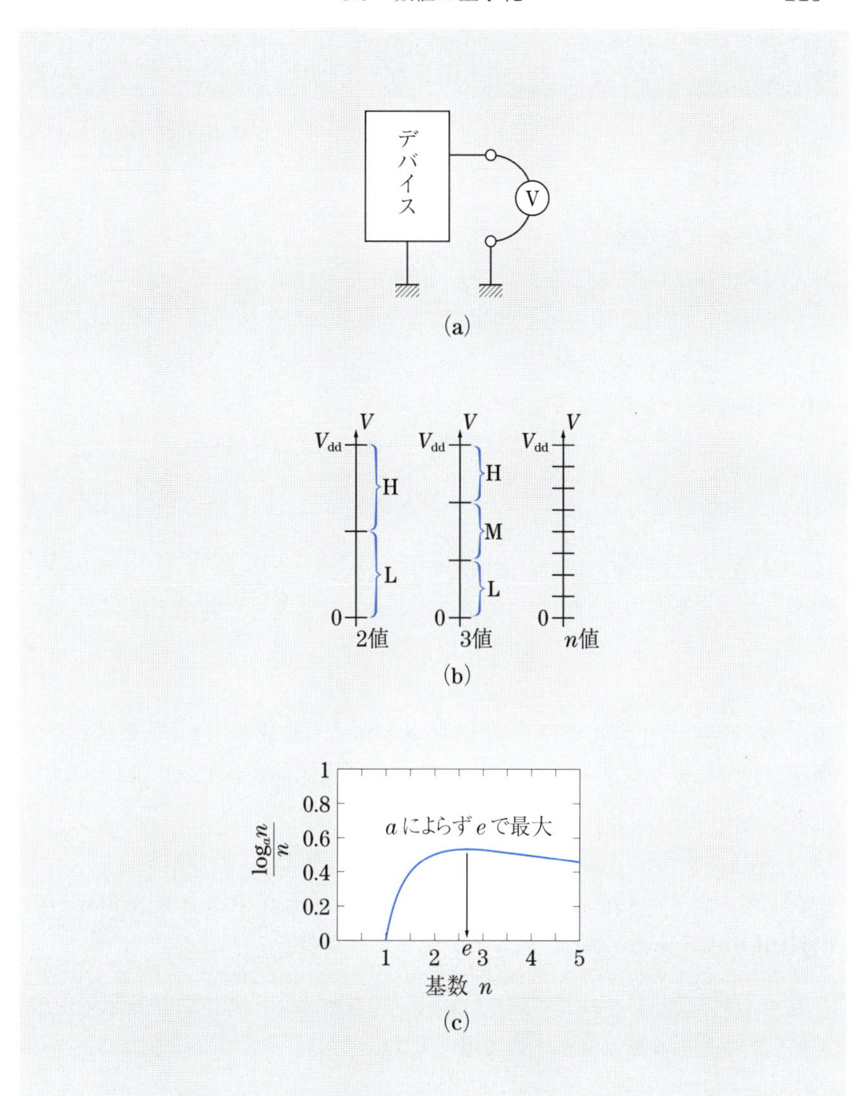

図 8.3　n 進法の基数の考え方の例：(a) 電圧を計測する状況を考える，(b) 電圧を n 値に分割して離散値を割り振る，(c) n の関数として表した電圧端子の情報量の期待値

8.4 ディジタル計器

計測値をディジタル量として出力する計器を，**ディジタル計器** (**digital instrument**) とよぶ．その特長は次の通りである．

(1) 読み取りを機械に任せられる．
⟶ 読み取り誤差を除去できる．計測を自動化できる．
(2) 記号出力なので論理的な演算に結びつけやすい．
⟶ 複雑な情報処理が容易になる．大量のデータを扱える．
(3) 可動指針が存在しない．
⟶ 計器の寿命が長い．高速計測，反復計測が容易に行える．

また，計測対象によってディジタル計測を次のように分類することもできる．

(1) 本質的に（情報自体が）離散的である計測．
例 1 光子計数器（入射するフォトンの数をパルスとして勘定する．スーパーカミオカンデのニュートリノ検出，生体微弱発光計測，深宇宙通信などの利用分野がある．) □
(2) 情報が離散化されてしまう計測方法が極めて自然で，また実際的な計測．
例 2 周波数カウンタ（交流信号が 0 電圧をよぎる回数を単位時間あたりで勘定する．) □
(3) 本当は連続量だが，必要に応じてディジタル化している計測．
例 3 ディジタル電圧計（**ディジタル・ボルトメータ** (**digital voltmeter, digital voltage meter**)，略してデジボルとよぶ．) □

現実には，ほとんどのディジタル計測が (3) に相当する．この場合，アナログ量をディジタル量に変換する装置（A/D コンバータ）が必要になる．

8.5 A/D コンバータ

アナログ量をディジタル量に変換する（A/D 変換する）装置を，**A/D 変換器**あるいは**A/D コンバータ** (analog-to-digital converter：ADC) とよぶ．（直流の）電圧値を A/D 変換してディジタル出力するものが，すなわちディジタル電圧計である．これを例にとり，A/D コンバータの各種方式をみてみよう．

(1) 計数型 A/D コンバータ（ゲート幅変調型 A/D コンバータ (ramp-compare ADC)）

図 8.4 に示す構成によって，ゲートが開いている時間内のパルス数を勘定する．周波数計数は基本的に高精度であり，またクロック周波数を上げることにより，直線的に精度を上げることができる．最も簡便な A/D 変換器である．

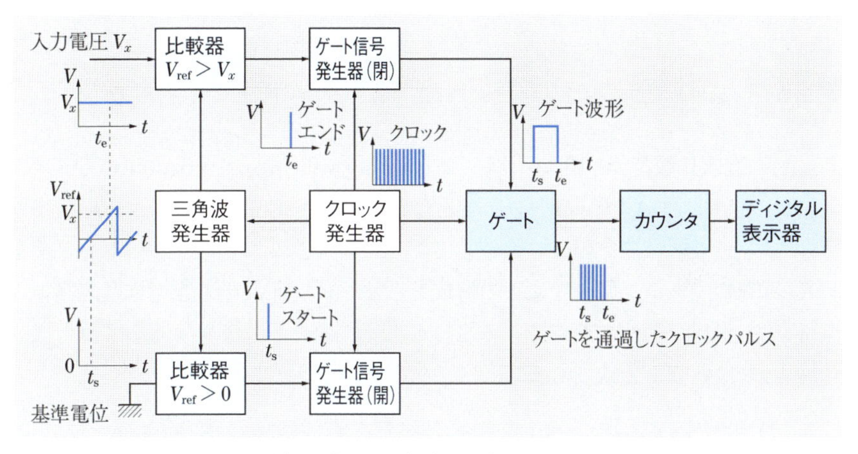

図 8.4　計数型（ゲート幅変調型）A/D コンバータ

(2) 二重積分型 A/D コンバータ（デュアル・スロープ型 A/D コンバータ (dual-slope ADC, integrating ADC)）

図 8.5 に示すように，積分器の入力を切り替えて比較する方式である．計数型の改良方式であり，積分によって雑音成分（比較的高い周波数の交流成分）を除去できる点で優れている．簡易ディジタル電圧計のほとんどが，この方式によっている．V_{ref} を基準電圧とすると，$V_x t_s = V_{ref}(t_e - t_s)$ であり，次を得る．

$$V_x = \frac{t_e - t_s}{t_s} V_{ref} \tag{8.1}$$

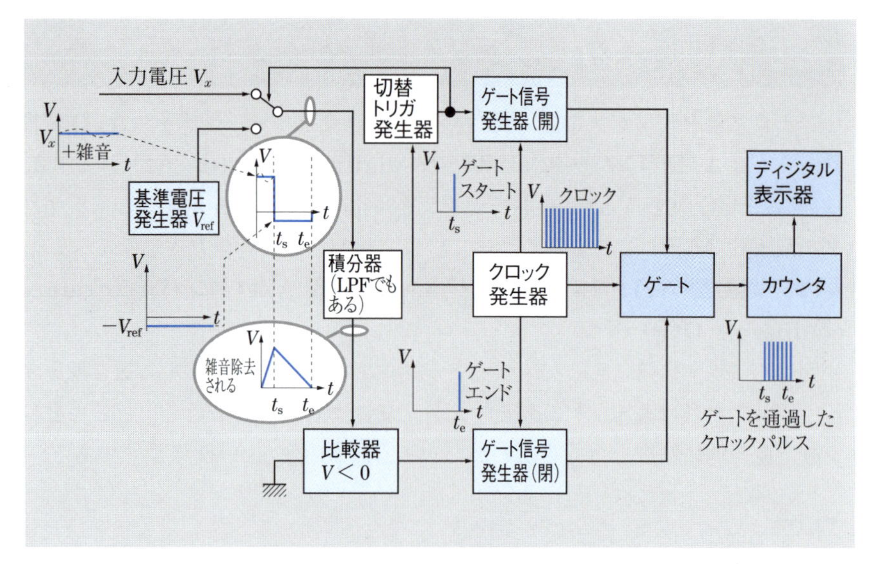

図 8.5　二重積分型（デュアル・スロープ型）A/D コンバータ

(3)　逐次比較型 A/D コンバータ (successive approximation ADC)

次に述べる D/A コンバータと組み合わせる．A/D 変換結果を D/A 変換器によって逆変換し，その値を比較して誤差がなくなるようにフィードバックをかけるものである．図 8.6 にその構成を示す．ビット数が大きい場合，パルス型に比べて速い動作が期待できる場合もある．また，電圧発生器を兼ねた機器の場合には素直な方式でもある．

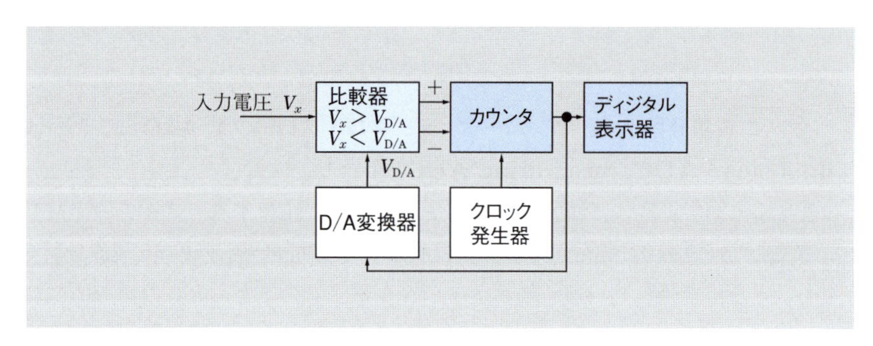

図 8.6　逐次比較型 A/D コンバータ

8.6 D/A コンバータ

ディジタル量をアナログ量に変換する（D/A 変換する）装置を，**D/A 変換器**あるいは **D/A コンバータ** (**digital-to-analog converter：DAC**) とよぶ．次のような方式がある．

(1)　抵抗比型 D/A コンバータ (switched resistor DAC)

第 7.7 節でみた加算器を用いる．図 8.7 に，2 進，符号なしの 8 ビットのディジタル数値をアナログ電圧に変換する場合の構成を示す．基準電圧 $-V_{\mathrm{ref}}$ にスイッチが 8 つつながっており，これらスイッチがディジタル数値の各ビットの値 ($\mathrm{b}_7\ \mathrm{b}_6 \cdots \mathrm{b}_0$) によって制御される．あるビットが “1”（$\mathrm{b}_i = 1$：高電圧）ならばスイッチがオン，逆に “0”（$\mathrm{b}_i = 0$：低電圧）ならばオフであるとする（スイッチの実現方法については，第 9 章に述べる）．それぞれのスイッチの後には抵抗がつながれているが，この抵抗値は $R, 2R, \ldots, 128R$ で $2^{n-1}R$ の値になるように作りつけておく．すると，抵抗を流れる電流の和 i は，ちょうどビット列の数値に相当する電流値になり，したがって出力電圧 V_{out} もビット列の数値に対応することになる．

$$
\begin{aligned}
V_{\mathrm{out}} &= -i\frac{R}{2} \\
&= -\left(\frac{-V_{\mathrm{ref}}}{R}\mathrm{b}_7 + \frac{-V_{\mathrm{ref}}}{2R}\mathrm{b}_6 + \frac{-V_{\mathrm{ref}}}{4R}\mathrm{b}_5 + \cdots + \frac{-V_{\mathrm{ref}}}{128R}\mathrm{b}_0\right)\frac{R}{2} \\
&= \frac{V_{\mathrm{ref}}}{256}(128 \times \mathrm{b}_7 + 64 \times \mathrm{b}_6 + 32 \times \mathrm{b}_5 + \cdots + 1 \times \mathrm{b}_0) \qquad (8.2)
\end{aligned}
$$

この方式では，抵抗の値の変化の幅が広く（2 のビット数乗），抵抗値に高い精度が必要である．このとき，抵抗の「比」が決まればよく，R の絶対値には

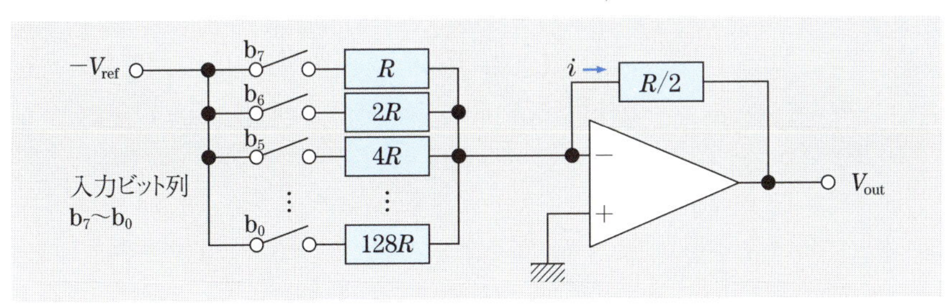

図 8.7　抵抗比型 D/A コンバータ

精度がいらないこともわかる．集積回路として作製する場合，一般に抵抗の値自体を正確につくることは難しいが，多数の抵抗の比を目標値に近づけることは比較的簡単である．なぜならば，集積回路の抵抗要素をつくるときに，抵抗の長さを倍にすればかなり高い精度で2倍の値のものができるからである．そのため，抵抗比型D/Aコンバータは集積回路として多用されている．実際には，ビット数が上がるにしたがって精度を極めて向上させる必要が生じ，抵抗値の微調整（**トリミング (trimming)**）が欠かせなくなる．抵抗比型では，増幅器の速さやスイッチの速さがその変換の速さにそのまま反映される．

例4　$-V_{\mathrm{ref}} = -10.00\,[\mathrm{V}]$ とする．符号なし整数2進8ビットのディジタルのビット列 $(\mathrm{b}_7\ \mathrm{b}_6\ \mathrm{b}_5\ \mathrm{b}_4\ \mathrm{b}_3\ \mathrm{b}_2\ \mathrm{b}_1\ \mathrm{b}_0)$ と出力電圧 V_{out} の関係は次のようになる．

$$(00000000) \longrightarrow \frac{0+0+0+0+0+0+0+0}{256} \times 10.00 = 0.00\,[\mathrm{V}]$$
$$(00000001) \longrightarrow \frac{0+0+0+0+0+0+0+1}{256} \times 10.00 = 0.04\,[\mathrm{V}]$$
$$(00000010) \longrightarrow \frac{0+0+0+0+0+0+2+0}{256} \times 10.00 = 0.08\,[\mathrm{V}]$$
$$(00000011) \longrightarrow \frac{0+0+0+0+0+0+2+1}{256} \times 10.00 = 0.12\,[\mathrm{V}]$$
$$\vdots$$
$$(01111111) \longrightarrow \frac{0+64+32+16+8+4+2+1}{256} \times 10.00 = \frac{127}{256} \times 10.0 = 4.96\,[\mathrm{V}]$$
$$(10000000) \longrightarrow \frac{128+0+0+0+0+0+0+0}{256} \times 10.00 = \frac{128}{256} \times 10.0 = 5.00\,[\mathrm{V}]$$
$$\vdots$$
$$(11111111) \longrightarrow \frac{128+64+32+16+8+4+2+1}{256} \times 10.00 = \frac{255}{256} \times 10.0 = 9.96\,[\mathrm{V}]$$

このように出力電圧は $\Delta V = 0.04\,[\mathrm{V}]$ ごとのとびとびの値しかとれない．$\Delta V = V_{\mathrm{ref}}/256$ である．また，**LSB**（**least significant bit：最下位ビット**）b_0 の あり・なし による電圧変化は $0.04\,[\mathrm{V}]$ であり，MSB の b_7 によるそれは $5.00\,[\mathrm{V}]$ である．抵抗には $1/2^8 = 4 \times 10^{-3}$ 以上の高い相対精度が要求される．

同様に，16ビットのD/Aコンバータを考えれば，$1/2^{16} = 1.5 \times 10^{-5}$ 以上のさらに高い相対精度が要求されることになる．ビット数が上がると，対応する精度をトリミングによって1台1台実現しなくてはならなくなるため，抵抗比型 D/A コンバータの作製はふつう急激に難しくなる．価格も急に上昇する．

□

(2)　1ビット D/A コンバータ (1-bit DAC, delta-sigma DAC)

1ビット D/A コンバータは，回路の帯域の広さをうまく使って時間領域で D/A 変換する方式である．図 8.8 にその構成を示す．まずディジタル入力の時間差分をつくる．そして，それに対応する数の電圧パルスを生成する．正の値ならば正の固定電圧，負の値ならば負の固定電圧のパルスとする．そしてパルスによる電流を時間積分する．このような差分と和を利用する方法を **Δ–Σ 変換**ともよぶ．これによって生じる電荷量を考えると，最終的な電荷量はパルス数で決まり，パルス数は差分の和であるから，D/A 変換が行われることがわかる．

この方法の利点は，抵抗比型と異なり，抵抗の精度を考える必要がなく，パルスの波形が安定していれば誤差が生じにくいことである．抵抗のトリミングを行わずに高い精度を実現できる．また，これは動的なスイッチング電源とみなすこともでき，交流のパワーアンプとして用いる場合にはその電力効率が高いという利点もある．

欠点は，理想的な積分器はアナログ回路では実現できないため，直流成分を生成することができず，オーディオなどの交流成分のみの出力となることである．また，パルスを生成するために広い帯域を必要とし，オーディオ帯域（最大周波数約 20 [kHz]）程度の速さの D/A 変換を行う場合でも，数十 [MHz] 程度の帯域が必要となる．したがって，超高速の D/A 変換には向かない．

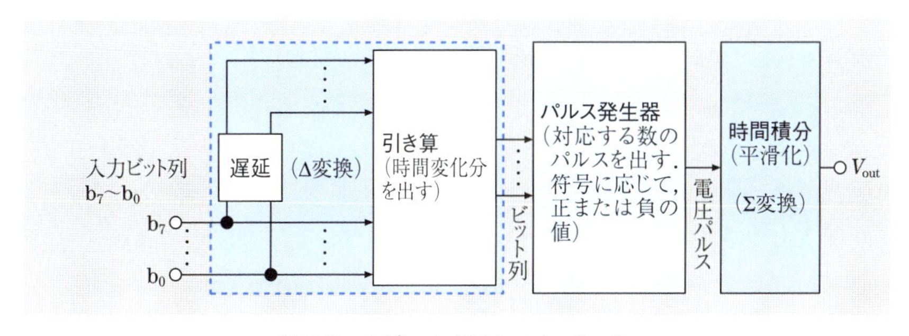

図 8.8　1ビット D/A コンバータ

8.7 量子化雑音

A/D変換は，連続量を離散量に変換するものであり，その意味でこれを**量子化** (**quantization**) ともよぶ．量子化する際，離散値であるディジタル値は，ビット数によってその有効桁数が制限されてしまう．その数値的な丸めによる誤差を，**量子化誤差** (**quantization error**) あるいは**量子化雑音** (**quantization noise**) とよぶ．

電圧を直線的に量子化しようとするときに発生する量子化雑音の大きさは，次のように評価される．図8.9に示すように，$\pm V_0$ の電圧領域を n ビットで 2^n の領域に線形分割する場合を考える．領域幅を ΔV とすると，$\Delta V = V_0/2^{n-1}$ である．各領域内の量子化雑音の振幅は，$-\Delta V/2$〜$+\Delta V/2$ の範囲に一様分布する．雑音の電圧二乗平均（雑音パワーに相当）$\overline{N^2}$ は，次のように計算される．

$$
\begin{aligned}
\overline{N^2} = E\left[(N(t))^2\right] &= \frac{1}{\Delta V}\int_{-\Delta V/2}^{+\Delta V/2} V^2 dV \\
&= \left[\frac{1}{\Delta V}\cdot 2\cdot\frac{1}{3}V^3\right]_0^{\Delta V/2} \\
&= \frac{(\Delta V)^2}{12} \\
&= \frac{\left(\dfrac{V_0}{2^{n-1}}\right)^2}{12}
\end{aligned}
\tag{8.3}
$$

ただし，$E[\cdot]$ は平均を表す．

一方，信号 S として V_0 の振幅を持つ正弦波を考えると，その電圧二乗平均（信号パワー）$\overline{S^2}$ は，任意の角周波数 ω に対して次のようになる．

$$
\begin{aligned}
\overline{S^2} &= E\left[(S(t))^2\right] \\
&= E\left[(V_0\sin\omega t)^2\right] = \frac{V_0^2}{2}
\end{aligned}
\tag{8.4}
$$

したがって，信号と雑音の比（**SN比**：**signal-to-noise ratio**，第11.2節参照）でその良さを評価すれば，それは次のように計算される．

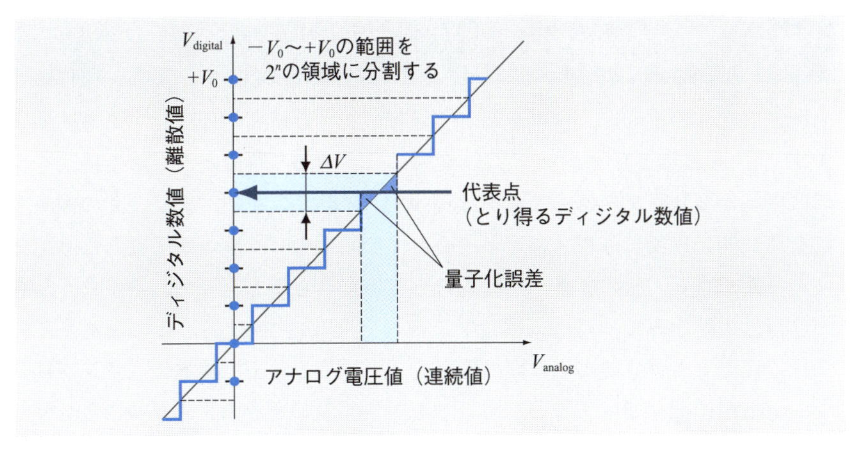

図 8.9 $\pm V_0$ の電圧領域を線形に領域区分して量子化するときの量子化雑音の評価

$$
\begin{aligned}
\frac{\overline{S^2}}{\overline{N^2}} &= \frac{\dfrac{V_0^2}{2}}{\left(\dfrac{V_0}{2^{n-1}}\right)^2 / 12} \\
&= 3 \times 2^{2n-1} \\
&\left(= 10 \log(3 \times 2^{2n-1}) = 6n + 1.8\,[\text{dB}] \right)
\end{aligned}
\tag{8.5}
$$

すなわち，量子化ビット数 n を 1 つ増加させるごとに，SN 比が 6 [dB] 改善される．

例 5 たとえば，電話は 8 ビット量子化を行っており，その結果 SN 比は $n = 8$ として約 50 [dB] である．音楽の CD（コンパクト・ディスク）は 16 ビット量子化で，SN 比は約 98 [dB] となる． □

例 6 量子化雑音は，離散表現自体が内包しているものであり，量子化（A/D 変換）するときのみに生じるわけではない．逆の D/A 変換でも同様にその影響が表れる．第 8.6 節の **例 4**（抵抗比型 D/A コンバータによる電圧生成）では，電圧出力のフルスケールが 10.00 [V]（正確には 9.96 [V]）であった．8 ビットで線形な量子化であるため，その出力電圧は $\Delta V = 0.04$ [V] のとびとびの値しかとれなかった．このときの SN 比は，やはり式 (8.5) によって計算され，上の **例 5** の 8 ビットの電話と同じ 50 [dB] である． □

8.8 時間の離散化

図 8.10 (a) のように，音声やビデオ信号のような時間的に変化する電圧値を A/D 変換することを考える．A/D 変換には物理的に時間がかかるため，その間に信号が変化してしまってはうまく A/D 変換できない．また，その電圧変動を連続的に忠実に表現しようとすると，無限大のビット数が必要になり，実現不可能である．その結果，時間的にも離散化せざるを得ない．つまり，ときどき信号の値をみて一時的に固定し，これを A/D 変換することになる．このように変動する信号のある瞬間の値を取ってくることを，**標本化**（**サンプリング：sampling**）とよぶ．また，サンプリングした値をそのまま保つことも合わせて，**サンプル・ホールド** (**sample and hold**) とよぶこともある．

標本化する時間間隔 T_{s} を**標本化間隔**あるいは**サンプリング間隔** (**sampling interval**) とよぶ．また，その逆数 $f_{\mathrm{s}} \equiv 1/T_{\mathrm{s}}$ を**標本化周波数**または**サンプリング周波数** (**sampling frequency**) とよぶ．

標本化周波数 f_{s} は，計測の対象となる信号に含まれると予測される周波数に対して，十分高く選ぶ必要がある．信号に含まれる周波数の上限を f_{max} とすると，標本化周波数 f_{s} は，$f_{\mathrm{s}} > 2f_{\mathrm{max}}$ でなければならない．さもないと，波形の山や谷を取りこぼしてしまい，信号を正確に記録できない．この様子を図

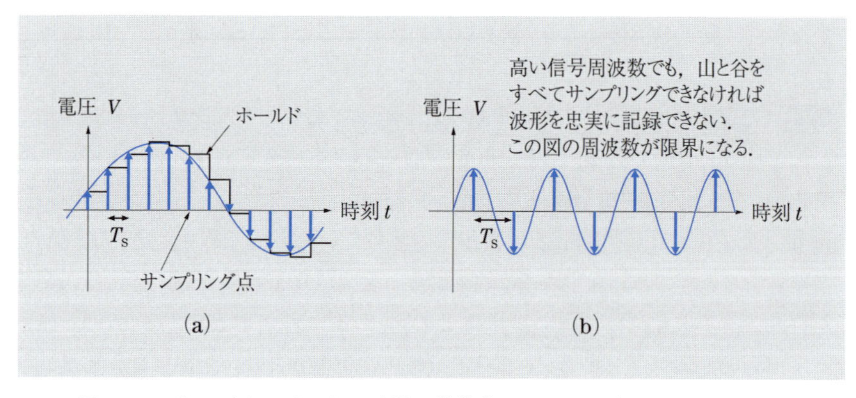

図 8.10 サンプリングによる時間の離散化：(a) サンプル・ホールドと (b) ナイキスト間隔

8.10 (b) に示す．逆にこの条件を満たしていれば，波形を忠実に再現できることが示されている．これを，**標本化定理** (**sampling theorem**) とよぶ．この条件が満たされないと，第 9 章で説明するエイリアシングという現象が起きて，計測結果が全く誤ったものになってしまう．

標本化周波数 f_s に対して正確に標本化できる最大の周波数 $f_s/2$ を**ナイキスト周波数** (**Nyquist frequency**) とよぶことがある．また，信号に含まれる最大周波数 $f_{\max}$ に対して，それを標本化できる最もゆっくりした標本化間隔 $1/(2f_{\max})$ を**ナイキスト間隔** (**Nyquist interval**) とよぶことがある．このような臨界点は特に重要なので，特別に名前がついている．

例 7　電話では，低い周波数から 4 [kHz] までの音声帯域を対象にするので，標本化周波数を $f_s = 8$ [kHz] とする．また 8 ビットの量子化を行っているので，この音声情報を伝送しようとすると，必要な伝送速度は

$$8\,[\mathrm{bit}] \times 8\,[\mathrm{kHz}] = 64\,[\mathrm{kb/s}] \text{（キロビット毎秒）}$$

となる．□

例 8　音楽 CD であれば，帯域は 20 [kHz] 程度までを考えているため，$f_s = 44.1$ [kHz] としている．また 16 ビットの量子化を行っている．これを符号化しないでそのまま記録・再生すると仮定すると，その速度はおよそ

$$16\,[\mathrm{bit}] \times 44.1\,[\mathrm{kHz}] = 0.7\,[\mathrm{Mb/s}] \text{（メガビット毎秒）}$$

となる．□

日本語は右脳向き

世界には多くの言語が存在するが，そのどれもが長く深い文化的な背景を背負っている．客観的事実を扱う場面が多い科学技術分野であれば，その文章を翻訳することは比較的容易である．しかし主観的な内容が増す日常的な言葉の場合，ある言語から別の言語へ 100%翻訳することは不可能になる．対応する単語や言いまわし，そして概念が互いに重なり合わなくなるからである．

[次のページへ]

8章の問題

□**1**　アナログ計測に比較して，ディジタル計測の長所と短所を述べよ．

□**2**　ゲート幅変調型，デュアル・スロープ型，逐次比較型のそれぞれのA/Dコンバータについて，その動作を説明せよ．

□**3**　抵抗比型および1ビット型のそれぞれのD/Aコンバータについて，その動作を説明せよ．

□**4**　24ビットで線形に量子化を行う際の量子化雑音によって，SN比はどのように制限されるか．

□**5**　サンプリング周波数が信号に対して低すぎる場合，サンプリングはどのように破綻するのか，図8.10によって説明せよ．

□**6**　音声を8[kHz]のサンプリング周波数でサンプリングして量子化し記録するとき，どのようなフィルタを事前に用いればよいか．

□**7**　電話の音質よりも音楽CDの音質のほうが良い理由を説明せよ．

[前のページより]

ディジタル表現はコンピュータ・プログラムと相性が良く，また文法や構成要素の役割がはっきりしているインド・ヨーロッパ語族の言語とも相性が良い．これらはかなり明示的である．一方，日本語は文法に融通が利くかわり，暗黙の背景の理解を要求する．たとえば主語は省略されることが多く，主語に関する語尾変化も少ない．同音異義語も多い．また，冠詞がない．

ところで人間の脳には左脳と右脳があり，左脳は逐次的・論理的思考をつかさどり，右脳は並列パターン的・感覚的な処理をつかさどっているといわれる．インド・ヨーロッパ言語が左脳的であるとすると，日本語は雰囲気やパターンを大事にする（それらに左右される）より右脳的な言語といえるかもしれない．電気電子情報分野では，将来の右脳的システムの展開が期待されているが，日本語による発想は右脳的システムの研究開発に向いているかもしれない．

9 波　形

時間変動する電圧などの電気信号を観測するには，時間の関数としてみる方法と周波数の関数としてみる方法がある．ともに信号が持つ情報を抽出するのに欠かせない．また，複数の信号の相互関係を計測することも重要である．本章では，時間の関数として計測する場合の考え方の基本と計測機器の内部構造を知る．そして，確実に計測ができるようになることを目指す．

9章で学ぶ概念・キーワード

- オシロスコープ
- ディジタルオシロスコープ
- サンプリングオシロスコープ
- 標本化，サンプル・ホールド
- エイリアシング

9.1　オシロスコープ

オシロスコープ (**oscilloscope**) は，電圧の波形をみる計測器である．基本的には，時間変動している電圧を時間の関数としてディスプレイに表示する．図9.1 (a) に最も基本的なアナログのオシロスコープの構成を示す．

信号電圧 $v_1(t)$ を，時刻 t の関数として陰極線管（ブラウン管）の蛍光面に輝点の軌跡として描画する．電子線を電界によって曲げることにより，精度高く輝点の位置を制御することができる．輝点の y 軸（縦軸）方向の位置を入力の電圧 v_1 を増幅して制御する．一方，x 軸（横軸）方向の位置を時間的に一定

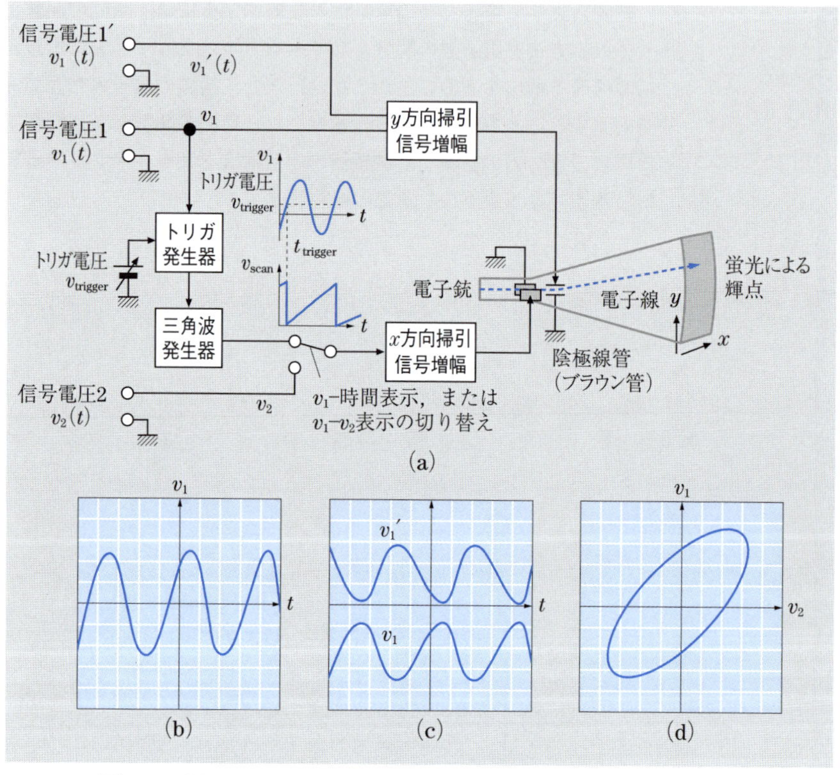

図 9.1　(a) オシロスコープの構成と，代表的な画面例：(b) 電圧–時間の波形（単現象），(c) 複数の電圧波形を表示する多現象表示，(d) リサージュ表示

の速さで移動させる，すなわち，**掃引** (**sweep**, **scan**) する．蛍光面に長時間輝度を保つものを使えば，単発の信号でも 1 回の掃引で波形を記録することができる．しかし，狙ったタイミングで波形を記録することが，これでは難しい．また，ふつうの陰極線管では描画された波形はすぐに消えてしまう．

そこで，電圧比較によって入力の電位 v_1 がある値 v_{trigger} を横切ったら，掃引を開始することにする．掃引開始の引金（トリガ）になるこの電圧を**トリガ電圧** (**trigger voltage**) とよび，これを計測者が自由に設定できるようにしてある．入力電圧が周期波形であれば，トリガによる繰り返し掃引によって常に波形に対して同じタイミングで描画が開始され，画面には波形が安定して映し出される（図 9.1 (b)）．また，もし雑音が少しのっていれば，雑音は毎回変化するので，描画される波形は太く薄くにじんでみえ，統計的な平均が描画される．

例 1　横軸の掃引速度はロータリースイッチで選ぶことができる．たとえば 1 [μs/div] としたとする．div (division) は，1 目盛りのことで，表示部のます目の 1 目盛りを表す．ふつう，横に 10 の目盛りが切ってある．すると，左端から右端まで輝点が移動する時間は 10 [μs] になる．一方，縦軸もスイッチで選ぶことができ，たとえば 10 [mV/div] などとする．縦にもふつう 10 の目盛りが打ってあり，下から上までの電圧振幅で 100 [mV] になる．表示部は全部で $10 \times 10 = 100$ のます目に区切られている．もし正弦波の 1 周期がこの表示部分にちょうどぴったり入った場合には，信号の周波数は $1/(10\,[\mu\mathrm{s}]) = 1/10^{-5} = 10^5\,[\mathrm{Hz}] = 100\,[\mathrm{kHz}]$ であり，また振幅は 50 [mV] と読める．□

複数の入力電圧 $v_1(t), v_1'(t), \ldots$ の相互時間関係をみたい場合には，それらの電圧を順番に掃引して描画したり，細かい時間で切り替えながら次々に描画したりする（図 9.1 (c)）．これらのような機能を持ったものを，特に**多現象**（2 現象，など）**オシロスコープ**とよぶ．この場合，どれか 1 つの電圧を選んでトリガをかけることになる．

また，横軸を時間ではなく別の信号の電圧にすることもできる．y 軸に v_1，x 軸に v_2 を入力するようにスイッチを切り替えると，図 9.1 (d) に示すような有限の直線あるいは楕円などの曲線が得られる．このように描画される波形を**リサージュ波形**とよび，特に電圧相互の位相状況をみるときに便利である．これについては，第 10.9 節で述べる．

9.2 ディジタルオシロスコープ

図 9.2 に**ディジタルオシロスコープ** (**digital oscilloscope**) の構成を示す．ディジタルオシロスコープは，入力電圧をサンプル・ホールドし（採取して保持し（第 9.4 節参照），すなわち**標本化**し），これを次々に量子化し，その電圧値をメモリに蓄えて，時間の関数として電圧値を描画するものである．

ディジタルオシロスコープは，次のような利点を持つ．

(1) 単発計測が可能（サンプル・ホールド，A/D 変換，メモリによって記録）．

(2) 数値演算をソフトウェアによって行えるため 処理の柔軟性が高く，その結果の表示も多様なものが可能．

(3) 陰極線管の代わりに液晶ディスプレイなどが使えるため，小型化，軽量化，省電力化が可能．

一方で，次のような欠点もある．

(1) A/D 変換に時間がかかる場合が多く，超高速の波形観測が難しい（とはいえ，A/D 変換のサンプリング周波数 f_s は，桁数にもよるが，1 [GHz] 程度以上にとれる．その場合，観測帯域も 100 MHz 程度以上にできる）．

(2) エイリアシング（第 9.5 節参照）が生じる可能性があり，観測できる波形は $f_s/2$ より低い周波数である．

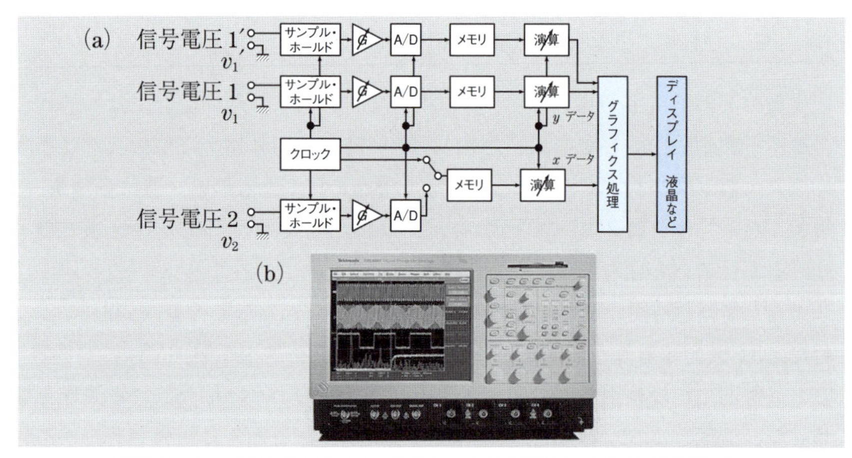

図 9.2 (a) ディジタルオシロスコープの構成と (b) その外観例
（写真転載許諾：テクトロニクス Copyright ©Tektronix. All Rights Reserved.）

9.3 サンプリングオシロスコープ

サンプリングオシロスコープ(**sampling oscilloscope**)は，サンプリングによって速い現象をみるオシロスコープである．ただし，繰り返し波形にのみ利用できる．時間方向に電圧データを間引きして，波形を時間方向に引き伸ばして再合成する．

その特徴的な部分の構成を，図 9.3 に示す．三角波（のこぎり波）によってサンプル・ホールドするタイミングを，トリガ時刻から徐々にずらす（掃引する）．その結果，繰り返し波形のうちのサンプルされる部分が，徐々にずれることになる．このサンプルされた電圧をロー・パス・フィルタに通して連結すれば，もとの波形を時間軸上で引き伸ばして観測することが可能になる．この操作は，アナログでもディジタルでもよい．

サンプリングオシロスコープの利点は，サンプリング後の増幅器や A/D 変換器（ディジタルの場合）の速度が遅くても，速い現象をみることができるところにある．ただし，入力段からこの引き伸ばし用のサンプル・ホールドまでの回路は，速い必要がある．

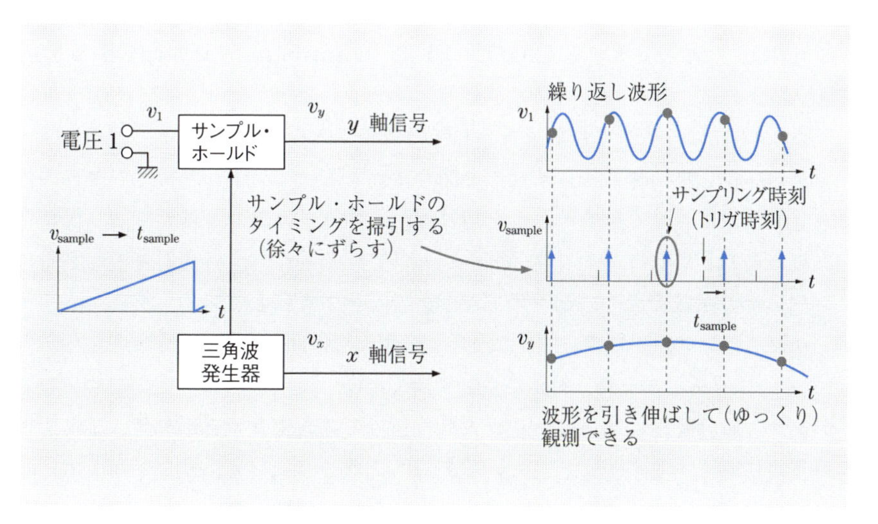

図 9.3 サンプリングオシロスコープの構成

9.4 サンプル・ホールド回路

電圧をサンプルし（採取し）ホールドする（保持する）回路を，**サンプル・ホールド回路** (**sample and hold circuit**) とよぶ．サンプル・ホールド回路は，図 9.4 に示すように，**アナログスイッチ** (**analog switch**) とキャパシタを使って構成できる．

アナログスイッチは，アナログ電圧値を通過させたり遮断したりするスイッチで，電子的に制御されるものである．アナログスイッチを用いれば，機械的なスイッチと異なり，高速に開閉させたり，複数のスイッチを一度に同じタイミングで開閉させたりできる．

図 9.4 (a) は，ダイオードを使ったアナログスイッチである．制御電流を流すとダイオードが順方向にバイアスされて微分抵抗値が下がり，スイッチの両端が短絡される．高速・高精度なスイッチングに向いている．制御電流は，制御用の信号電圧と抵抗などによって実現する．

図 9.4 (b) は MOS–FET 1 つによるもので，集積回路に向いており，また制御信号電圧をそのまま使って制御できる．ただし，FET は信号に対する電圧電流特性が非対称であり，また大振幅で歪が大きい．図 9.4 (c) のように pMOS と nMOS の両方を用いる **CMOS–FET**（**complementary MOS–FET**）構成にすれば，非対称性は緩和される．

図 9.4 (d) は，サンプルホールド回路の構成である．アナログスイッチによってサンプルしたい時刻にスイッチを閉じる．するとコンデンサにそのときの信号電圧が蓄積される．スイッチを開けば，信号電圧はある程度の時間，保持される．入力と出力にバッファ（電圧フォロア）を入れて，外部回路の影響やコンデンサの充電のための電圧降下が起きにくいようにしている．

サンプリングオシロスコープなど多くの用途では，トリガ信号が立ち上がった（あるいは立ち下がった）瞬間にサンプルしたい．図 9.4 (e) は，そのためにコンデンサの微分特性によってトリガ方形波信号の立ち上りでアナログスイッチが瞬間的に導通するようにしたものである．このようにして，サンプル・ホールドを高速に行うことが可能になる．このようなサンプルホールド回路は，A/D 変換器なども含め広く用いられる．

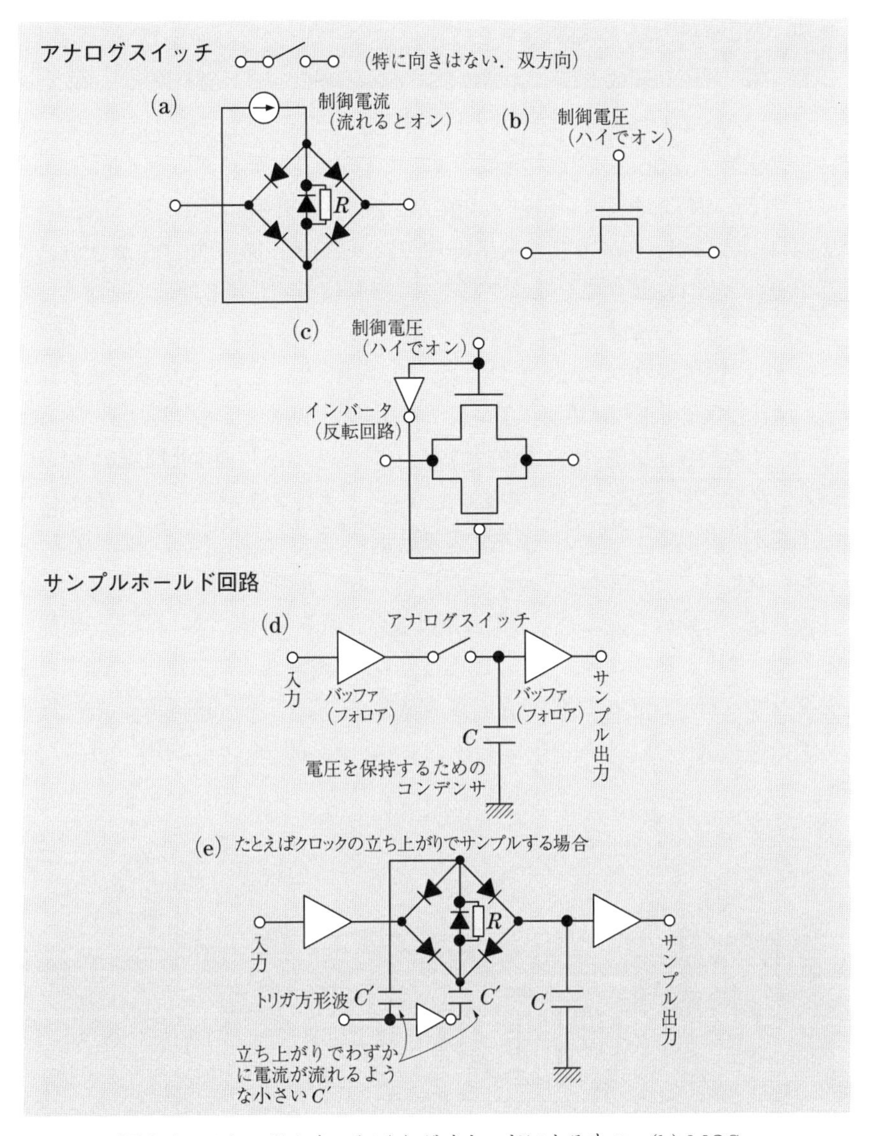

図 9.4　アナログスイッチ：(a) ダイオードによるもの，(b) MOS–FET によるもの（nMOS によるもの），(c) CMOS–FET によるものと，サンプルホールド回路：(d) サンプルホールド回路の基本構成と (e) クロックの立ち上りでサンプリングする場合の具体的な回路構成の例

9.5 エイリアシング

ディジタルオシロスコープやA/D変換器のように標本化を伴う計測では，**エイリアシング** (**aliasing**) が起きないように注意する必要がある．図9.5にエイリアシングの現象を示す．高い周波数 f_{sig} を持った信号を観測する（図9.5 (a) 実線）．そのとき，標本化周波数 $f_{\mathrm{s}} = 1/T_{\mathrm{s}}$ が低いと，標本点（●）が十分に波形を追いきれず，標本点を連ねた曲線（点線）は信号波形とは全く異なるものになる．このような幽霊の発生をエイリアシングとよぶ．

標本点が波形を十分に追うためには，信号の山と谷をすべて標本化すればよい．山と谷は信号1周期の間に1つずつあるから，標本点はその間に2つあればよい．すなわち，信号の最大周波数を f_{max} としたとき，**標本化間隔** T_{s} がその周期の半分（$1/(2f_{\mathrm{max}})$）よりも短ければエイリアシングが起こらず，信号は正しく標本化される．つまり，**標本化周波数** f_{s} は $f_{\mathrm{s}} > 2f_{\mathrm{max}}$ である必要がある．

この現象は，周波数領域で考えることもできる．標本化の作業は，周波数 f_{sig} の連続信号に対して，細い方形波の窓関数を各標本化時刻で掛け算して電位を取り出すことであると考えられる．その方形波は繰り返し周波数 f_{s} の基本周波数を持つ．周波数 f_{sig} の波と f_{s} の基本波をかけると，三角関数の積の計算から周波数差 $f_{\mathrm{s}} - f_{\mathrm{sig}}$ と周波数和 $f_{\mathrm{s}} + f_{\mathrm{sig}}$ が出る．図9.5 (b) に示すように，差

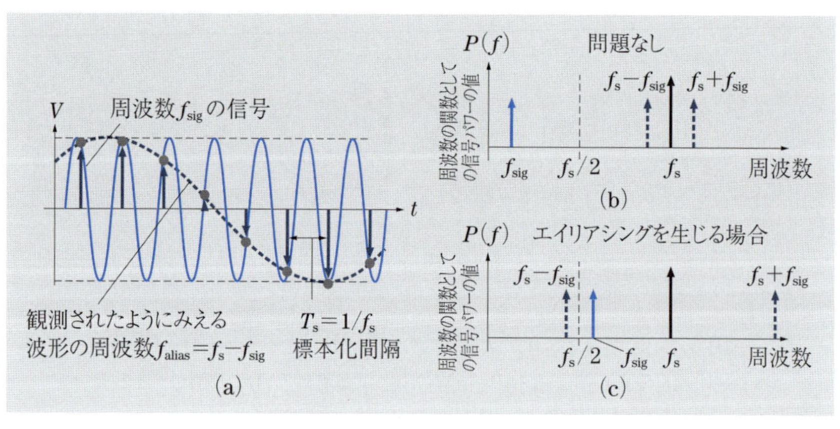

図9.5　エイリアシング：(a) 時間領域でみた場合と (b), (c) 周波数領域でみた場合

$f_s - f_{sig}$ が離れた高い周波数にあれば問題ない．しかし図 9.5 (c) のように低い周波数に落ちてくると，これが幽霊となって観測されてしまう．

例 2　音楽 CD では，サンプリング周波数を $f_s = 44.1$ [kHz] としている．そのため，サンプリングの前のロー・パス・フィルタをおよそ 20 [kHz] で急峻に落ちるものにしている．　□

エイリアシングは，サンプリングの際にデータの種類によらず常に起こる可能性があるものである．たとえば，写真をディジタル機器でスキャンしてディジタルデータとして取り込むとき，空間的に十分に密に標本化しないとエイリアシングが生じて，画像が異なるものになってしまう．

例 3　ビットマップを扱う画像処理では，スキャナによる画像の読み込みやコンピュータでの画像処理の際に，どのような解像度で印刷するかあらかじめ考えながら処理を行うことが多い．そうでないと，データの解像度（たとえば 380 [dpi] (dot per inch)）と印刷時の解像度（400 [dpi]）の干渉（うなり，20 [dpi]）に対応した模様が発生することがある（画像では，慣習で SI 単位系でないインチの単位が使われてしまっている）．　□

単位は文化か，理性か，あるいは経済か

例 3 の画像印刷の解像度ででてきた「インチ」は，英国・米国の単位法であるヤード・ポンド法に含まれる単位である．1 ヤード（= 3 フィート ≃ 0.91 [m]），1 ポンド（約 0.45 [kg]），1 ガロン（英国なら約 4.5 [ℓ]，米国なら約 3.8 [ℓ]）などを単位とし，いまだに日常的に広く使われている．旅行先で牛乳を買ったりガソリンを入れたりするとき，とまどうこともあるだろう．

日本でも 1958 年まで尺貫法(しゃっかんほう)がメートル法（SI 単位系の前身で 1795 年にフランスで制定された）とともに併用されていた．尺貫法は，1 尺(しゃく)（曲尺(かねじゃく)で約 30.3 [cm]，鯨尺(くじらじゃく)で約 37.8 [cm]），1 貫(かん)（約 3.75 [kg]），1 升(しょう)（約 1.8 [ℓ]）を基準とする体系である．その他，布地の長さに用いられる 1 反(たん)（約 3 丈= 30 尺 ≃ 11 [m]），住居の 1 間(けん)（= 6 尺 ≃ 1.8 [m]），道程に使われる 1 町(ちょう)（= 60 間 ≃ 109 [m]）や 1 里(り)（= 36 町 ≃ 3.9 [km]）などもあった．いまでも日常生活では，升は料理飲食で，間は建築で用いられる．

[次のページへ]

9章の問題

□**1** オシロスコープ，ディジタルオシロスコープおよびサンプリングオシロスコープのそれぞれについて，その動作を説明せよ．

□**2** サンプルホールド回路の構成と動作を説明せよ．

□**3** 標本化間隔と標本化周波数をそれぞれ説明せよ．

□**4** ディジタルオシロスコープで，観測しようとする信号が周波数 f_{sig} の正弦波で，サンプリング周波数 f_{s} がちょうど $f_{\mathrm{s}} = f_{\mathrm{sig}}$ となってしまった場合（通常これは避けなければならない事態である），エイリアシングが起きてどのような波形が観測されたようにみえるか．時間領域と周波数領域でそれぞれ説明せよ．

[前のページより]

これらの古い単位系は，生活に密着している．たとえば，フィート（1 フィート（英語読みでは 1 [foot]）= 30.5 [cm]）は足の裏の長さで地面を測ったからであるし，1 反の布地で 1 着の着物ができた．生活の知恵であり，文化である．しかし，逆に時代性や地域性が色濃すぎる場合もある．また必ずしも 10 進ではないため，扱う対象のダイナミックレンジが広くなると計算が難しくなる（**ダイナミックレンジ**とは，実際に扱われる値の最大値と最小値の比であり，桁数にも相当する）．理性的に計測を考えれば，日常生活単位も世界共通で計算しやすい SI 単位系に早く移行すべきだ．

日本は移行したが，現代でもなお移行できない地域もある．それは，それぞれの業界の経済的な理由による．インチ系での技術蓄積，製造設備，製品流通形態をメートル系で作り直すには大きなコストが生じる．ミリネジ（SI 単位によるネジ）はインチネジ（ヤード法）のネジ穴にはねじ込めない．さらに自社規格が業界標準となっていれば，販売競争力の維持のために移行は容認できない．日本がメートル法に移行したときにも大きな反対があった．いまでも米国では移行が進まない．

そのため，表面的にとりつくろうこともある．日本では，テレビの画面の大きさをかつて 14 インチとよんだが，ものの規格は変えずにこれを 14 型とよぶようになった．本質的には解決されていない．半導体ウエハーもいまだに 12 インチのシリコン・ウエハーなどとよばれている．ちなみに，1 インチは 12 分の 1 フィート（約 2.5 [cm]）である．

10 周波数・位相

電気電子現象の多くは波動と関係している．ラジオやテレビを聴き視ることができるのも電磁波の伝搬によっている．異なる周波数を使えば，別の放送を送信・受信できる．光がいろいろな色を呈するのも周波数の違いによる．信号がどのような周波数を持っているのか，どのように周波数領域で分布しているのかを調べることは重要である．また，波動は干渉性を持ち，複数の波の位相関係も重要な情報である．本章では，このような周波数と周波数スペクトルの計測方法および位相の計測方法を学ぶ．

10章で学ぶ概念・キーワード

- 周波数スペクトル，フーリエスペクトル，パワースペクトル密度
- スペクトラムアナライザ，ネットワークアナライザ
- 混合，同期検波，ホモダイン，ヘテロダイン
- 周波数カウンタ
- リサージュ図形

10.1 周波数スペクトル

信号の周波数を計測することは，頻繁にある．ラジオやテレビの送信信号の周波数を観測したり，音声や楽器の周波数を観測したりする．電圧信号 $v(t)$ や電流信号 $i(t)$ に含まれる周波数はふつう単一ではない．むしろ，さまざまな周波数を含むものであり，したがって周波数領域での分布を計測することになる．

周波数スペクトル (frequency spectrum) は，図 10.1 (a) のように信号にどのような周波数成分がどのくらい含まれているのかを周波数の関数として表すものである．たとえば，時間変動している電圧信号 $v(t)$ の中に，中心周波数 f_{center} の近傍の帯域 $f_{\text{center}} \pm B/2$ に含まれる成分の大きさがどれだけあるかを表す．その主な計測方法は 2 つある．フィルタ・バンクによる方法と混合による方法である．

(1) フィルタ・バンク

図 10.1 (b) に示すように，中心周波数が $f_1, \ldots, f_N$ で帯域幅がいずれも B の多数の**バンド・パス・フィルタ**（**帯域通過フィルタ (band-pass filter)**）を用意する．これを**フィルタ・バンク (filter bank)** とよぶ．入力信号をこれに通して**濾波**（ろは）（**フィルタリング (filtering)**）することにより，周波数ごとに成分抽出して検波（整流）し，各周波数成分の大きさを計測する．

この方法の利点は，同時に多数の周波数帯の成分の大きさを計測できることである．実際に，音声信号の周波数分析などに利用されている．欠点は，周波数帯の設定に融通が利かないことである．各バンド・パス・フィルタの素子を可変にすることによりある程度中心周波数や帯域幅を変えることはできるが，その範囲は限られる．また，周波数分解能を高くするには，特性の良いフィルタを多数準備しなければならない．

(2) 混合

周波数スペクトルを広帯域に計測する一般的な方法は**混合**（**ミキシング (mixing)**）による**周波数変換 (frequency conversion)** や**同期検波 (synchronous detection, coherent detection)** であり，第 10.6 節に述べるようにホモダインとヘテロダインがある．ここではホモダインを想定して，周波数成分の計

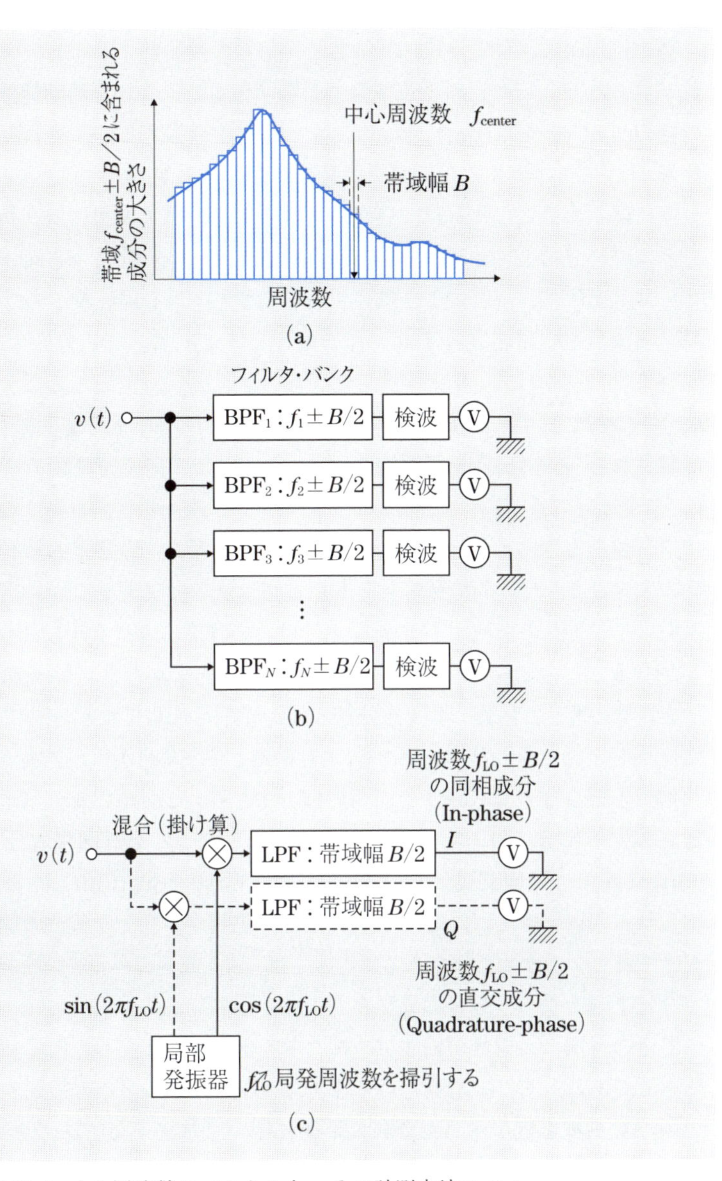

図 10.1　(a) 周波数スペクトルと，その計測方法２つ：
(b) フィルタ・バンクによる方法と (c) 混合による方法

測方法の概略を説明する．

図10.1 (c) に示すように，計測したい信号の周波数 f_{sig} とほとんど同じ周波数 f_{LO}（ただし可変）の正弦波発振器を準備する．これを**局部発振器**（略して**局発** (**local oscillator**)）とよぶ．この局発が発振する正弦波 $\cos(2\pi f_{\mathrm{LO}}t)$ を信号 $v(t)$ に掛け算する．この掛け算を，**混合**とよぶ．

三角関数の公式によれば，三角関数同士の掛け算の結果には，角度の和の成分と差の成分の2つが現れる（$\cos\alpha\cos\beta = \{\cos(\alpha+\beta)+\cos(\alpha-\beta)\}/2$ など）．したがって，混合により信号 $v(t)$ に含まれている周波数 f の成分に対して，局発周波数との和周波数 $f+f_{\mathrm{LO}}$ の成分と差 $f-f_{\mathrm{LO}}$ の成分が生成される．

いま，ロー・パス・フィルタで差周波数 $f-f_{\mathrm{LO}}=0$ となる成分（直流近傍成分）のみを切り出せば，信号に含まれる $f=f_{\mathrm{LO}}$ の周波数の成分の大きさが計測される．この操作を**同期検波**とよぶ．そこで，局発周波数 f_{LO} を**掃引**すれば，信号に含まれる f_{LO} 近傍の成分の大きさが次々に得られる．これをオシロスコープのときのように画面に表示すれば，横軸を周波数とし縦軸を周波数成分の大きさとして，周波数スペクトルのグラフを生成することができる（なお，掃引はフィルタの帯域幅 B の影響を受けない程度にゆっくりしたものである必要がある）．

またそのとき，局発として正弦波 $\cos(2\pi f_{\mathrm{LO}}t)$ だけでなく，同じ周波数で90度位相がずれた正弦波 $\sin(2\pi f_{\mathrm{LO}}t)$ も準備して（図10.1 (c) の破線），それぞれ信号と混合すれば，cos と同相の成分と，sin と同相の成分（すなわち cos と直交する成分）の両方が得られる．これらをそれぞれ**同相成分** (**in-phase component**) と**直交成分** (**quadrature-phase component**) とよぶ．

これらの値を使えば，信号の f_{LO} 成分の位相が，局発正弦波の位相からどれだけずれているかも計測できる．たとえば，cos 成分のみ正の値を持ち sin 成分が0であったなら，信号は局発とちょうど同相である．

混合の方法は，信号の周波数スペクトルを計測するために広く利用されている方法である．また，計測だけでなく，ラジオやテレビなど放送や通信の分野で周波数選択を実現するために標準的に用いられている方法でもある．なお，計測値の単位については第10.3節のパワースペクトル密度の説明で述べる．

ところで，オイラーの公式により，局発の上記 cos 成分と sin 成分の正弦波をまとめて複素数で次のように表すと便利である．

$$\cos 2\pi f_{\mathrm{LO}} t \pm j \sin 2\pi f_{\mathrm{LO}} t = e^{\pm j2\pi f_{\mathrm{LO}} t}$$

ここで $j \equiv \sqrt{-1}$ は虚数単位である．これは第 6 章で述べたフェーザの考え方にも通じる．以下の説明でもこのような表式を用いることにする．周波数の差成分をとるときには，マイナスの符号をとって，$e^{-j2\pi f_{\mathrm{LO}} t}$ が局発の正弦波と考えると都合が良い．

本質的な属性に即した表現を採用しよう

虚数単位 j を使って波動を表すと，理論の見通しが良くなる．フェーザ表現や混合の方法，またすぐ次に述べる（複素）フーリエ変換もその例である．その根源的な理由は，(1) 波動の本質的な属性が振幅と位相（およびその時間微分値である周波数）にあり，それらがエネルギー（振幅の 2 乗）や時間の進み・遅れ（位相差）といった物理的実在を直接表すことと，(2) それら振幅と位相は cos 成分（実数成分）のみあるいは sin 成分（虚数成分）のみを観測しただけでは一意に決まらないこと，にある．それら両方を観測し振幅と位相で複素表現してはじめて，対象の波動現象を本当に知ることになる．虚数という名称（英語でも imaginary）はよくないが，複素表現こそが実在をよく表現している．

実数（実部）の信号に対し適切に虚部を付加して複素数化された信号は，解析信号とよばれている．それは信号処理の分野でよく使われる．また量子力学によれば，世の中のすべての物理的存在は波動的な性質を持つ．波動性は，より微細な精密な取り扱いをすればするほど，（熱的な擾乱に勝って）より一層重要な物理現象になってくる．そうしてみると，複素表現はさまざまな先端分野でますます重要になるといえる．

プログラムを組んでソフトウェアでいろいろな現象を数値計算する場合にも，振幅と位相による複素表現の重要性は引き継がれる．振幅や位相を第一義的な変数にとれば，実部や虚部を基本変数にとるよりも，プログラムの意味上のバグをより発生させにくくできるだろう．

波動的性質の重要性は，もっと広い分野についても当てはまる．たとえば脳の神経情報処理においても多くの同期や反同期，非同期といった性質が脳内情報処理にさまざまな効果を与えることが観測されている．それは脳のマクロな各領域のタイミングであったり，あるいは個々の神経細胞間や神経細胞内のミクロなタイミングであったりする．そのような分野でも位相や振幅の表現が役立つのではないかと期待されている．

10.2 フーリエスペクトル

混合による周波数成分の計測の操作は，数学的には**フーリエ変換** (**Fourier transform**) として知られている．$v(t)$ のフーリエ変換の結果 $V(f)$ は**フーリエスペクトル** (**Fourier spectrum**) ともよばれる．

$$\begin{aligned} V(f) &= \int_T v(t) e^{-j2\pi ft} dt \\ &= \int_T v(t) \cos[2\pi ft] dt - j \int_T v(t) \sin[2\pi ft] dt \\ &\equiv |V(f)| e^{j\theta(f)} \end{aligned} \tag{10.1}$$

ただし，積分時間 T は理想的には無限大にとる（$T \to \infty$）．$|V(f)|$ は周波数 f の関数として得られたフーリエスペクトル $V(f)$ の振幅を表す．また，$\theta(f)$ は局発に対する $V(f)$ の位相の進み・遅れであり，それは同相成分（式 (10.1) 中段の第1項）と直交成分（第2項）の比で決まる．

フーリエ変換の式 (10.1) は，図 10.2 の模式図に表されるような次の操作を意味する．信号 $v(t)$ がさまざまな周波数を含んでいる．そこに，局発の正弦波 $e^{-j2\pi f_{\rm LO} t}$ を掛け算してロー・パス・フィルタに通す（時間平均する）．すると，周波数が異なる成分（$f \neq f_{\rm LO}$）では，正弦波同士の掛け算はやはり正弦波なので，時間平均は0になる（直交している）．周波数が一致した成分（$f = f_{\rm LO}$）のみ，その積分は0でない値を持つ．このようにして，信号 $v(t)$ から周波数 $f_{\rm LO}$ を持った成分のみの大きさを抽出することができる．

ロー・パス・フィルタの帯域幅 B は，観測の平均化時間 T の逆数であり（$B = 1/T$），これがスペクトル計測の**周波数分解能**（**frequency resolution**）を決める．式 (10.1) を次のように書き換えると，その意味が明らかになる．

$$V(f) = \frac{\dfrac{1}{T} \displaystyle\int_T v(t) e^{-j2\pi ft} dt}{B} \tag{10.2}$$

つまり，時間 T で観測・平均化された，帯域幅 B あたりの信号の大きさである．B は計測の目的に応じて決める必要がある．低い周波数成分を観測するには，長い観測時間 T が必要になる．周波数は周期の逆数であるから，低い周波

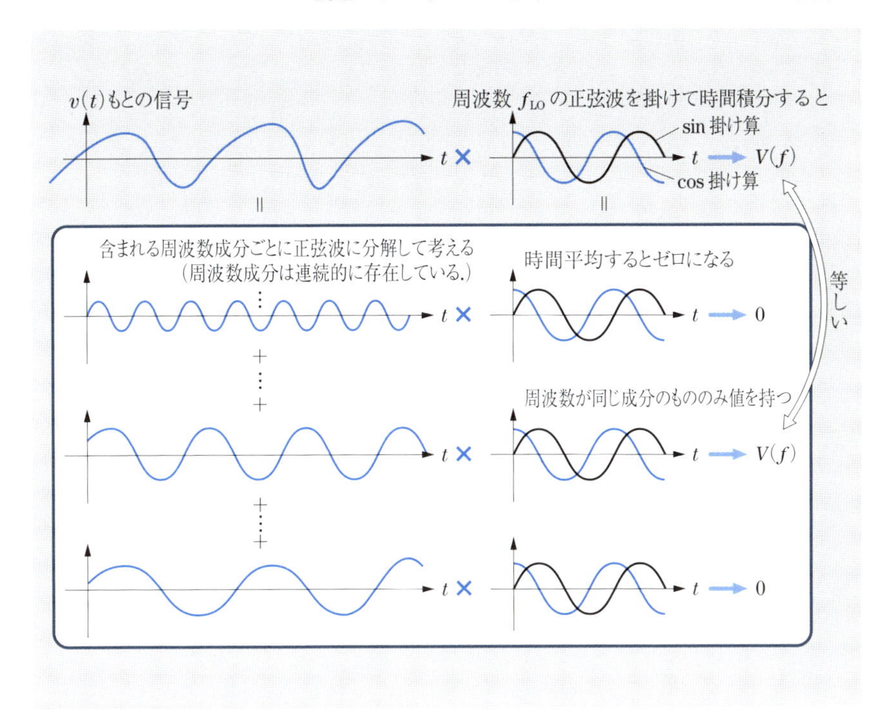

図 10.2　フーリエ変換

数の波動を 1 周期以上観測して周波数を知るには，それだけ長い観測時間がかかる．

これは周波数の差異の観測限界（すなわち周波数分解能）を考える際にも同様である．図 10.3 にそれを模式的に示す．異なる周波数を持った 2 つの正弦波があると，うなりを生じる．周波数の差が Δf であれば，うなりの周波数も Δf である．周波数に差があることを検知するためには，この Δf をはっきり観測する必要がある．図 10.3 (a) は，計測時間 $T = 1/B$ が長く $T > 1/\Delta f$ である場合である．この場合，うなり（振幅包絡線の変化）が十分観測され，2 つの信号は分離されて別の周波数として計測できる（ただし図中右のスペクトルには，分解能の意味をはっきり示すため，図 10.1 に対応する広いスペクトルの一部として表示した）．一方，図 10.3 (b) は計測時間 $T = 1/B$ が短く $T < 1/\Delta f$ である場合である．このときには，うなりによる振幅包絡線の変化が検出されず 2 つの周波数の区別はつかない．すなわち，周波数分解能が Δf よりも低い．

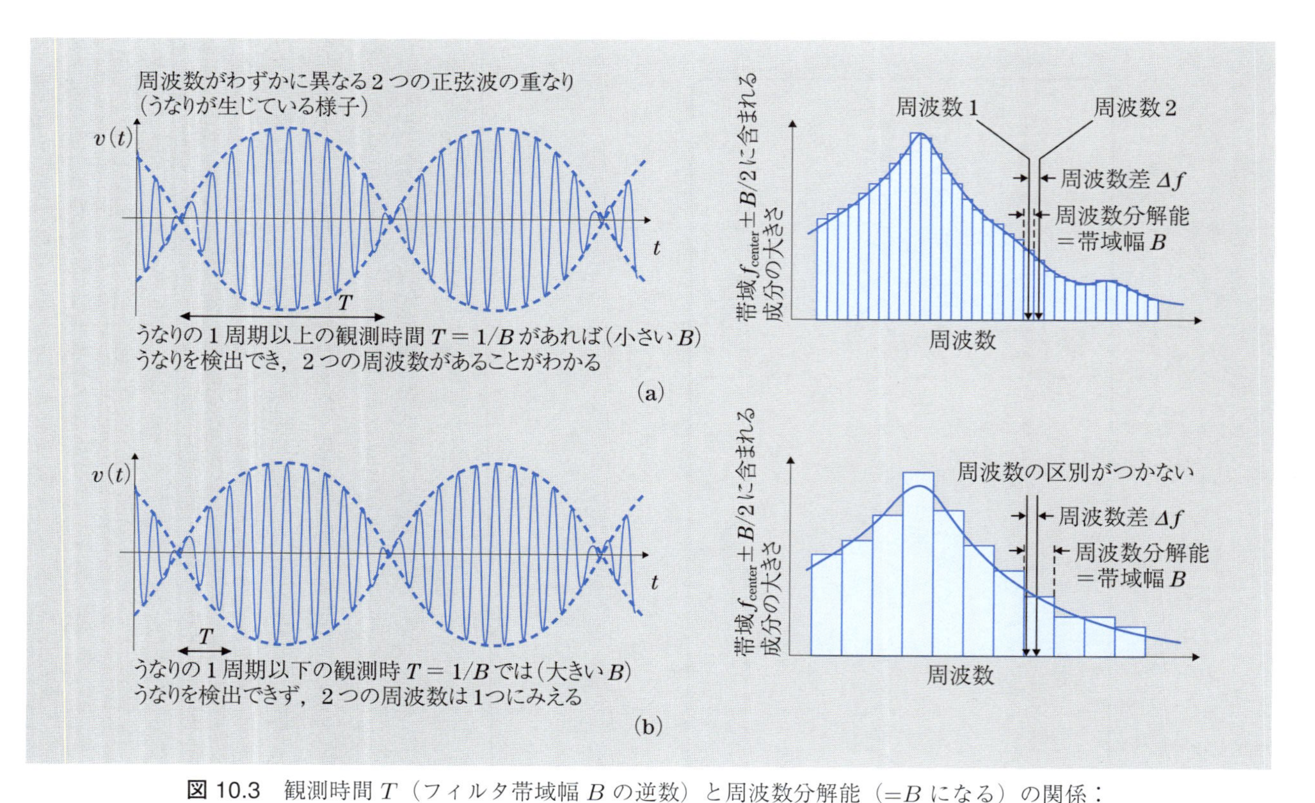

図 10.3　観測時間 T（フィルタ帯域幅 B の逆数）と周波数分解能（$=B$ になる）の関係：
(a) 高い周波数分解能の場合と (b) 低い周波数分解能の場合

10.3 パワースペクトル密度

信号パワーのスペクトル密度を知りたい場合もある．むしろ単にスペクトルというと，このパワースペクトル密度を指すことが多い．**パワースペクトル密度 (power spectrum density)** $P(f)$ は，次のように得られる．電圧 $v(t)$ に対して積分時間 T のフーリエスペクトルの実効値 $V(f)/\sqrt{2}$ と，それに対応する電流のフーリエスペクトルの実効値 $I(f)/\sqrt{2} = V(f)/(\sqrt{2}R)$（ただし R は回路の等価抵抗）を考えると，それらの積は時間 T の間に流れるエネルギーのスペクトル密度 $W(f)$ [J/Hz] である．

$$W(f) = \frac{V(f)^*}{\sqrt{2}}\frac{I(f)}{\sqrt{2}} = \frac{(1/2)|V(f)|^2}{R} \tag{10.3}$$

ただし，* は複素共役を表す．したがって，パワースペクトル密度 $P(f)$ は，このエネルギーを計測時間 T（$= 1/B$）で割って次のように表される．

$$P(f) = \frac{1}{T}\ \frac{(1/2)|V(f)|^2}{R} = \frac{\dfrac{1}{2}\left|\dfrac{1}{T}\displaystyle\int_T v(t)e^{-j2\pi ft}dt\right|^2 \Big/ R}{B} \tag{10.4}$$

$P(f)$ の単位は [W/Hz] と書くことができ，単位周波数あたりの電力である．また 0 [dBm/Hz] $\equiv$ 1 [mW/Hz] として絶対デシベル表示を行うこともある．単位のうち [dBm] は 1 [mW] を基準にとるパワーのデシベル表示である．また，電子デバイスの雑音評価のため等価入力雑音電圧や等価入力雑音電流として対応する電圧や電流を表すために，形式上，パワー密度の平方根をとり，また抵抗で換算して，次の例のように [V/$\sqrt{\text{Hz}}$] や [A/$\sqrt{\text{Hz}}$] で表すこともある．

例 1　1 [mW/Hz] = 0 [dBm/Hz] である．第 13 章に述べるように，高周波の回路ではふつう 50 [Ω] のインピーダンスで信号を扱う．このとき，0 [dBm/Hz] のパワースペクトル密度に形式的に対応する信号電圧は，実効値で $(1\,[\text{mW/Hz}] \cdot 50\,[\Omega])^{1/2} = 0.22\,[\text{V}/\sqrt{\text{Hz}}]$，電流の実効値は $(1\,[\text{mW/Hz}]/50\,[\Omega])^{1/2} = 4.5\,[\text{mA}/\sqrt{\text{Hz}}]$ である．ピーク値では，これらの $\sqrt{2}$ 倍になる．□

パワー密度の式 (10.4) では位相項は現れないが，位相は信号が持つ重要な情報である．そのため実際の計測では，式 (10.1) の同相成分（実部）と直交成分（虚部）を同期検波で計測して，電力スペクトル密度 $P(f)$ と位相 $\theta(f)$ の双方を得ることも多い．

10.4 スペクトラムアナライザ

スペクトラムアナライザ (spectrum analyzer) は，ラジオの信号電波やアンプの出す雑音などにどのような周波数成分が含まれているかを調べるものである．図10.4にその基本構成と外観例を示す．

計測対象から得られた信号（信号周波数 f_{sig} はふつう単一ではなく分布している）を局発 f_{LO} と混合し，差周波数成分 f_{IF} をバンドパスフィルタで取り出す．そして，**包絡線検波** (envelope detection) または**二乗検波** (square-law detection) をする．すなわち，ダイオードでその信号の振幅が得られるように，または信号を2乗してパワーが得られるようにして，**ベースバンド**（baseband，直流付近の基本帯域）に落とす．すると周波数 f_{IF} にある信号パワーの値が得られる．あるいは図10.1(c)のように直交検波して実部と虚部の二乗和をとってもよい．(ただこの場合，$f_{\mathrm{IF}}=0$，すなわち $f_{\mathrm{LO}}=f_{\mathrm{sig}}$ のため，局発が信号

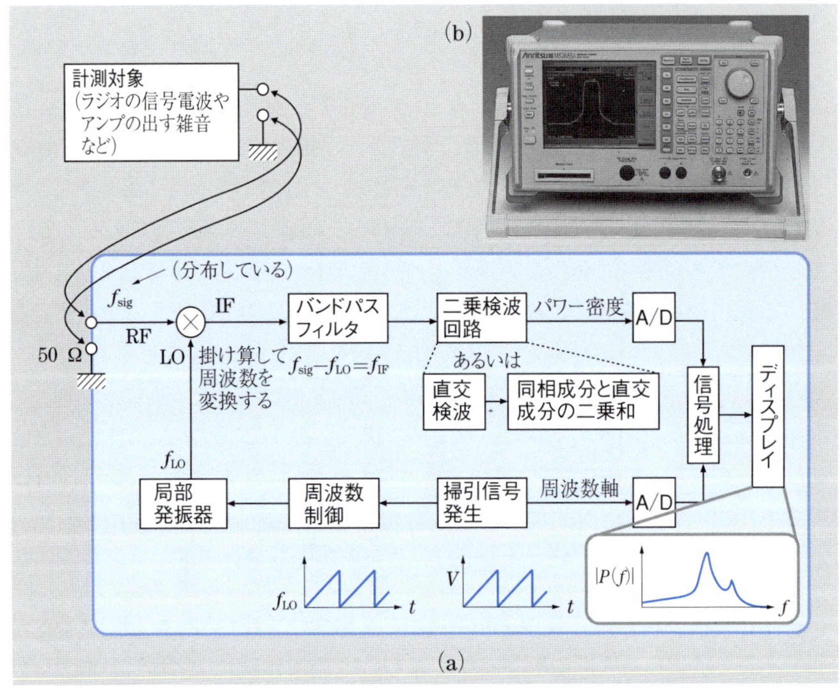

図10.4　スペクトラムアナライザの (a) 基本構成と (b) 外観例
（写真提供：アンリツ株式会社）

に混入し，電子回路としてあまり好ましくない．）そして f_{LO} を掃引し，その結果を $f = f_{\mathrm{LO}} + f_{\mathrm{IF}}$ を横軸として表示すれば，信号源のパワースペクトル密度をグラフに表示することができる．

スペクトラムアナライザによるスペクトル計測は，**受動計測**である．内部の局発と信号源とはふつう位相の同期がとれないので，位相に関する情報は得られない（意味がない）．また，周波数分解能はフィルタの帯域幅 B と同じになるが，これは計測者が目的に応じて設定できる．

また，信号の値や雑音の値（表示値）も帯域幅 B と関係する．いま，図 10.5 のように 2 つの狭帯域の信号 1 と 2 があったとする．狭帯域の信号は鋭いスペクトルとして描画される．そのピークの大きさを帯域 B に含まれるパワー [dB] で表した場合，計測分割帯域幅 B を狭めても（その狭帯域信号の帯域幅以下にならない限り）ピーク値は変わらない．一方，雑音は帯域の広い白色雑音であったとする（第 11 章で詳しくみる）．すると，その帯域 B あたりのパワーは計測の帯域幅 B に比例して減少する．したがって，雑音レベルが高くて信号 2 がみえないとき（図 10.5 で帯域幅 $B = 1\,[\mathrm{kHz}]$），帯域 B を狭めてゆっくりと掃引すれば雑音レベルが下がり信号 2 のピークがみえてくる（帯域幅 $B = 100\,[\mathrm{Hz}]$）．実際の計測器では，B に応じて表示スケールを変えることが多く，$P(f)B$ で表した上述のような説明になる．パワー密度の定義どおりに 1[Hz] あたりの信号や雑音のパワー密度 [dB/Hz] で表現すれば，帯域を狭めると雑音レベルはそのままだが信号ピーク値が上がって，信号 2 がみえるようになる，となる．

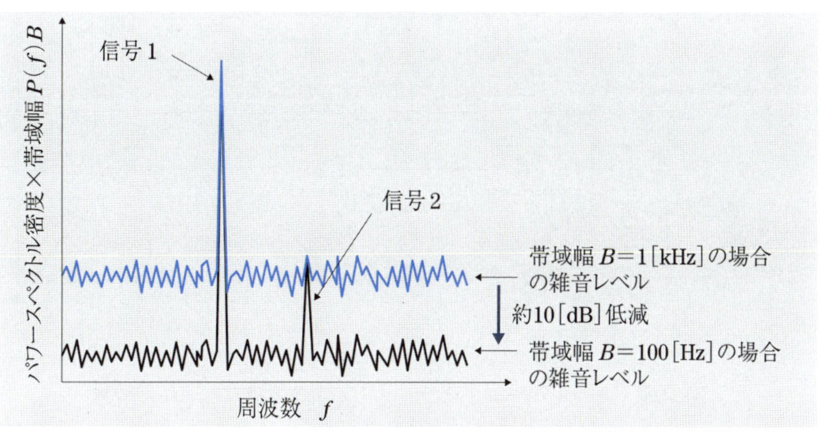

図 10.5　雑音レベルと帯域幅 B の関係（縦軸がパワー（=パワースペクトル密度 × 計測分割帯域幅）で表されている場合）

10.5　ネットワークアナライザ

観測したい周波数の信号源を計測器自らが用意して，信号をデバイスや回路などの計測対象 (**device under test：DUT**) に加えることにより**能動計測**を行えば，DUT の周波数応答を計測することが可能になる．電気電子回路は一般に複雑な応答特性を持つが，広い周波数範囲にわたって周波数特性が計測できれば，それは回路の**伝達関数** (**transfer function**) $H(j\omega)$ ($\omega = 2\pi f$) そのものを知ることを意味する．伝達関数の振幅 $|H(j\omega)|$ は増幅や減衰の振幅特性を表し，位相 $\arg[H(j\omega)]$ は入力信号に対する位相の進みや遅れを表す．

ネットワークアナライザ (**network analyzer**) は，そのような周波数応答を計測する装置である．図 10.6 にその構成を示す．ここでは実際によくみられる 2 段階の混合によるものを説明するが，原理的には図 10.1 (c) と等しい．オ

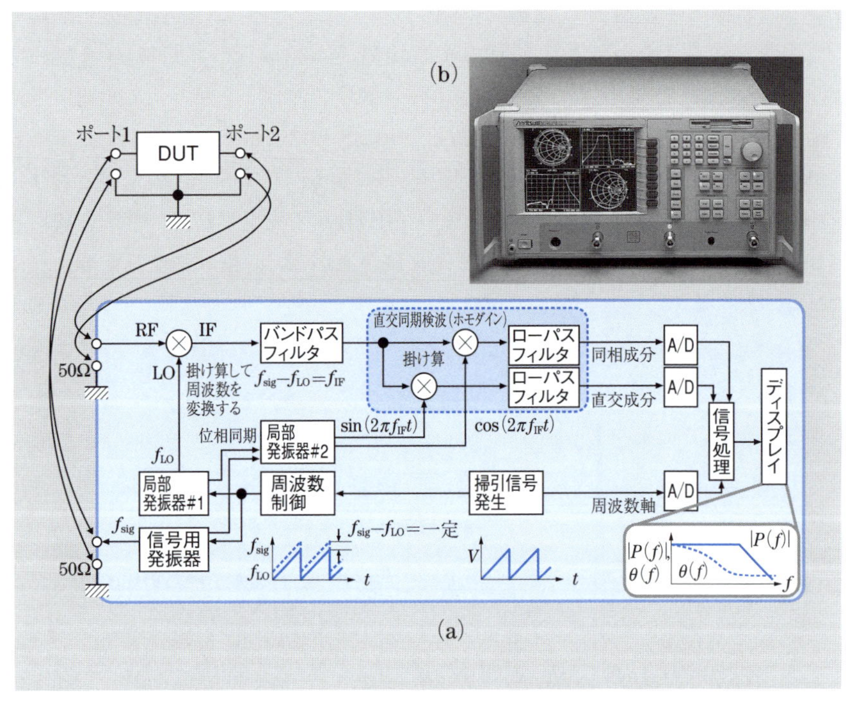

図 10.6　ネットワークアナライザの (a) 基本構成と (b) 外観例
（写真提供：アンリツ株式会社）

シロスコープなどと同様に，計測結果を最終的にディスプレイに表示したいので，まず画面を掃引する基準となる信号を発生させる．それによって信号用発振器の周波数 $f_{\rm sig}$ を制御し，信号を DUT に送り込む．そして DUT からの出力を受け取ると，まず**局部発振器**（**局発**）#1 の正弦波 $f_{\rm LO}$ と**混合**を行い，**周波数変換**する．三角関数の掛け算で 2 つの周波数の和成分と差成分が出てくるが，このうち差成分をバンド・パス・フィルタで取り出す．局部発振器の周波数を信号周波数の掃引に同期させて $f_{\rm LO} = f_{\rm sig} - f_{\rm IF}$ としておけば，常に差成分の周波数は $f_{\rm IF}$ で一定となる．$f_{\rm IF}$ を**中間周波数**または **IF(intermediate frequency) 周波数**とよぶ．また図中，習慣で **RF(radio frequency)** は高周波側，**LO(local oscillator)** は局発側，**IF** は中間周波側を表して，混合の役割を表示している．

取り出された IF 信号に対して，こんどは周波数 $f_{\rm IF}$ の局発#2 と混合を行い，ベースバンドの信号に落とす．このとき，局発#2 の位相を，信号発振器と局発 #1 の差位相（周波数は $f_{\rm IF}$）に同期させておけば，その差位相を計測の基準位相として，同相成分と直交成分を検出することができる．この結果を縦軸とし，横軸を掃引すれば，周波数スペクトルのグラフをディスプレイ上に表示できる．また，A/D 変換してディジタル処理を行えば，パワー密度と位相の両方など，さまざまな表示の仕方が可能になる．

一般に，信号に含まれる周波数成分は，周波数領域で連続に分布している．スペクトルも連続になる．一方，計測では（アナログ計測であっても）積分時間 T によって観測時間が制限されて，スペクトルの周波数分解能は $1/T$ に制限される．すなわち，観測時間よりも時間的に長い波や うなり は，原理的に計測にかからない．この観測帯域幅は，IF のバンド・パス・フィルタとベースバンドのロー・パス・フィルタが決定する（第 10.2 節）．

なお，ネットワークアナライザにはベクトルネットワークアナライザとスカラネットワークアナライザがある．**ベクトルネットワークアナライザ**は式 (10.1) の振幅だけでなく位相も計測するものであり，上の説明の通りである．**スカラネットワークアナライザ**は簡便に式 (10.1) の振幅のみ，あるいは等価だが式 (10.4) のパワーを計測するものであって，位相に関する情報は得られない．

例 2　オペアンプの帰還量を変えてその周波数特性（利得と位相）をベクトルネットワークアナライザで計測すると，横軸の周波数も log スケールにした場合，第 7.8 節の図 7.9 のようなボード線図が得られる．　□

10.6　混合器，およびホモダインとヘテロダイン

掛け算（混合）は，図10.7のような**掛算器** (multiplier)（**混合器**，**ミキサ** (**mixer**)）によって行える．図10.7(a) は**ダブルバランストミキサ** (**double balanced mixer：DBM, ring modulator**) とよばれ，受動部品のみの構成で，不要な位相回転も少なく，高周波まで対応できる．ただし，コイルを使うため集積化に不向きである．

図10.7(b) はその外観例で，ケーブルを直接コネクタでつなぐものや，基板にハンダづけするタイプのものがある．また，ミリ波などの短波長の場合には，平面回路とよばれるものが用いられる．多くの場合，RF/LO/IF の端子を入れ替えても使用できるが，使用可能な周波数帯域が指定されている．

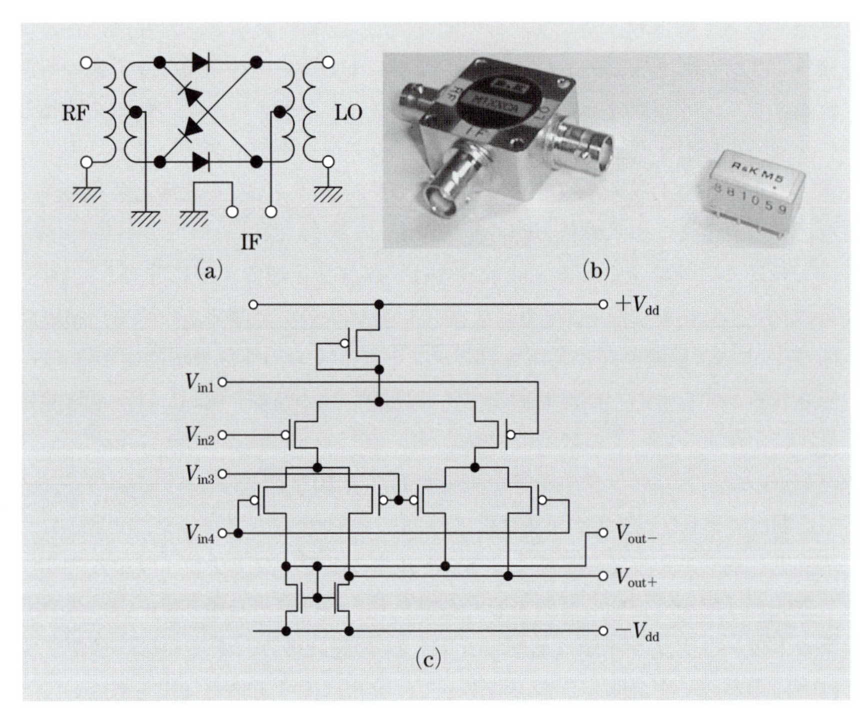

図 10.7　混合器の例：(a) ダブルバランストミクサと (b) その外観，および (c) ギルバート掛算器

図 10.7 (c) は，**ギルバート掛算器 (Guilbert multiplier)** とよばれる回路で，集積化が可能だが，高周波には向かない．出力電圧として次を得る．

$$V_{\mathrm{out}+} - V_{\mathrm{out}-} \propto (V_{\mathrm{in2}} - V_{\mathrm{in1}})(V_{\mathrm{in4}} - V_{\mathrm{in3}})$$

このような混合器を使うと，これまでに述べてきた**周波数変換**や**同期検波**が可能になる．これらの信号処理動作をお互いの周波数に着目して分類すると，図 10.8 に示すように，ホモダイン法とヘテロダイン法になる．**ホモダイン (homodyne)** とは，$f_{\mathrm{LO}} = f_{\mathrm{sig}}$ となるよう局発周波数を選び，信号を**ベースバンド**（キャリア周波数が 0 [Hz]）に落とす方法である．当該周波数の成分のうち，掛け算する局発の位相に一致した成分が得られる．これを**同相成分**とよぶ．また 90 度位相がずれた 2 つの局発を掛け算すれば同相成分と**直交成分**の両方が得られる．この検波方式を**直交検波 (quadrature detection)** とよぶ．また，これは**同期検波**の 1 つであって，位相情報も得られる．ダイオードによる包絡線検波とは区別される．

一方，**ヘテロダイン (heterodyne)** とは $f_{\mathrm{IF}} \neq 0$ の中間周波数のキャリア（搬送波）を持った信号（ベースバンド信号でない信号）を出力するものである．この操作は**周波数変換**に相当する．

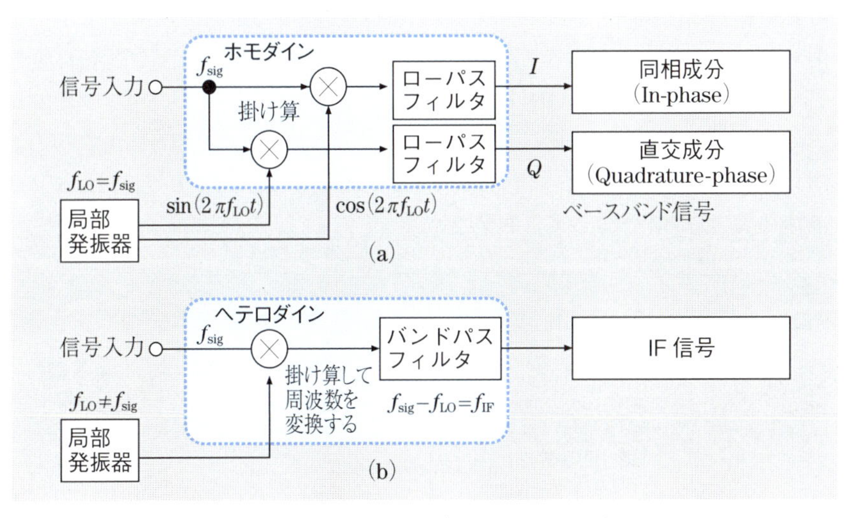

図 10.8　(a) ホモダインと (b) ヘテロダイン

10.7 FFTスペクトラムアナライザ

信号の周波数が比較的低い場合には，信号自体をA/D変換してメモリに蓄え，それに対して式(10.1)をディジタル処理で計算することによってスペクトルを得ることもできる．ディジタル処理では信号は離散化されているので，実際には式(10.1)の積分は離散的な和になる．

$$V(f_n) = \sum_m v(t_m)\, e^{-j2\pi f_n t_m}\ \Delta t \qquad (10.5)$$

ただし，mおよびnは離散化された時間t_mと離散化された周波数f_nのための添字である．

積分（和）や三角関数（指数関数）を含む式(10.5)の計算は長い計算時間を必要とする．しかし，**FFT (fast Fourier transform)** とよばれる高速のフーリエ変換計算手法が知られており，これを用いれば現実的な時間で処理が可能になる．

FFTスペクトラムアナライザ (FFT-based spectrum analyzer) は，このような原理に基づくものである．図10.9にその基本構成を示す．信号は増幅などの適当な前処理をされるとすぐにA/D変換される．このため，単発の信号のスペクトルを計測することもできる．計測可能な周波数帯域はA/D変換部分によって決まり，1 [GHz] 程度以下である．ただし，サンプリングオシロスコープのように，繰り返し波形を間引いて標本化すれば，もう少し高速の信号にも対応できる．また，表示部は人間が観測するので，FFT変換にはミリ秒程度の長い時間がかかっても問題ない．

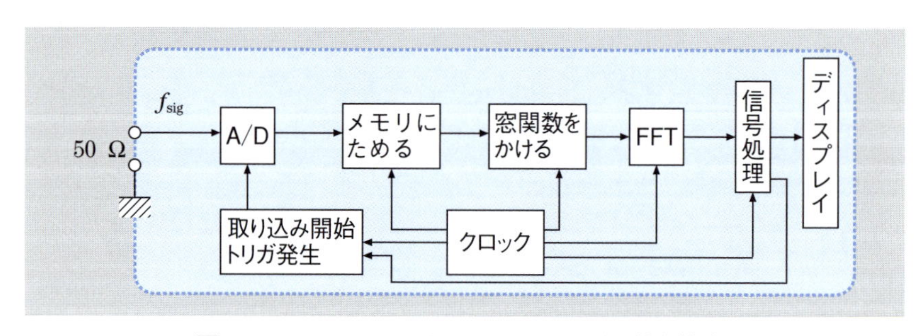

図10.9 FFTスペクトラムアナライザの基本構成

10.8　単一周波数信号の周波数の計測

これまで，さまざまな周波数成分を含む信号の周波数スペクトルを計測する方法について述べてきた．その他に，安定な発振器やレーザ光のような単一スペクトル（線スペクトル）の信号の周波数をなるべく精密に計測したい場合もある．スペクトラムアナライザで観測してもよいが，精度高く計測するためには下記の方法も含め，長時間の観測が必要になる．

対象が電気信号であれば，**周波数カウンタ (frequency counter)** で簡便に計測することができる．図 10.10 に示すように，正弦波がゼロ電圧を横切るときの回数を一定時間勘定する．ゼロ電圧の検出はコンパレータ（2 入力電圧比較器：出力電圧が飽和する差動アンプ）と CR による微分回路，ディジタルのパルスカウンタによって簡単に構成できる．長時間観測すれば，より高い精度の計測が可能になる．また，光をこのような方法で計測する場合には，光波の干渉によってヘテロダイン周波数変換を行い，電気周波数領域に落として計測することも可能である．

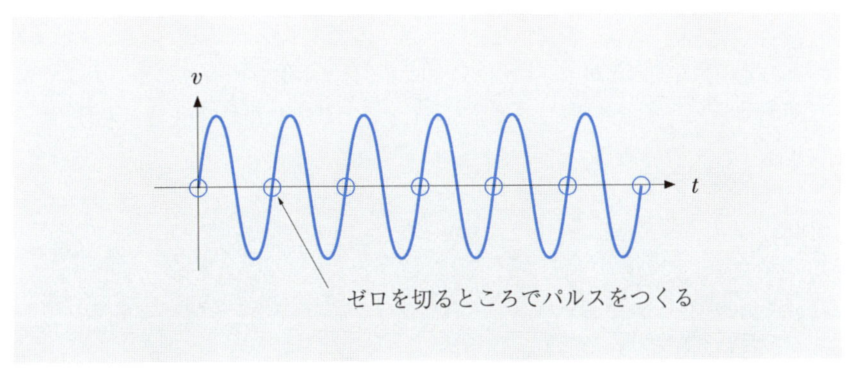

図 10.10　周波数カウンタによる周波数の計測の概念図

10.9 リサージュ

位相 (**phase**) とは，図 10.11 (a) に示すように，周波数が一定の基準信号

$$v_{\mathrm{ref}}(t) = v_{\mathrm{ref0}} e^{j2\pi f t}$$

に対する，計測される同一周波数の信号

$$v(t) = v_0 e^{j(2\pi f t + \theta)}$$

の角度 θ（進みや遅れ）である．θ が正であれば**位相進み**，負であれば**位相遅れ**になる．

単一周波数信号の位相は，次のように簡便に計測できる．

(1) オシロスコープで，2 現象の時間掃引モードで図 10.11 (a) のように波形を表示し，波の 1 周期を 2π としたときに位相のずれがいくつに相当するかを読む．

(2) オシロスコープで，**リサージュ図形** (**Lissajous figure**, J.A.Lissajous：1822–1880) をみる．リサージュ図形はリングを斜めから眺めたような形であり，その例を図 10.11 (b) に示す．図 9.1 (d)（132 ページ）に示したように，基準信号 $v_{\mathrm{ref}}(t)$ と計測される信号 $v(t)$ をそれぞれ横軸・縦軸の入力として表示したものである．このとき，次の関係がある．

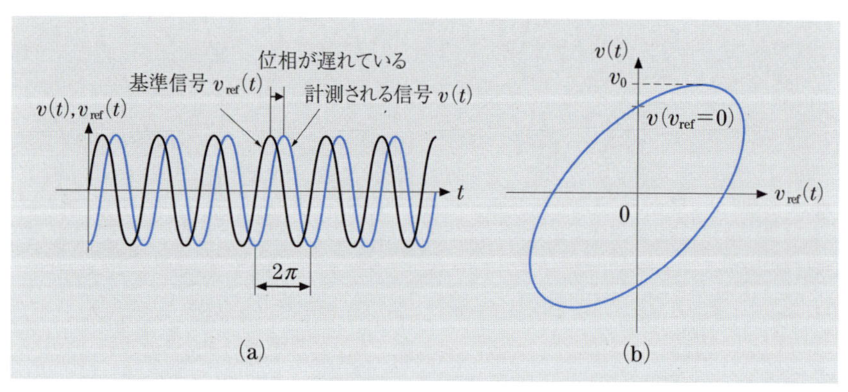

図 10.11　(a) 位相の進み遅れと (b) リサージュ図形の例

$$v_{\mathrm{ref}} = v_{\mathrm{ref0}} \cos 2\pi f t \tag{10.6}$$

$$v = v_0 \cos(2\pi f t + \theta) \tag{10.7}$$

ここで t を消去すると，軌跡として次を得る．

$$\frac{v_{\mathrm{ref}}^2}{v_{\mathrm{ref0}}^2} - 2\frac{v_{\mathrm{ref}}}{v_{\mathrm{ref0}}}\frac{v}{v_0}\cos\theta + \frac{v^2}{v_0^2} = \sin^2\theta \tag{10.8}$$

したがって，楕円の高さと y 切片 $v(v_{\mathrm{ref}} = 0)$ について，次の関係が得られる．

$$\frac{v(v_{\mathrm{ref}} = 0)}{v_0} = \pm\sin\theta \tag{10.9}$$

位相のずれが進みか遅れかについては，輝点の動きをみるか，位相を回路的に少しずらしてみてどうなるか調べてみることにより，これを判断する．

例 3　典型的なリサージュ図形には，右上がりの直線（位相差 0），右下がりの直線（位相差 180°），円または軸が水平や鉛直の楕円（位相差 ±90°），楕円で軸が斜めのもの（そのほかの中途半端な位相差）がある．また，$v(t)$ が $v_{\mathrm{ref}}(t)$ の整数倍や整数分の一の周波数であると，8 の字のようなくびれた図形になる．　□

(3)　ホモダイン検波によって，sin 成分と cos 成分を計測し，位相を計算する．

フーリエ変換とサンプリング

フーリエ変換は，信号波形に対して鋭いスペクトル $\delta(f_0)$ を持つ正弦波を，時間 $t = -\infty \sim +\infty$ でかけて積分をとるという畳み込みを行う変換である．一方，サンプリングは，広い周波数成分 $f = 0 \sim \infty$ を含む鋭い時間立ち上り・立ち下り波形 $\delta(t_0)$ を持つパルス（これは高い周波数までの無限個の正弦波の重ね合わせである）をかけて信号を切り出す操作である．これらはちょうど，時間領域と周波数領域とで相補的な操作になっている．

[次のページへ]

10章の問題

□**1**　周波数が f_1 と f_2 の2つの正弦波の混合（掛け算）が周波数の和と差を生むことを，三角関数の積を考えることにより具体的に式で示せ．

□**2**　フーリエスペクトルとパワースペクトル密度の相異を説明せよ．

□**3**　スペクトラムアナライザおよびネットワークアナライザの動作をそれぞれ説明せよ．

□**4**　スペクトル観測の周波数分解能とフィルタの帯域幅の関係を説明せよ．

□**5**　信号電圧がゆらぎのない正弦波 $v(t) = v_0 e^{j2\pi f_0 t}$ [V] で回路のインピーダンスが $R\,[\Omega]$ のとき，観測時間が $T = 10^2/f_0\,[\mathrm{s}]$ および $10^3/f_0\,[\mathrm{s}]$ のときのパワースペクトル密度 $P(f)$ を計算してみよ．それぞれの場合の周波数分解能 B も明示せよ．

□**6**　リサージュ図形の特徴を表す式 (10.9) を導出せよ．

［前のページより］

しかし無限時間の積分をとることは実際には不可能であるし，無限大の周波数を含む本当に鋭いパルスをかけることも不可能である．実際に実現でき意味を持つ操作は，これらの中間になる．

さまざまな時間幅とさまざまな基本周波数を持った波束を掛け算して畳み込みを行う（波形切り出しを行う）操作を，**ウェーブレット変換**とよび，これは画像処理や音声処理などで利用されている．比較的新しい変換である．フーリエ変換やサンプリングは，むしろこのウェーブレット変換のそれぞれ極端な場合であるといえる．

ところで，本章でみたように，ネットワークアナライザやスペクトラムアナライザの周波数分解能は，積分時間で決まる．ふつうその値は，画面掃引時間や掃引周波数帯域によって可能な限り長い時間とることが多い．逆にいえば，計測状況によって観測時間がだいたいふさわしい値に適応的に決められていることになる．その意味では，これらの計測では，初めからウェーブレット変換が行われていたといえる．なお，ウェーブレット変換は，人間の感覚系でも行われており，生体が進化の過程で採り入れた，現実問題に整合した信号処理方法でもある．

11 雑　　　音

計測対象（信号）以外のものは雑音である．世の中は雑音に満ちている．雑音から信号を分離して計測することが重要になる．また雑音そのものを計測してその性質を知ることも必要になる．本章では，雑音の性質を概観し，雑音を除去しながら計測する手法について学ぶ．

11章で学ぶ概念・キーワード

- 熱雑音，ショット雑音
- 白色雑音，$1/f$ 雑音
- SN 比
- 平均化，チョッパによる同期検波，フィルタリング
- ロック・イン・アンプ，ボックスカー積分器
- 位相雑音，ジッタ

11.1 雑音の種類と性質

まず，電圧や電流の波形に含まれる雑音にはどのようなものがあるかについて，述べる．

11.1.1 さまざまな雑音

雑音 (noise) とは，音に限らず，広く，必要な信号以外の余分な情報を指す（8 ページのコラムも参照）．すでに量子化雑音については第 8.7 節で述べた．ここでは自然に存在する雑音を考える．電磁気的な雑音には次のようなものがある．

(1) **外部雑音**（計測対象以外で発生しているもの）
  (a) **自然なもの**：雷，飛来してくる宇宙線など
  (b) **人工的なもの**：自動車のイグニッション，鉄道の列車通過に伴う架線電流の変動によって生じる周囲の磁場の変化，送電線のコロナ放電，計測の時点で注目していないさまざまな電磁波や照明

(2) **内部雑音**（計測対象の装置や現象それ自身が発生するものや計測システムが発生するもの）
  (a) **回路素子が出す雑音**：抵抗成分の熱雑音，光電変換のショット雑音，FET 界面に関係するさまざまな *ゆらぎ* など
  (b) **配線に誘起される雑音**：**電源ハム**（電源の 50 [Hz]/60 [Hz] の誘導），漏話（クロストーク）など
  (c) **帰還に伴う雑音**：ハウリング（音響を通しての正帰還発振），レーザの戻り光に伴う雑音など

以下では，計測の広い範囲で問題となる，回路素子が出す代表的な雑音を取り上げ，その性質について述べる．そしてそれら雑音を除去して信号を計測する標準的な方法を挙げる．

11.1.2 熱雑音

熱雑音 (thermal noise) は，伝導電子が熱運動をしていることによって生じる雑音である．そのパワー P は，k_B をボルツマン定数，B を観測の周波数帯域幅（速い信号変化を観測するなら広い帯域が必要），T を素子の絶対温度として，次のように表される（ここではパワーを P [W] または [dBm]，パワースペクトル密度を $P(f)$ [W/Hz] または [dBm/Hz] と表記する）．

$$P = 4k_{\mathrm{B}}TB \tag{11.1}$$

雑音源が抵抗値 R の抵抗ならば，その雑音電圧の 2 乗平均 $\overline{v_{\mathrm{n}}^2}$ と雑音電流の 2 乗平均 $\overline{i_{\mathrm{n}}^2}$ は，それぞれ次のようになる．

$$\overline{v_{\mathrm{n}}^2} = 4k_{\mathrm{B}}TBR \tag{11.2}$$

$$\overline{i_{\mathrm{n}}^2} = \frac{4k_{\mathrm{B}}TB}{R} \tag{11.3}$$

熱雑音は**白色雑音** (**white noise**) である．白色雑音とは，図 11.1 (a) に示すように周波数に依存しない一定のパワースペクトル密度を持つ雑音である．スペクトルに偏りがない光の色になぞらえて名づけられた．これは時間領域でみれば非常に早いランダムな時間変化（デルタ関数的）を持つことでもある（図 11.1 (b)）．観測帯域幅 B を減少させれば，雑音パワー（スペクトル密度の周波数積分値）も減少する．パルスは鈍り，振幅は減少することになる．

雑音自体を計測する場合には，スペクトラムアナライザで図 11.1 (a) に相当する観測を行い，雑音スペクトルパワー密度 $P(f)$ をみればよい．単位は [W/Hz] のほかに [dBm/Hz] がよく用いられる．0 [dBm] ≡ 1 [mW] であり，それを周波数領域での分布密度（1 [Hz] あたりの量）として [dBm/Hz] で表す．これを周波数で積分して面積を出せば，それが雑音のパワー P となる．

また，増幅器の雑音は，その入力に雑音源が集中していると仮定したときの雑音電圧や電流で議論することが多い．これを**等価入力雑音電圧** (**equivalent input noise voltage**)，**等価入力雑音電流** (**equivalent input noise current**) と

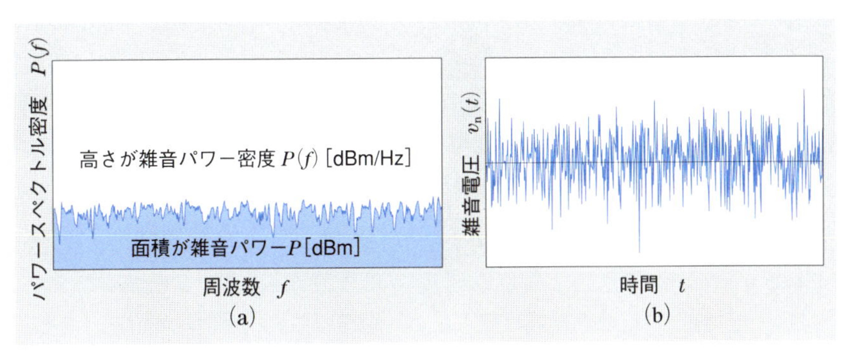

図 11.1　(a) 白色雑音のパワースペクトル密度と
(b) 対応する雑音時間波形の模式図

よぶ．このような場合には，雑音も信号と同様に電圧値や電流値で表すと比較するのに都合が良い．式 (11.2) や式 (11.3) のように電圧や電流でみる場合には，単位もパワーの平方根をとって入力の回路のインピーダンスで変換し，形式的に $[\mathrm{V}/\sqrt{\mathrm{Hz}}]$ や $[\mathrm{A}/\sqrt{\mathrm{Hz}}]$ で表すことがある（第 10.3 節の**例 1**参照）．

例 1 温度 T=300 [K]，抵抗 R=50 [Ω] ならば，式 (11.1) による熱雑音のパワー密度として次を得る．

$$
\begin{aligned}
P/B &= 4k_{\mathrm{B}}T \\
&= 4 \cdot 1.38 \times 10^{-23} \cdot 300 = 1.66 \times 10^{-20}\,[\mathrm{W/Hz}]
\end{aligned}
$$

これが，300 [K] の外界と熱平衡状態にある抵抗の持つ雑音である． □

例 2 上の**例 1**で，P/B の値に帯域をかければ実効雑音電力，さらには電圧や電流が得られる．増幅器の入力容量（オペアンプの入力 FET の等価的な容量など）を C とすると，CR でロー・パス・フィルタが構成されていて，そのカットオフ周波数は $f_{\mathrm{c}} = 1/(2\pi RC)$ である．仮にフィルタが f_{c} で急峻に帯域制限していてその帯域幅が $B = f_{\mathrm{c}}$ であるとしよう．すると式 (11.2) は次になる．

$$
\overline{v_{\mathrm{n}}^2} = 4k_{\mathrm{B}}TBR = 4k_{\mathrm{B}}T/(2\pi C)
$$

これは抵抗 R を含まない形になっていて，容量のみで決まる．たとえば，$C =$ 1 [pF] であれば，実効雑音電圧は

$$
\sqrt{\frac{4k_{\mathrm{B}}T}{2\pi C}} = \sqrt{\frac{4 \cdot 1.38 \times 10^{-23} \cdot 300}{2 \cdot 3.14 \cdot 1 \times 10^{-12}}} = 51\,[\mu\mathrm{V}]
$$

であり，$C = 1$ [fF] ならば 1.6 [mV] である．室温 300 [K] にある増幅器には等価的にこのような雑音源が入力に存在する．容量が小さい高周波回路では特に注意が必要になる． □

例 3 **例 2**では $1/(2\pi RC)$ を帯域 B であるとして周波数帯域の掛け算を行ったが，本来はパワー密度に対して周波数で積分を行うべきである．CR の -6 [dB/octave] の減衰ならばこれは計算が可能である．振幅で $|1/(1 + jf/f_{\mathrm{c}})|$ であるから，パワーで考えて積分は $\int_0^{\infty} 1/\{1+(f/f_{\mathrm{c}})^2\}df$ となるが，$\int 1/(1+x^2)dx = \arctan x$ を使うと定積分が $f_c \cdot \pi/2$ と計算される．したがって，電圧では $\sqrt{f_c \cdot \pi/2}$ を掛けなければならない．すなわち，**例 2**の雑音電圧は実際にはもう少し大きく，$\sqrt{\pi/2} = 1.25$ 倍になる． □

11.1.3　ショット雑音

ショット雑音（shot noise：**散射雑音**）とは，電子や光子といった量子が持つ，粒子的な性質による雑音である．たとえば，光通信で光をフォトダイオードによって光電変換して検出しようとするとき，光はパラパラとポアソン生起する光子（フォトン）として，パルス電流となって検出される．特に光子の数が少ないときには平均電流値（光信号）に対して，一つひとつのパルスの粒子性が相対的に顕著になり，大きな問題になる．そのほか，陰極線管で電子が放出・捕獲される場合なども同様である．

雑音の大きさ $\overline{i_{\rm n}^2}$ は，検出された信号電流 $i_{\rm s}$ に対して，次のように与えられることが示される．

$$\overline{i_{\rm n}^2} = 2ei_{\rm s}B \tag{11.4}$$

ただし，e は電子の電荷量，B は観測帯域幅である．また，ショット雑音を雑音電流スペクトル密度として表せば，次になる．

$$\frac{\overline{i_{\rm n}^2}}{B} = 2ei_{\rm s} \tag{11.5}$$

ショット雑音も白色雑音である．スペクトラムアナライザで観測すると，図 11.1 と同様に，周波数に依存しないスペクトルや鋭い時間的変化の性質を持つ．

例 4　$i_{\rm s} = 1$ [mA] の信号電流が流れていれば，そのショット雑音電流の実効値は

$$\sqrt{2 \cdot 1.6 \times 10^{-19} \cdot 1 \times 10^{-3}} = 1.8 \times 10^{-11}\ [\mathrm{A}/\sqrt{\mathrm{Hz}}]$$

であり，$i_{\rm s} = 1\,[\mu\mathrm{A}]$ ならば $5.6 \times 10^{-13} [\mathrm{A}/\sqrt{\mathrm{Hz}}]$ になる．信号電流が 10^{-3} になったのに対し雑音電流はその平方根でしか減少しない．したがって，雑音 (noise) に対する信号 (signal) の比（SN 比）は信号が小さいほうが小さくなる（悪くなる）．一方，式 (11.4) の雑音の大きさ自体は信号 $i_{\rm s}$ が大きいほうが大きい．□

例 5　第 7.3 節の図 7.3 のソース接地増幅回路を考える．ドレインに信号電流 $i_{\rm D} = i_{\rm s}$ が流れている．その帯域幅 B は漂遊容量などの容量成分 C で決まり，負荷抵抗 $R_{\rm D}$ によって次のように表される．

$$B = 1/(2\pi R_{\rm D} C)$$

ショット雑音電流に負荷抵抗をかけて電圧雑音としてとらえると，その実効値として次を得る．

$$v_n = R_D\sqrt{\overline{i_n^2}} = R_D\sqrt{2ei_s/(2\pi CR_D)} = \sqrt{ei_sR_D/(\pi C)}$$

これは，R_D の平方根に比例する．たとえば，$i_s = 1\,[\mathrm{mA}]$, $C = 1\,[\mathrm{pF}]$, $R_D = 10\,[\mathrm{k\Omega}]$ であれば，$v_n = 0.71\,[\mathrm{mV}]$ になる．　□

11.1.4　さまざまな ゆらぎ による雑音

多くの場合，抵抗は熱雑音のほかにも雑音を発生しており，それは**過剰雑音** (**excess noise**) とよばれる．同様の現象は半導体や電子管にもみられ，電子の運動の不規則なゆらぎに対応している．そのスペクトルを観測すると，図 11.2 (a) に示すように低周波ほどパワー密度が高く，**1/*f* 雑音**（エフぶんのいちざつおん）(**inverse f noise, flicker noise**) ともよばれる．また，白色雑音に対してこれを**ピンクノイズ**とよぶこともある．図 11.2 (b) に示すように，低周波で大きなゆらぎを持つため，後に述べる平均化などの手法によっては取り除くことが難しい．

$1/f$ 雑音や $1/f$ ゆらぎは，自然界の多くの場面で観測される．電解コンデンサの中の電解質電流の雑音にもみられるし，小川の音など自然界の音，自然風のゆらぎ，何百年の気温のゆらぎ，クラシック音楽のスペクトル，神経細胞膜電位や脳波にもみられる．しかし，その起源は不明なことも多い．

このような $1/f$ ゆらぎは，日常的な電気電子機器では無視できるレベルであることが多い．しかし，低雑音 FET を追求するような小さな雑音が問題になる場合や，地磁気の変動のような非常にゆっくりした時間変化を示す信号を観測する場合には，問題になる．

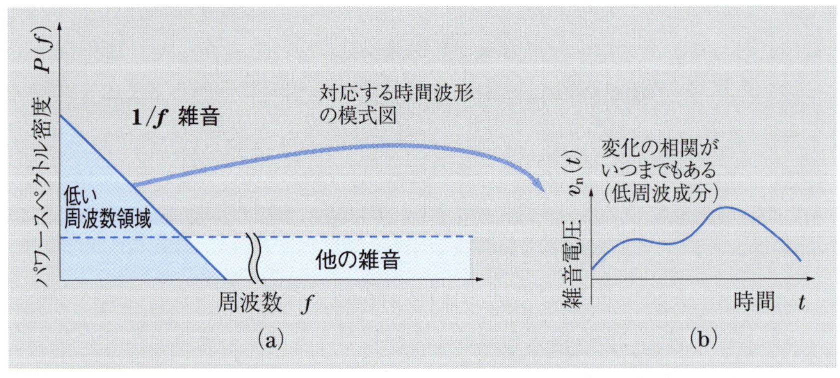

図 11.2　$1/f$ 雑音の (a) パワースペクトル密度（$1/f$ 雑音の量をやや誇張して描いてある）と (b) 時間波形の模式図

11.2 SN 比

信号のパワー P_s が雑音のパワー P_n の何倍であるかを示す量が，**SN 比** (**signal-to-noise ratio**) である．デシベル表示することが多い．

$$\text{SN 比} = 10\log\frac{P_\mathrm{s}}{P_\mathrm{n}} \quad [\mathrm{dB}] \tag{11.6}$$

たとえば，A/D 変換でみたように，8 ビット量子化の電話では量子化雑音に関する SN 比は約 50 [dB]，音楽 CD の 16 ビット量子化では SN 比は約 98 [dB] である．信号を計測するためには，信号を効率よく分別し雑音をなるべく除去して，高い SN 比を実現する必要がある．これは広く通信や信号処理で当てはまる．

例 6　信号電流が i_s（実効値）のとき，ショット雑音は

$$\overline{i_\mathrm{n}^2} = 2ei_\mathrm{s}B$$

である．SN 比として，次を得る．

$$\begin{aligned}\frac{i_\mathrm{s}^2}{\overline{i_\mathrm{n}^2}} &= \frac{i_\mathrm{s}^2}{2ei_\mathrm{s}B} \\ &= \frac{i_\mathrm{s}}{2eB}\end{aligned}$$

いま音声帯域を考え

$$B = 20\,[\mathrm{kHz}]$$

として

$$i_\mathrm{s} = 1\,[\mathrm{mA}]$$

ならば，SN 比は次のように計算される．

$$\frac{1\times10^{-3}}{2\cdot1.6\times10^{-19}\cdot20\times10^{3}} = 1.6\times10^{11}$$
$$(=112\,[\mathrm{dB}])$$

ここで

$$i_\mathrm{s} = 1\,[\mu\mathrm{A}]$$

ならば，SN 比は 82 [dB] である．第 8.7 節でみた CD の量子化雑音による SN 比は 98 [dB] であったから，もし D/A 変換後のアナログ信号の初段の電流が 1 [μA] 程度に非常に小さい場合には，ショット雑音によって SN 比は 98 [dB] から 82 [dB] に低くなる（悪くなる）． □

11.3 雑音の除去手法

以上のような雑音を除去して信号を計測する基本的な手法について述べる.

11.3.1 ロー・パス・フィルタによる平均化

たとえば抵抗の値を直流で計測する場合には，信号が直流である（時間変動がない）ことがわかっている．このようなときには，ロー・パス・フィルタによって時間積分を行い，**平均化** (**averaging**) すれば雑音が除去されて直流信号が検出される．これは信号の周波数が十分低いときにも利用できる．

例として，図 11.3 (a) のように，直流信号に小さな熱雑音と 50 [Hz] の電源ハムが重畳されている（足し重ねられている）時間波形 v があるとする．直流信号を測りたい．図 11.3 (c) や (d) のようなロー・パス・フィルタ（積分器（第

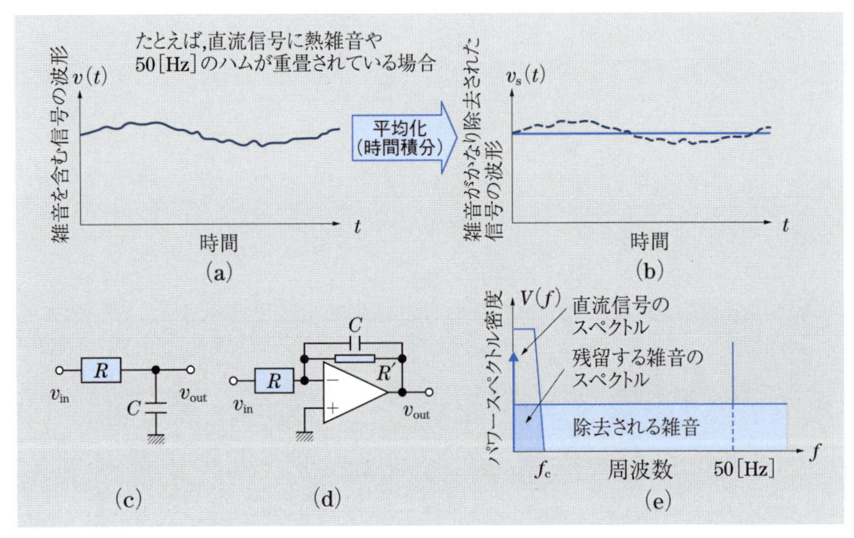

図 11.3　(a) 例として直流電圧に小さな熱雑音と 50 [Hz] のハムがのっている場合の時間波形，(b) ロー・パス・フィルタで時間平均した場合の波形，(c) CR による 1 段のロー・パス・フィルタ，(d) オペアンプを使った 1 段のロー・パス・フィルタ，および (e) 周波数スペクトルでみた場合の直流信号と雑音，カットオフ周波数 f_c のロー・パス・フィルタの関係

7章参照)）を通すことにより，図11.3 (b) のように波形は時間的に平均化されて直流信号のみが残る．

この様子を周波数領域でみると，図11.3 (e) になる．信号は直流で0 [Hz] の位置にデルタ関数的にある．雑音は一様な白色雑音と50 [Hz] のところにやはりデルタ関数的に電源ハムがある．電源ハムは高調波（50 [Hz] の整数倍の周波数成分）を含むことも多い．これに対して，ロー・パス・フィルタのカットオフ周波数 f_c を信号を含むなるべく低い周波数に設定すれば，多くの白色雑音とハムを除去できる．f_c が低いと計測系の反応は遅くなり

$$T = \frac{1}{f_c}$$

かそれよりも長い観測時間を設定する必要がある．逆に長い計測時間を設定できれば f_c を低くすることができ，雑音を小さく抑えることができる．直流信号であれば長い計測時間をとることが可能だが，信号が低周波数でも時間変動を持てば，その信号帯域幅よりも広い観測周波数帯域が必要となり，雑音の除去も難しくなる．

11.3.2　チョッパとロック・イン・アンプによる同期検波

微弱な光を検出しようとする場合などに，センサに漏れ電流があり「あげ底」のような雑音成分が重畳することが多い．これを除去したい．このとき，光信号が直流か十分低い周波数であり，しかも信号の有り無しを観測者がスイッチできる場合，あるいは**チョッパ** (**chopper**：**断続器**) を利用できる場合には，信号の有り無しで信号処理を切り替える**同期検波**を行うことが有効である．チョッパは，信号を細切れにするもので，それに応じて観測信号を2つに分類し，それぞれを別々に平均化した後で引き算を行う．微弱な光のパワーを検出しようとする場合，光をチョッパで任意に遮ることが可能であれば，この方法が使える．

図11.4にその方法を示す．微弱な光源があり，その光パワーを計測する．それをそのままフォトダイオードなどの光検出器で検出しただけでは，光が入射しないにもかかわらず流れる暗電流があり，またそれに伴う余分な電流変動も大きい．そこで図11.4 (a) のように羽根車をチョッパとして使い，光の入射を断続する．断続を採取し，その信号で同期検波器である**ロック・イン・アンプ** (**lock-in amplifier**) の入力切替を行う．図11.4 (b) の交互の信号は，光の有

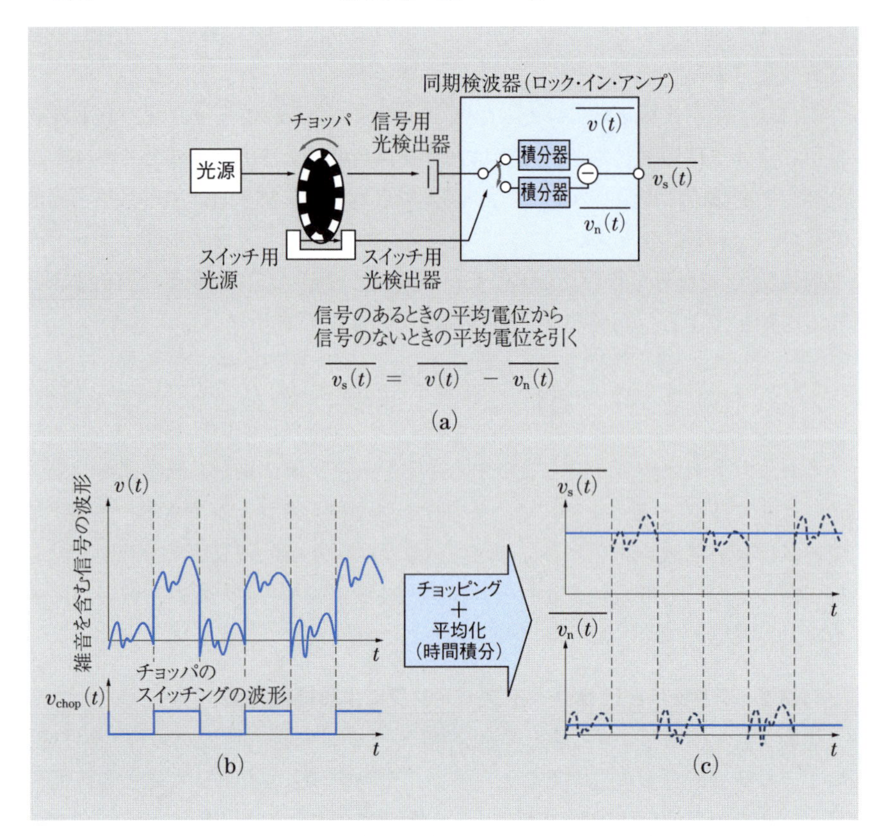

図 11.4　チョッパと同期検波器（ロック・イン・アンプ）による雑音除去：(a) 微弱光を検出するときの歯車によるチョッパと同期検波器によるシステムの構成と，(b) その信号用検出器での電流波形，および (c) 信号の分割と別々の平均化の様子

り無しによって図 11.4 (c) のように分岐され，それぞれ平均化される．それらの差をとることにより，光パワーを知ることができる．この方法によれば，かなり SN 比の低い状況でも光パワーの検出が可能になる．

なお，より一般的にはロック・イン・アンプは準備された正弦波基準信号に対して信号の cos および sin の直交 2 成分を出力するものであり，同期検波（第 10.1 節参照）そのものを行うことになる．上の例では，基準信号のうち cos のみを考えそれを方形波とし，その同相成分を取り出すものを考えた．

11.3.3　ボックスカー積分器による平均化

変動している信号でもよいがそれが繰り返し波形であり，また信号を高速で断続できる場合，**ボックスカー積分器** (**boxcar integrator**) によって次のように雑音を除去することができる．

図 11.5 (a) に示すように，繰り返し波形に対してゲート信号（細い窓関数=**ボックスカー関数**）を相対的にゆっくりと移動させて，時間的に切り出してくる部分の位置を移動させてゆく．切り出された信号に対しては積分器による平均化を行い，信号を取り出す．ゲートをゆっくり移動させるのに同期させて電圧を出力する．時間スケールは大きく伸張されるが，波形からは雑音が除去され，もとの信号波形と相似な波形が得られる．このように，繰り返し波形であれば，繰り返しの局所的な信号を平均化することにより，雑音除去が可能になる．サンプリングオシロスコープ（第 9.3 節）に似た動作でもあるが，ふつうもっと長い平均化時間をとって信号を出力する．

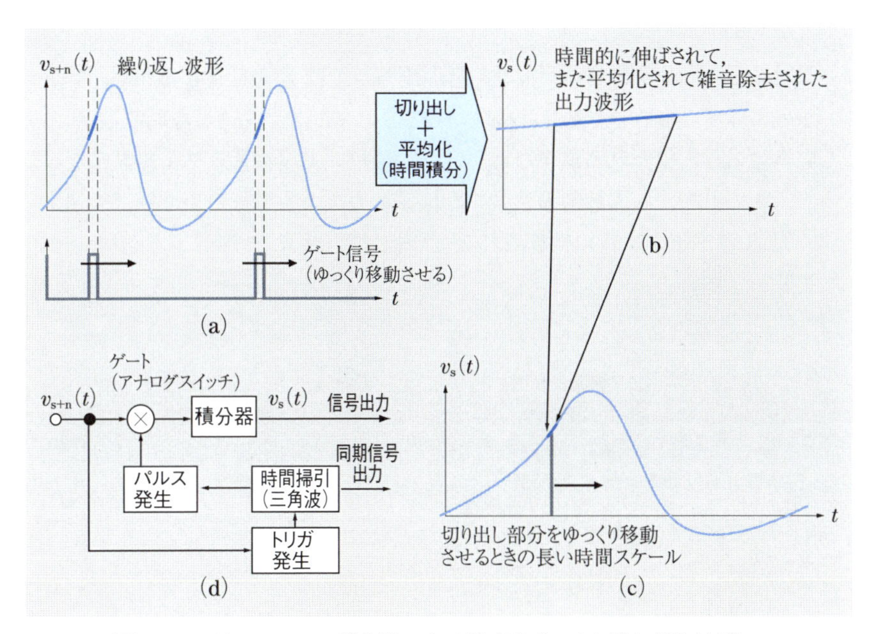

図 11.5　ボックスカー積分器による雑音除去：(a) 繰り返し波形に対してゲート信号をゆっくり移動させる，(b) ゲート通過信号を平均化し雑音除去する，(c) これをゲート移動に同期させて出力する，(d) このようなしくみの回路構成

11.3.4 バンド・パス・フィルタによる除去

テレビやラジオのように信号が狭帯域の高周波であれば，**バンド・パス・フィルタ (BPF)** を使う．雑音は多くの場合，広帯域で白色に近く，低スペクトル密度である．バンド・パス・フィルタによって，信号の存在する帯域のみ拾い出すようにすれば，それ以外の周波数の雑音エネルギーは除去される．

図 11.6 (a) はラジオやテレビの初段のチューナ（同調器）部分を示したものである．等価的な損失抵抗 $r = 1/g$ がある場合の LC 回路のアンテナからみたインピーダンス Z は，次のようになる．

$$Z = \frac{1}{g + j2\pi fC + \frac{1}{j2\pi fL}} = \frac{1}{g\left\{1 + j\frac{2\pi f_0 C}{g}\left(\frac{f}{f_0} - \frac{f_0}{f}\right)\right\}} \tag{11.7}$$

$$f_0 \equiv \frac{1}{2\pi\sqrt{LC}} \tag{11.8}$$

したがって，非常に高い周波数や低い周波数では Z が低くなるため，アンテナから入ってくる信号や雑音は接地に落とされてしまい，適度な周波数 f_0 の近くのもののみが拾われる．すなわち，これはバンド・パス・フィルタになっている．このとき，各周波数の信号または雑音のエネルギーの半分以上を通す帯域の幅 B は，次のように計算される（詳細は第 12 章を参照）．

$$B = \frac{g}{2\pi C} \tag{11.9}$$

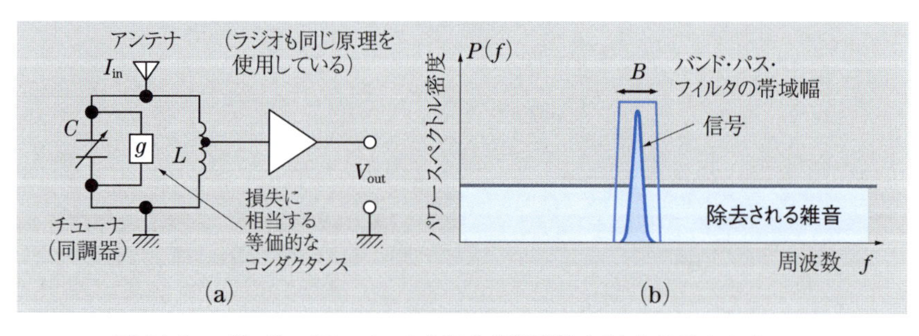

図 11.6 バンド・パス・フィルタによる雑音除去：(a) ラジオのチューナ部分の LC 同調回路によるバンド・パス・フィルタの構成と，(b) それによる白色雑音や他の放送の除去

この帯域幅 B を信号の帯域をちょうどカバーする程度に狭くとれば，雑音を除去することができる．

11.3.5 周波数変換とフィルタによる除去

しかし，非常に高い周波数の信号をバンド・パス・フィルタによって鋭く検出するには限界がある．それは，式 (11.9) によると鋭いフィルタを作るためには損失を生む g を小さくする必要があるが，これがだんだん難しくなるからである（詳細は第 12.2 節）．そこで，第 10 章で述べた**ヘテロダイン**による**周波数変換**を利用して，高周波信号を適当な低い周波数に変換してから低周波数で鋭いフィルタを利用することによって，雑音の除去効果を高めることがある．この様子を，図 11.7 に示す．その後もし必要があれば，高周波に再度（逆に）周波数変換を行う．

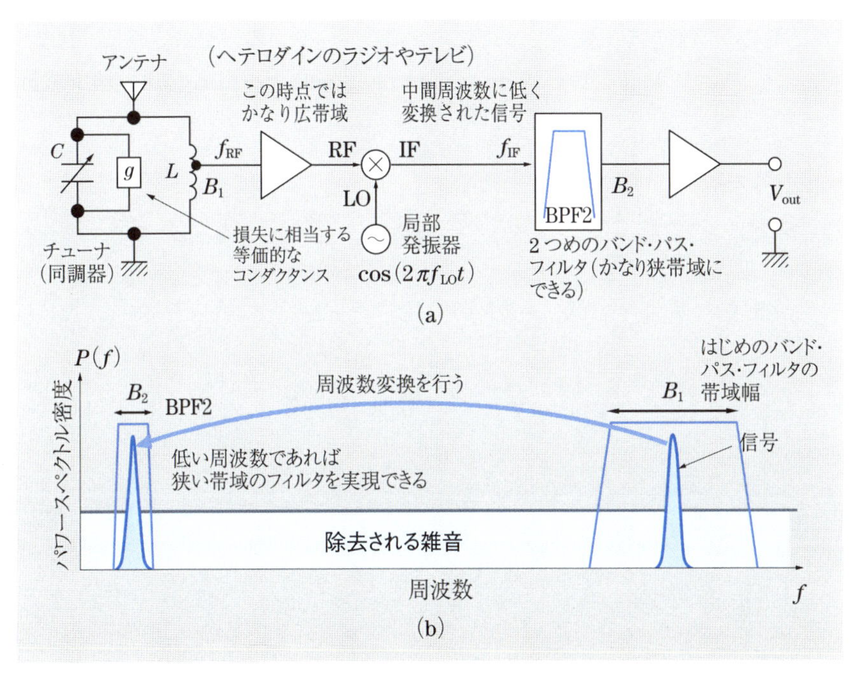

図 11.7 周波数変換とバンド・パス・フィルタによる雑音除去：(a) 周波数を低く変換した後で狭帯域のバンド・パス・フィルタを再度用いる方法の構成（RF, IF, LO については，第 10.6 節を参照）と，(b) それによる白色雑音の除去の様子を表すスペクトル図

11.4 位相雑音

通信機器などの特に高周波の電子機器では，**位相雑音** (phase noise) が問題になることがある．これは，発振器の出力周波数や位相がゆらぐことによる雑音である．

11.4.1 位相雑音とは

たとえば，シンボル数が M の M 値 **QAM**（quadrature amplitude modulation：**直交振幅変調**）による通信を考える．これは，広く利用されているディジタル変復調方式である．ある正弦波基準信号に対して，図 11.8 (a) に示すように，送信する信号（送信シンボル）が複素平面上に配置されるように**キャリア**（carrier：**搬送波**）を変調する．これに対して，受信側でも同じ周波数の基準信号を用意してホモダイン検波し，シンボルを読み取る（復調する）．Q 軸と I 軸はそれぞれ **quadrature-phase component**（**直交成分**,

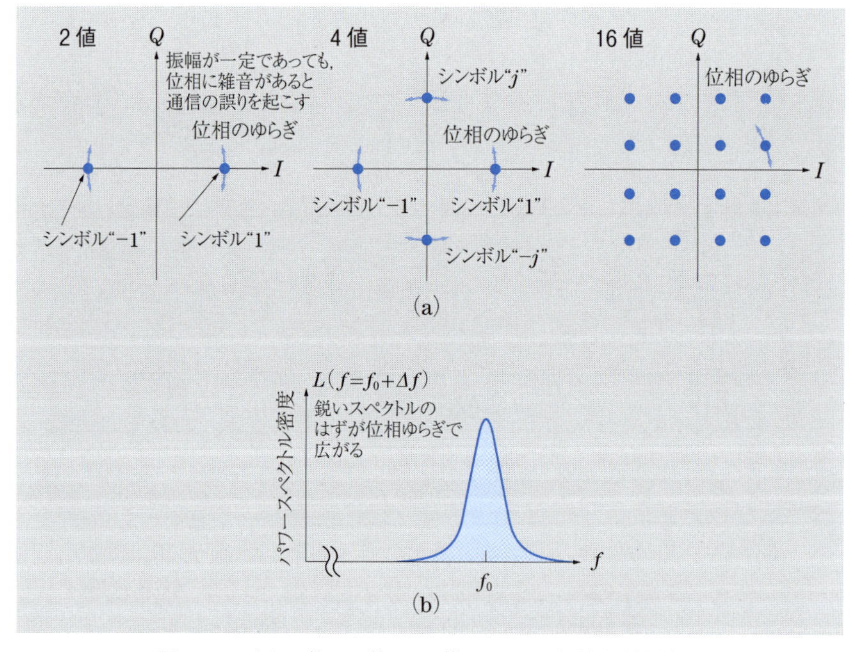

図 11.8　(a) 2 値，4 値，16 値の QAM 信号配置例と，
(b) 位相雑音を周波数領域でみたスペクトル

sin 成分）と **in-phase component**（**同相成分**，cos 成分）を意味する．

このとき，各シンボルが区別されるためには，シンボルの振幅のゆらぎが少ないだけでなく位相方向のゆらぎも少ない必要がある．本来きれいな正弦波であるべき発振器の出力の位相がゆらいでいる場合，すなわち $\exp\{j(2\pi f_0 t+\theta)\}$ の θ がゆらいでいる場合，これは通信誤りを引き起こす雑音である．その発振器のスペクトルは，図 11.8 (b) に示すように，鋭いデルタ関数ではなく位相ゆらぎに応じた広がりを持つ．これは，$d\theta/dt$ が周波数と同一であることに対応する．

位相雑音スペクトル密度 $L(\Delta f)$ は，キャリア信号電力 C で正規化された雑音電力 N で表される．すなわち，キャリア信号電力に対する雑音電力の比である．

$$L(\Delta f)=\frac{N}{C}=\frac{\left(\begin{array}{l}\text{キャリア } f_0\text{[Hz] から}\Delta f\text{ [Hz] 離れたところの}\\ \text{1 [Hz] あたりの位相雑音の電力}\end{array}\right)}{\text{全キャリア信号電力}} \tag{11.10}$$

その単位はふつうデシベル表示で

$$10\log_{10}(L(\Delta f)) \quad \text{[dBc/Hz]}$$

と書く（[dBc] については，第 3.2 節も参照）．

11.4.2 位相雑音の計測

計測は次のように行う．

(1) 位相雑音が（計測対象のそれに比べて）非常に少ない発振器を用意し，掛け算する．たとえばホモダインならば，図 11.9 (a) のようにする．

(2) しかし位相雑音電力はキャリア電力に比べてふつう大変小さいことが多く，それに比べてさらに雑音が小さい発振器を用意することは困難なこともある．その場合には，自らの雑音を十分に遅延させて相関がなくなったところで自らと掛け算を行う方式があり，これは**自己ホモダイン法** (**self-homodyne**) と呼ばれる（**自己ヘテロダイン法** (**self-heterodyne**) でもよい）．図 11.9 (b) に，その構成を示す．遅延線路は，雑音の相関時間よりも長い遅延が得られるように長くとる．

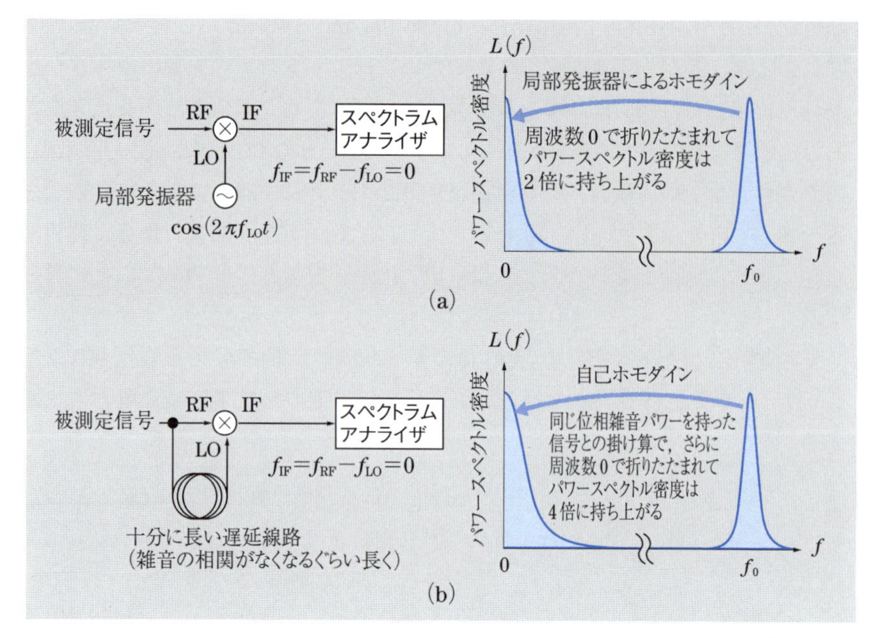

図 11.9　位相雑音の計測方法：(a) 位相雑音の少ない発振器でホモダインをするか，(b) 自己ホモダインによる

11.4.3　ジッタ

複数の回路や機器の間で，信号の生成や処理に際してお互いの時間どりにずれが生じないようにすることを，**同期** (**synchronization**) をとるという．送信機と受信機の間や，信号回路の回路基板と別の回路基板との間などで，同期をとることが要求されることが多い．しかし，回路が位相雑音を持つ場合には，同期がゆらいでしまう．このようなゆらぎを，**ジッタ** (**jitter**) とよぶ．その様子を，図 11.10 に示す．時間が離散化されたディジタル回路でジッタが生じると，複数の回路間での立ち上り・立ち下りがゆらいで，信号処理が不安定になる．

ジッタの主な原因は次の通りである．

(1)　通信での送信機と受信機など，同期をとらなければならない複数の機器間の場合：同期回路（**位相同期ループ** (**phase-locked loop**：**PLL**) など）の雑音（性能限界）によるもの，通信回線の距離の不安定性によるもの

(2)　1つの機器の内部の回路間の場合：回路のクロックの位相雑音が，回路のいろいろな時定数を経由してきた結果生じる ゆらぎ として現れるもの

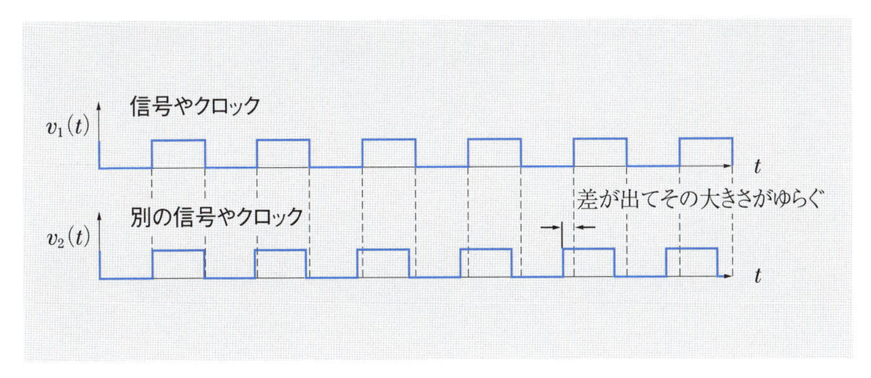

図 11.10 時間領域で見たジッタ

手をたずさえて進展する電気電子情報技術と基礎科学

位相雑音の計測で述べた自己ホモダイン法・自己ヘテロダイン法は，よりきれいな雑音の少ない（すなわち，コヒーレントな）レーザ光の実現に向かって多くの物理科学および電気系研究者がしのぎを削っていたとき，電子工学の大越孝敬（おおこしたかのり）（東京大学）らによって 1980 年に発明された計測方法である．光周波数は数百 [THz] と極めて高く，当時そのスペクトルの半値全幅を精度良く計測することは難しかった．物理分野では，いかに優れた光フィルタやうまい共振現象を用いるかが検討され実験されていた．一方，電気電子工学の分野でも，よりコヒーレントな光による高度な光通信システムを追求していた．電気通信の分野では，電磁波の混合による周波数変換は広く知られた技術である．これとフォトダイオードによる二乗検波を利用し，そのころ実用化されつつあった低損失の光ファイバの遅延線によって新たな計測方法を生み出したのが，電子工学分野の研究者であった大越らであった．その後，この方法は物理分野でも広く用いられるようになり，高分解能光波スペクトル計測の標準的な方法となっている．そしてより純粋なスペクトルを持つレーザを作るための物理理論も進展して実際に良いものが作り出され，通信用に供されている．

11章の問題

□**1** 日頃，経験する雑音にはどのようなものがあるか列挙し，それらの特徴を述べよ．

□**2** 熱雑音およびショット雑音のそれぞれの特徴を説明せよ．

□**3** 白色雑音および $1/f$ 雑音はそれぞれどのような性質の雑音か，説明せよ．

□**4** SN比とは何か，説明せよ．

□**5** 平均化（時間積分）の動作を第2章の統計的性質の言葉で表すと，どう表現したらよいか．

□**6** バンド・パス・フィルタによる雑音除去の動作を説明せよ．

□**7** ロック・イン・アンプの動作を説明せよ．

□**8** ボックスカー積分器の動作を説明せよ．

□**9** 2つの順序回路の間でジッタがある場合，どのような不都合が生じるか説明せよ．

12 共　　振

共振器は交流回路，特に高周波回路での計測に重要な役割を果たす．共振は，その回路が持つ固有の周波数で，構成部品が互いに少ない損失でエネルギーのやり取りや蓄積を行う現象である．共振は交流特性の計測を楽に行う手段でもあるし，またフィルタ作用などの重要な信号処理の役割も果たす．さらに，Q 値や $\tan\delta$ といった電気電子分野で幅広く用いられる共通の概念や言葉を多く有している現象でもある．

12章で学ぶ概念・キーワード

- LC 共振回路
- 並列共振回路，直列共振回路
- 共振周波数，半値全幅
- Q 値，$\tan\delta$
- 空洞共振器
- ファブリ・ペロ共振器，レーザ

12.1　LC 共振回路

インダクタンスとキャパシタンスを組み合わせると**共振回路** (resonant circuit) ができる．図 12.1 (a) は**並列共振回路** (parallel resonant circuit), (b) は**直列共振回路** (series resonant circuit) である．

並列共振回路に交流電流を流そうとしたとき，どのような電圧が端子に生じるか考えよう．周波数が非常に低い場合にはコイルのインピーダンスが低いため，電流はコイルを素通りする．一方，周波数が非常に高い場合にもコンデンサのインピーダンスが低いため，電流はコンデンサを素通りしてしまう．中間的な適度な周波数のときのみ，端子に電圧が発生する．実際には，第 12.3 節で

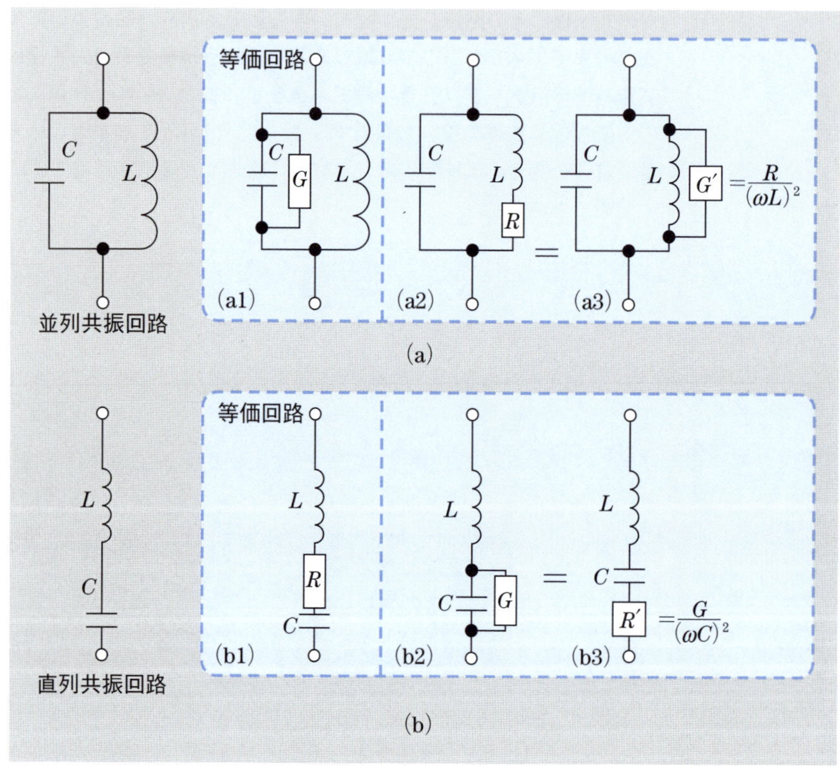

図 12.1　(a) 並列共振回路と (b) 直列共振回路：それぞれ損失も含めた等価回路も示す

計算するように，ある周波数で非常にアドミタンスが低くなる．これはインダクタンス成分とキャパシタンス成分がエネルギーを蓄え，そしてお互いにやり取りすることによる．この現象を**共振 (resonance)** とよぶ．直列共振回路では，逆にある周波数でインピーダンスが急激に低くなり，これも共振とよぶ．

共振回路を構成する C や L にも損失（次節を参照）が存在するため，その等価回路は抵抗 R やコンダクタンス G を含むことになる．ふつう，並列共振回路では図 12.1 (a1) のように損失を並列なコンダクタンスとして考えると，計算が楽になる．もし，図 12.1 (a2) のようにコイルの直列抵抗を考える場合には，直列抵抗 R が十分に小さく，$R \ll (\omega L)$ のとき，図 12.1 (a3) のように考えてこれを並列コンダクタンスに置き換えることができる（章末問題 1 参照）．$\omega \equiv 2\pi f$ は角周波数であり，共振周波数付近ではふつう上の近似が成り立つ．

同様に，直列回路では図 12.1 (b1) のように損失を直列抵抗として考えると簡単になる．キャパシタンスの漏れ電流が大きい場合には図 12.1 (b2) のような並列の等価回路になるが，これも図 12.1 (b3) のように考えて直列に変換することができる．

以下の議論では，並列共振回路の損失を並列的なコンダクタンス G で表し，直列共振回路のそれを直列的な抵抗 R で表すことにする．

半導体レーザ：周波数変調が容易な発振器

1970 年に林（はやし）厳雄（いづお）らによって室温における発振が実現された半導体レーザは，小型，軽量，少ない消費電力でレーザ発振が可能であることなど，多くの優れた特長を有する．同時に，その発振周波数の変調が容易である点にも特色がある．半導体レーザは電子回路としては pn 接合である．これに順方向バイアスをかけて電流を注入し，電子を励起する．電流を流すと電気的な損失も生じ，それが接合部分の温度を上昇させる．すると，発振波長を決めている半導体のバンドギャップが減少し，図 12.11 (b) の媒質利得の山も低い周波数に移動する．その結果，発振周波数が低下する．この現象は電流変化に非常に敏感である．わずかに注入電流を変えるだけで容易に周波数変調（FM 変調）することができ，便利に利用されている．また逆にいえば，周波数を安定化するためには温度の安定化が不可欠である．なお，キャリア密度によっても周波数変調が可能で，それによれば高速の FM 変調を実現できる．このように，半導体レーザにはそれ自体に 2 つの FM 変調の機構がある．

12.2 コイルの損失・コンデンサの損失

損失の主な物理的な機構は次の通りである．

コイルの損失　次の2種類に分けられる．

- **銅損** (copper loss)：コイルの導線（銅線）の抵抗によって生じる熱損失．
- **鉄損** (iron loss, core loss)：コイルの磁心（鉄心など）で生じる損失で，次の2つがある．

(1) **ヒステリシス損** (hysteresis loss)：磁束密度 $B = \mu_0(1+\chi_\mathrm{m})H$（$\chi_\mathrm{m}$ は磁化率）と磁界 H の関係にヒステリシス（履歴現象）があることによる．コイルに磁心を使わず空心であれば，ヒステリシスは存在しない．しかし空心では大きなコイルを作っても小さなインダクタンスしか得られない．磁化率の大きい磁心を用いることで実用的なコイルを作ることになる．ところがこの場合，一般に磁化 $M = \chi_\mathrm{m} H$ は図12.2に示すような特性を示し，外部磁界がなくなっても磁化が残る残留磁化や，その残留磁化を打ち消して逆に磁化させるのに必要な保磁力が現れる．コイルに流す電流は交流電流であるから，磁化の状態は交流の1周期ごとに，この M–H ループを1周することになる．このループの囲む面積が1周期あたりの損失に比例する．ヒステリシスは物性的には電子の磁気モーメントが周囲のモーメントおよび磁界と相互作用して向きを変えることによるものであり，損失は電子振動つまり熱になる．

(2) **渦電流損** (eddy-current loss)：磁束変化が鉄心内に引き起こす渦電流による熱損失．

コンデンサの損失　主に誘電体損による．

誘電体損 (dielectric loss)：誘電体の分極分子がゆさぶられることによる損失で，漏れ電流に等価である．

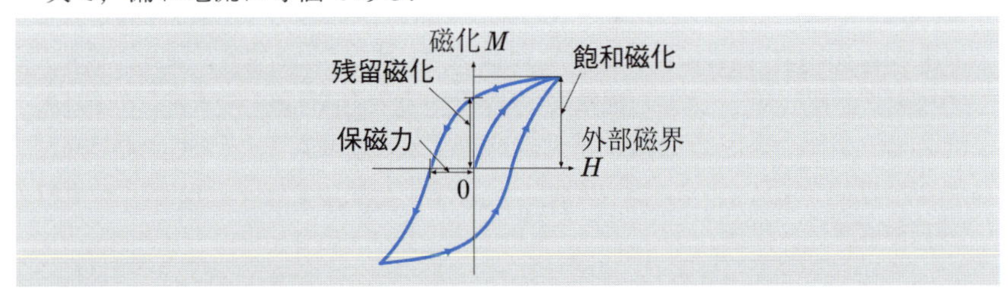

図12.2　外部印加磁界 H に対する磁心の磁化 M が作るヒステリシス・ループ

12.3　共振回路の周波数特性

図 12.1 (a1) の並列共振回路のアドミタンス Y は，次のように計算される．

$$\begin{aligned} Y &= G + j\omega C + \frac{1}{j\omega L} \\ &= G\left\{1 + j\frac{1}{\sqrt{LC}}\frac{C}{G}\left(\omega\sqrt{LC} - \frac{1}{\omega\sqrt{LC}}\right)\right\} \\ &= G\left\{1 + jQ\left(\frac{\omega}{\omega_0} - \frac{\omega_0}{\omega}\right)\right\} \end{aligned} \tag{12.1}$$

ただし

$$\omega_0 \equiv \frac{1}{\sqrt{LC}} \tag{12.2}$$

$$Q \equiv \frac{\omega_0 C}{G} \tag{12.3}$$

であり，ω_0 はアドミタンスが極値をとる周波数で，**共振角周波数** (**resonant angular frequency**) とよばれる．また Q は **Q 値** (**quality factor**) とよばれる値であり，共振の鋭さを表す．

その振幅特性と位相特性を，図 12.3 (a) に示す．アドミタンス（実線）は ω_0 で最小になる．また，ω_2 と ω_1 は，アドミタンスが最小値の $\sqrt{2}$ 倍になる 2 つの角周波数点である．これら ω_2 あるいは ω_1 では，アドミタンスの実部の大きさと虚部の大きさが同じになり，位相は 45 度回転している．この回路に交流電流を流すと，逆数のインピーダンス（破線）からわかるように，交流電流に対して生じる電圧は ω_0 で最大になり，ω_2 および ω_1 で -3 [dB]（$1/\sqrt{2}$ 倍）になる．このようにパワーで半分になる帯域幅 $\Delta\omega$ を，**半値全幅**(はんちぜんはば)(**full-width at half-maximum：FWHM**) とよぶ．

$$\Delta\omega \equiv \omega_2 - \omega_1 \tag{12.4}$$

すると，Q 値は次のように表すこともできる（章末問題 4 を参照）．

$$Q = \frac{\omega_0}{\omega_2 - \omega_1} = \frac{\omega_0}{\Delta\omega} \tag{12.5}$$

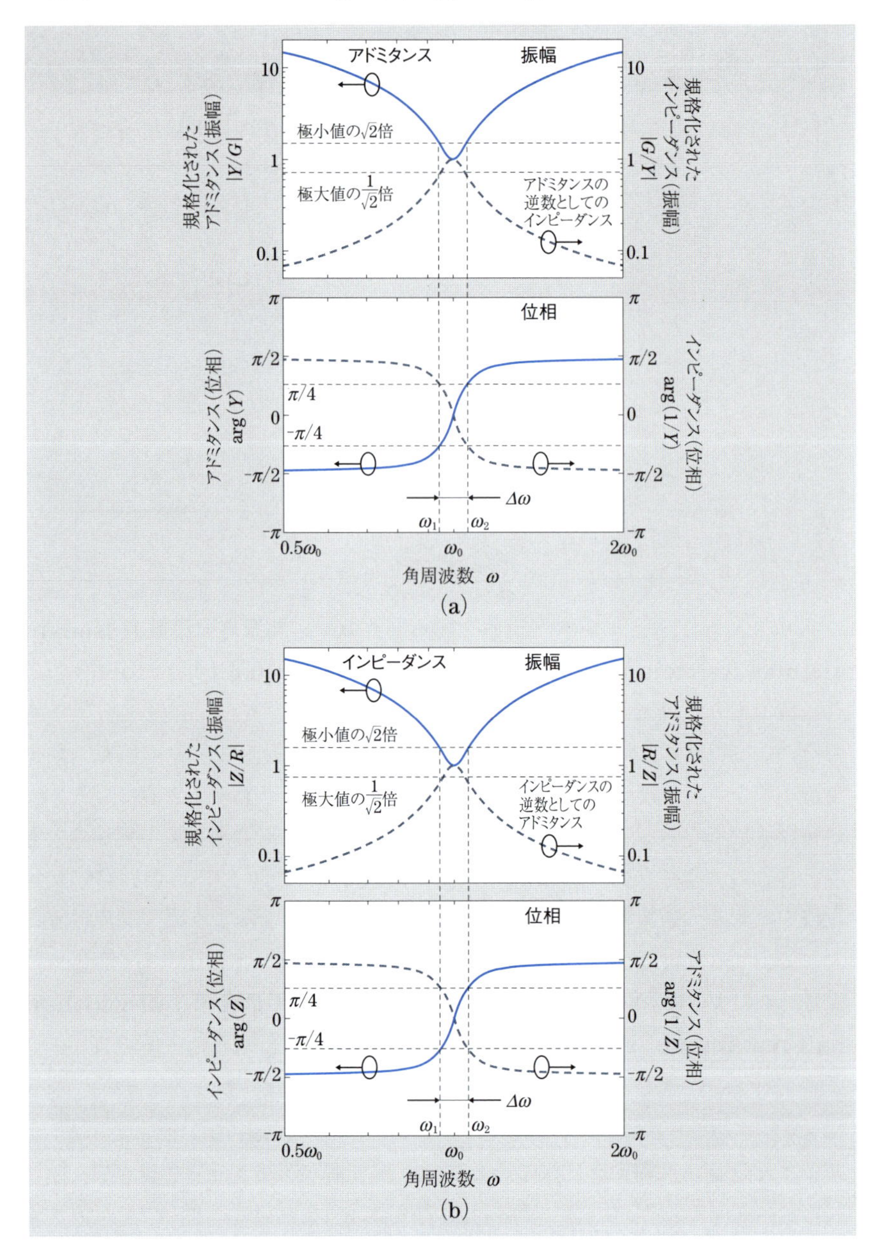

図 12.3　(a) 並列共振回路と (b) 直列共振回路のそれぞれの振幅特性と位相特性（ともに $Q = 10$ の場合）

一方，図 12.1 (b1) の直列共振回路のインピーダンス Z は，同様に次のように計算される．

$$
\begin{aligned}
Z &= R + j\omega L + \frac{1}{j\omega C} \\
&= R\left\{1 + j\frac{1}{\sqrt{LC}}\frac{L}{R}\left(\omega\sqrt{LC} - \frac{1}{\omega\sqrt{LC}}\right)\right\} \\
&= R\left\{1 + jQ\left(\frac{\omega}{\omega_0} - \frac{\omega_0}{\omega}\right)\right\} \qquad (12.6)
\end{aligned}
$$

ただし

$$
\omega_0 \equiv \frac{1}{\sqrt{LC}} \qquad (12.7)
$$

$$
Q \equiv \frac{\omega_0 L}{R} \qquad (12.8)
$$

したがって，曲線は図 12.3 (b) のようになり，その形状は並列共振器の場合の図 12.3 (a) と全く対称な形になる．また，式 (12.5) の関係も同様に成り立つ．

図 12.4 に，並列共振回路でいろいろな G を想定して Q 値を変化させた場合の特性の変化を示す．Q 値が大きいほうが共振が鋭くなる．

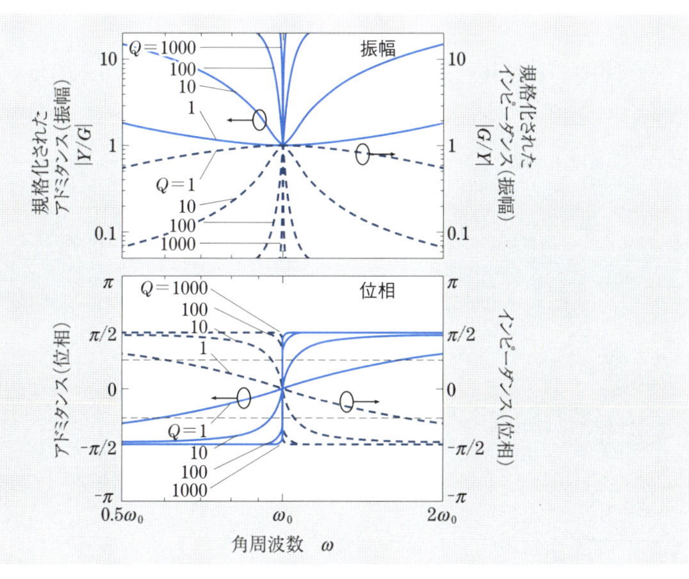

図 12.4　Q 値を変化させた場合の並列共振回路の振幅特性と位相特性

12.4　Q 値

Q 値の名前は **quality factor**（性能指数）からとったもので，共振回路の場合には式 (12.5) でわかるように共振の鋭さを表している．それは，ラジオやテレビを考えると，選局の鋭さ（雑音の排除の良さ：第 11.3 節）に相当する．半値全幅 $\Delta\omega = \omega_2 - \omega_1$ は，その名前のとおり，式 (12.1) や式 (12.6) で $Y = (1 \pm j)G$ および $Z = (1 \pm j)R$ となって，通過する信号や雑音の振幅が -3 [dB] になりパワーが半分になる点であるといえる．

$$Q\left(\frac{\omega}{\omega_0} - \frac{\omega_0}{\omega}\right) = \pm 1 \tag{12.9}$$

$$\omega_2 \text{ または } \omega_1 = \frac{\pm 1 + \sqrt{4Q^2+1}}{2Q}\omega_0 \tag{12.10}$$

同時に，共振の鋭さは回路の損失の少なさでもある．すなわち，式 (12.3) の G や式 (12.8) の R が小さいほど Q 値は大きな値をとる．つまり，コンデンサの誘電体損や，コイルの鉄損・銅損が小さいほど Q 値は大きい．したがって，Q 値はコンデンサやコイルの素子の性能の良さを表す指数でもある．

Q 値と共振回路に蓄えられるエネルギー，および損失との間には，次の関係がある．

並列共振器に共振角周波数 ω_0 の交流電流 $i = i_0 e^{j\omega_0 t}$ を加える．その 1 周期の間にコンダクタンス G が消費するエネルギーは，v_0 を共振器に生じるピーク電圧として正弦波の 1 周期を積分すると，次を得る．

$$E_G = \frac{1}{2} i_0 v_0 \frac{1}{f} = \frac{1}{2} G v_0 v_0 \frac{1}{f} = \frac{1}{2} G \frac{v_0^2}{f_0} \tag{12.11}$$

一方，コンデンサに蓄えられるエネルギーの最大値は，次である．

$$E_C = \frac{C v_0^2}{2} \tag{12.12}$$

すると，これらの比の 2π 倍は，ちょうど Q 値になる．

$$2\pi \frac{E_C}{E_G} = 2\pi \frac{C f_0}{G} = \frac{\omega_0 C}{G} = Q \tag{12.13}$$

なお，コイルに蓄えられるエネルギーの最大値も次のように得られる．

$$E_L = \frac{Li_0^2}{2} = \frac{L(v_0/\omega_0 L)^2}{2} = \frac{v_0^2}{2\omega_0^2 L} \tag{12.14}$$

ここで

$$\omega_0 = \frac{1}{\sqrt{LC}}$$

なので，コイルに蓄えられるエネルギーはコンデンサに蓄えられるエネルギーと等しい．

$$E_L = \frac{v_0^2\left(\sqrt{LC}\right)^2}{2L} = \frac{Cv_0^2}{2} = E_C \tag{12.15}$$

以上から，Q 値は，コイルとコンデンサがエネルギーをやり取りしている間に生じる損失 E_G と，蓄えられやり取りされているエネルギー $E_C = E_L$ の比の 2π 倍であるといえる．

$$Q = 2\pi \times \frac{\text{（共振器に蓄えられるエネルギー）}}{\text{（1 周期の間に生じる損失）}} \tag{12.16}$$

例 1 $L = 350\,[\mu\mathrm{H}]$, $C = 72\,[\mathrm{pF}]$, $G = 4.5\,[\mu\mathrm{S}]$（$= 1/(220\,[\mathrm{k}\Omega])$）の並列共振器の**共振周波数** (**resonant frequency**, **resonance frequency**) は次になる．

$$f_0 = \frac{\omega_0}{2\pi} = \frac{1}{2\pi\sqrt{LC}} = 1.0\,[\mathrm{MHz}]$$

また Q 値として次を得る．

$$Q = \frac{\omega_0 C}{G} = 1.0 \times 10^2$$

そのときの半値全幅は周波数で表して，次になる．

$$\Delta f = \frac{\Delta\omega}{2\pi} = \frac{\omega_0}{2\pi Q} = 10\,[\mathrm{kHz}]$$

4 [kHz] の信号帯域幅を持つアナログ AM ラジオ放送では上下の側波帯の合計で 8 [kHz] 程度の帯域を占有しているので，このぐらいの Q 値が選局にはちょうど良い量である（後続回路の影響で実現が難しいこともある）．**側波帯**とは，変調された搬送波（キャリア）がキャリア周波数の上下に持つスペクトルのことであり，情報を担っている．また，$C = 28$〜$290\,[\mathrm{pF}]$ 程度の容量が実現できる**バリコン**（**可変コンデンサ** (**variable capacitor**)）を使えば，日本の AM 放送帯域であるおよそ 500 [kHz]〜1.6 [MHz] の中で任意の周波数 f_0 を選択できる． □

12.5 $\tan\delta$

特にコンデンサには，**tan δ**（タンデルタ）とよばれる性能の（悪さの）表し方がある．漏れ電流を生じるコンダクタンス（**漏れコンダクタンス**）があるときのコンデンサの損失は，図 12.5 のように表現できる．

理想的なコンデンサは純粋なサセプタンスとして働き，無効電力しか生じず（つまり電力を消費せず）損失がない．しかし，G がある場合，次のような損失 P が生じる（実効値表示）．

$$\begin{aligned} P &= \boldsymbol{V I} \\ &= VI\sin\delta \\ &= VI\sin\theta\tan\delta \\ &= (\text{無効電力})\times\tan\delta \end{aligned} \tag{12.17}$$

無効電力はコンデンサがサセプタンスとして望ましく働いていることに対応する電力である．損失の大きさは，この無効電力を $\tan\delta$ 倍したものになる．これが $\tan\delta$ である．図 12.5 から，$\tan\delta$ は Q 値の逆数でもある．

$$\tan\delta = \frac{GV}{\omega CV} = \frac{G}{\omega C} = \frac{1}{Q} \tag{12.18}$$

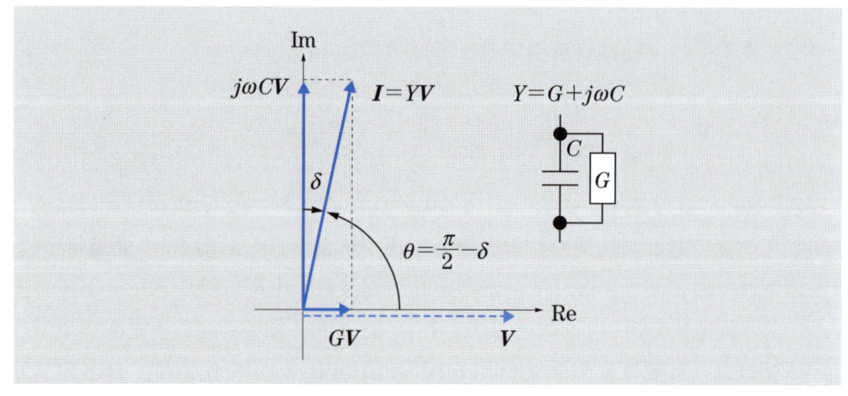

図 12.5 アドミタンスを表す複素平面上でのコンデンサの無効電力と損失

なお，δ のことを**損失角** (**loss angle**) とよぶ．また，$D \equiv \tan\delta$ のことを**損失率** (**loss factor**) とよぶこともある．

また，コイルの損失に関しても同様のものを考えることもあり，$D_{\mathrm{m}} \equiv \tan\delta_{\mathrm{m}}$ を損失率とよぶ．次の式で表される．

$$D_{\mathrm{m}} \equiv \tan\delta_{\mathrm{m}} \equiv \frac{R}{\omega L} = \frac{1}{Q} \tag{12.19}$$

例 2　$C = 72\,[\mathrm{pF}]$, $G = 4.5\,[\mu\mathrm{S}]$（$= 1/\ (220\,[\mathrm{k}\Omega])$）のコンデンサがあった場合，共振周波数 $f_0 = 1\,[\mathrm{MHz}]$ における Q 値は式 (12.3) より

$$Q = \frac{\omega_0 C}{G} = \frac{2\pi \times 1 \times 10^6 \times 72 \times 10^{-12}}{4.5 \times 10^{-6}} = 1.0 \times 10^2$$

である．これは，**例 1**の損失がすべて G で表されている共振器の Q 値と同じである．また

$$\tan\delta = \frac{1}{Q} = 1.0 \times 10^{-2}$$

である．周波数が変化すれば，コンデンサ単体としての Q 値や $\tan\delta$ も変化する．□

例 3　コンデンサ単体としての Q 値や $\tan\delta$ を角周波数 ω の関数として表せば

$$Q(\omega) = \frac{\omega C}{G}\ ,\quad \tan\delta(\omega) = \frac{G}{\omega C}$$

である．しかし，実際にこれを計測すると ω が高周波になるとき，ふつう Q は小さくなり $\tan\delta$ は大きくなる．交流電圧を加えて計測すると，分子の分極が高い周波数でゆさぶられて等価的な並列コンダクタンス G の損失が線形以上に増大し，一方で容量 C はリード線などの影響で低下するからである．すなわち

$$Q(\omega) = \frac{\omega C(\omega)}{G(\omega)}\ ,\quad \tan\delta(\omega) = \frac{G(\omega)}{\omega C(\omega)}$$

で ω が非常に高くなるとき，$G(\omega)$ は急激に増大し $C(\omega)$ は減少する．□

例 4　コンデンサの周波数 $1\,[\mathrm{kHz}]$ での典型的な $\tan\delta$ の値は，10^{-4}（ポリプロピレン）〜4×10^{-3}（ポリエチレンテレフタレート）である．したがって，これらのコンデンサによって 10^4 以上の Q 値の共振器を作ることは難しい．高い周波数になるほど狭い帯域のバンド・パス・フィルタを作りにくくなる（第 11.3.5 項の周波数変換を併用した雑音除去を参照）．□

12.6 Q 値の計測と Q 値の利用

Q 値の計測は次のように行う.

(1) ネットワーク・アナライザで，共振周波数 ω_0 と半値全幅 $\Delta\omega$ を読む．素子としての Q 値を計測する場合には，損失の少ない補助素子を使って共振器を作って測る.

(2) Q 値を計測する機器である **Q メータ** (**Q meter**) を使うこともできる. Q メータは図 12.6 (a) に示すような装置である．たとえばコイルを直接つないで Q 値を直読することができる．直列 LC 共振器のインピーダンスは式 (12.6) で与えられるから，発振器の角周波数 ω を変化させると図 12.6 (a) の電圧計の指示値も次のように変化する.

$$V(\omega) = \frac{V_0}{R\left\{1 + jQ\left(\frac{\omega}{\omega_0} - \frac{\omega_0}{\omega}\right)\right\}} \frac{1}{j\omega C} \tag{12.20}$$

この最大値を探すと，それが共振周波数 ω_0 である（$1/j\omega C$ の項のため若干ずれる)．このとき，電圧は次のように Q 値と関係付けられ直読できる.

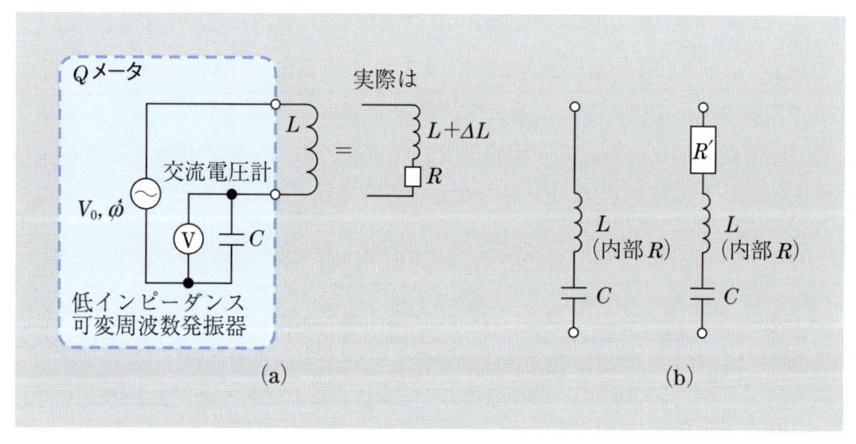

図 12.6 (a) Q メータの基本構造および原理と，(b) Q 値を利用した実使用周波数での抵抗値 R' の決定方法

$$
\begin{aligned}
\frac{V(\omega_0)}{V_0} &= \frac{1}{R}\frac{1}{j\omega_0 C} \\
&= \frac{1}{j\omega_0 CR} \\
&= \frac{-j\omega_0 L}{R} \\
&= -jQ
\end{aligned}
$$

$V(\omega_0)$ の大きさは電源電圧 V_0 の Q 倍になることに注意する．

また，Q 値を利用して，便利に素子の値を計測する方法もいくつかある．たとえば，当該の共振器につながる外部回路の等価抵抗 R' について，実使用周波数での値を決定することが次のようにできる．図 12.6 (b) の左に示すように，内部抵抗 R を持ったコイル L とコンデンサ C で直列共振回路を作って，その Q 値（Q_0 とする）を計測する．計測結果は R と L によって次のように表されるはずである．

$$
Q_0 = \frac{\omega_0 L}{R} \tag{12.21}
$$

この共振回路を含む回路で使用する予定の回路の等価抵抗を R' とすると，実際にこの周波数でどのような値になるか，次のように考えることができる．図 12.6 (b) 右のように直列に接続すると，そのときの Q 値は次の値になる．

$$
Q = \frac{\omega_0 L}{R + R'} \tag{12.22}
$$

したがって，コイル L の内部抵抗値 R を知らなくても，R' を 2 つの Q 値から求めることができる．

$$
R' = \omega_0 L \left(\frac{1}{Q} - \frac{1}{Q_0} \right) \tag{12.23}
$$

12.7　空洞共振器

LC 共振回路の共振周波数 $\omega_0 = 1/\sqrt{LC}$ を高くするには，L および C の値を小さくすればよい．図 12.7 に示すように考えると，共振器は金属箱になる．このような共振構造を，電子回路としては**空洞共振器** (**cavity**) とよぶ．またその 2 面が開放になったものは**導波管** (**waveguide**) とよばれ，高周波電気信号の伝達に用いられる．

空洞共振器や導波管では，高周波の電気信号はもはや金属の内部を伝わるのではない．電流は金属の表面（表皮）に流れたり，電磁波として近傍の空間を流れたりする．電磁波を放射するアンテナは，この性質を使ったものである．

空洞共振器の中で電磁波が共振している場合，その共振の波のでき方は**モード** (**mode**) とよばれ，空洞共振器の形に応じていろいろある．図 12.8 (a) に示すような直方体の共振器の場合，共振器の端は金属（良導体）で電位の空間変化がないと考えれば，これは電磁波の電界の固定端になる．そして図のような定在波のモードが生じ得る．3 次元で 3 つの方向を考える場合には，図 12.8 (b) のような直方体で x, y, z の方向が直交していれば，電磁波のモードは x 方向，y 方向，z 方向の定在波を掛け算したものになる．

図 12.8 (a) に示すように，x 方向の共振器長を l_x とする．x 方向のみを考えた場合，共振波長 λ_0 は，モード番号 $n = 1, 2, 3, \ldots$ に対して次の値をとる．

$$\lambda_0 = 2l_x, l_x, \frac{2l_x}{3}, \ldots, \frac{2l_x}{n}, \ldots \tag{12.24}$$

したがって共振周波数 ω_0 は，電磁波の速度（光速）を c として

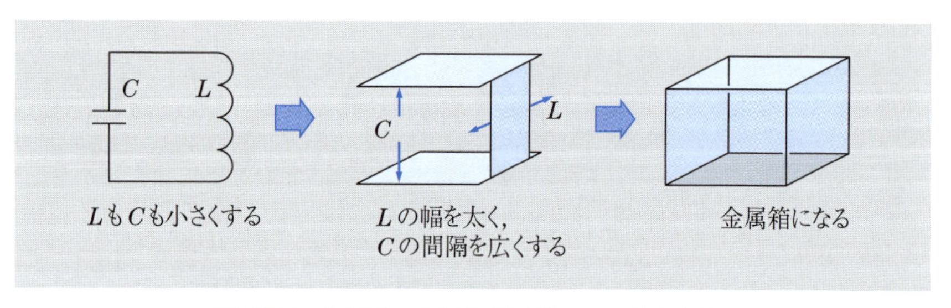

図 12.7　共振器の共振角周波数 ω_0 を高くする

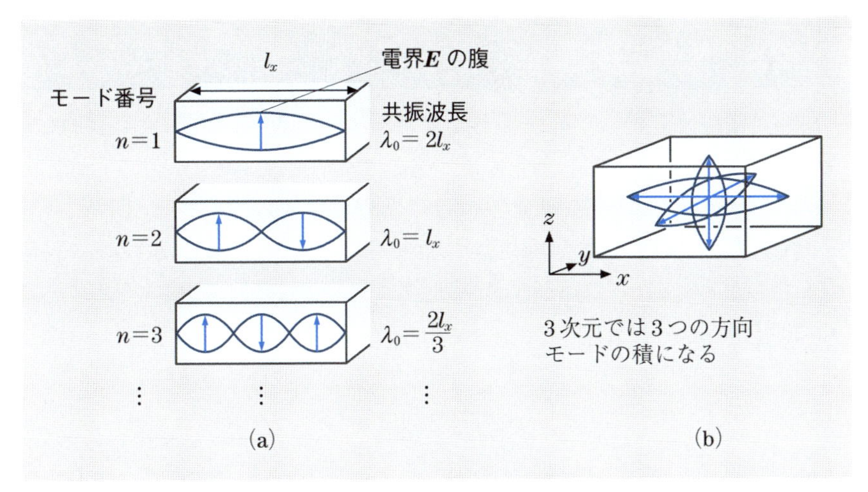

図 12.8　(a) 直方体の空洞共振器の x 軸方向の共振モードと
(b) 3 次元を考えた場合の共振モード

$$\omega_0 = \frac{2\pi c}{\lambda_0}$$

であるから，次を得る．

$$\omega_0 = \frac{\pi c}{l_x}, \frac{2\pi c}{l_x}, \frac{3\pi c}{l_x}, \ldots, \frac{n\pi c}{l_x}, \ldots \qquad (12.25)$$

空洞共振器にも損失がある．その多くは，金属壁表面を電流が流れるときに金属壁が持つ抵抗による熱損失である．この電流には壁面の電位を変化させる電流と，磁界変化による渦電流とがある．これらはそれぞれ銅損および鉄損に相当する．また内部に誘電体を使用した共振器の場合には，誘電体損も存在する．空洞共振器の Q 値は，ネットワーク・アナライザなどで計測できる．

なお，電磁波には船舶通信に使われる非常に低い周波数（長い波長）のものから大容量通信に使われる高い周波数（短い波長）のもの，さらには光波（遠赤外光，赤外光，可視光，紫外光），X 線，γ 線などがある．これらを付録 E の図 E.1 に示す．

12.8 光波の共振

光波も電磁波であり，同様の共振現象がみられる．図12.9にその代表的なものを示す．

図12.9(a)は**ニュートンリング**とよばれ，凸レンズをガラス板の上に置くと，それらの間を反射する光波がお互いに打ち消し合ったり強め合ったりして，明暗や色彩がみえる．これは干渉が波長とレンズ・ガラス間の距離に依存するために起こる．

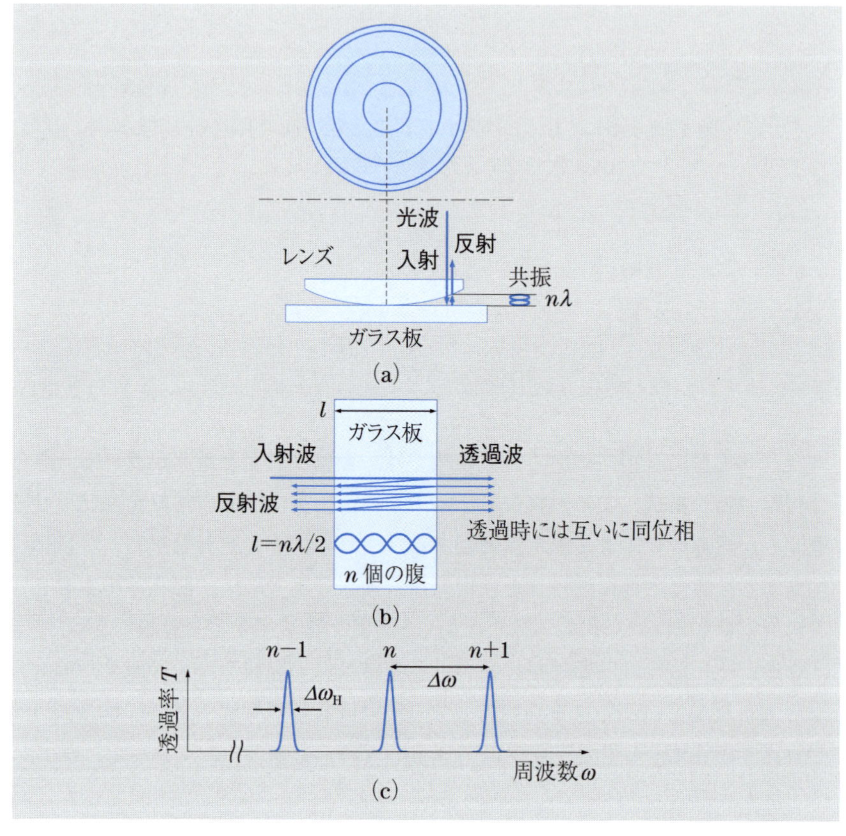

図12.9 (a) ニュートンリング，および (b) ファブリ・ペロ共振器と (c) その周波数に対する透過特性

図 12.9 (b) は，**ファブリ・ペロ共振器 (Fabry-Perot etalon)** とよばれ，光学実験でよく用いられる．ガラス板の中の多重反射により，図 12.9 (c) のような光の透過特性を持つ．ファブリ・ペロ共振器の共振の鋭さを表す尺度に，**フィネス (finesse)** $\mathcal{F}$ がある．その定義は次の通りである．

$$\mathcal{F} \equiv \frac{\Delta\omega}{\Delta\omega_{\mathrm{H}}} = Q\frac{\lambda}{2l} \tag{12.26}$$

共振器の損失が小さいほどフィネスは大きくなる．ファブリ・ペロ共振器は，光の周波数フィルタとして用いられる．フィネスが大きいほど急峻なフィルタである．フィネスの計測には，光周波数を掃引して透過光パワーを調べる．光周波数の掃引は，半導体レーザを利用すると比較的簡単に行うことができる．

例 5　ファブリ・ペロ共振器は簡単な光学系だが，さまざまな応用がある．ここでは，半導体レーザの光周波数の変調特性を計測することを考えよう．181 ページのコラムに述べたように，半導体レーザに注入する電流を変化させて，光の周波数変調（FM）を実現でき，光 FM 通信なども行える．たとえば波長 $\lambda = 0.7\,[\mu\mathrm{m}]$ の半導体レーザの場合，中心周波数は光速 $c = 3 \times 10^8\,[\mathrm{m/s}]$ によって $f_{\mathrm{c}} = c/\lambda \simeq 400\,[\mathrm{THz}]$ である．一方，注入電流に対する FM の偏移周波数は，数 [GHz/mA] 程度である．$f_{\mathrm{c}} = 400\,[\mathrm{THz}]$ に対して偏移が $\Delta f =$ 数 [GHz] 程度では，光の色の変化は肉眼では確認できない．変調がかかっているかどうか，ファブリ・ペロ共振器によって次のように確認できる．図 12.10 (a) のように，ファブリ・ペロ共振器の傾きを調節し，光が 50%程度透過するようにし，動作点を共振の肩にのせる（図 12.10 (b)）．簡単に $\mathcal{F} = 10$, $\Delta\omega = 30\,[\mathrm{GHz}]$ 程度になり，$\omega_{\mathrm{H}} = 3\,[\mathrm{GHz}]$ となるので十分に周波数変調を検出できる．　□

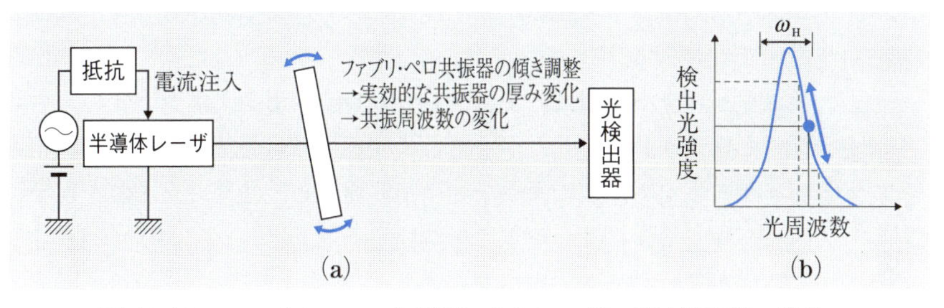

図 12.10　ファブリ・ペロ共振器によるレーザの周波数変調の検出

12.9 レ ー ザ

レーザ (laser) および**メーザ** (maser) とは，もともと次のように光波やマイクロ波の増幅を意味していた．

- **Laser** ：lightwave amplification by stimulated emission of radiation
- **Maser**：microwave amplification by stimulated emission of radiation

すなわち，光波（マイクロ波）放射の誘導放出による増幅，の意味である．しかし現在，レーザは光の発振器（光源）としてのレーザを指すことが多い．これは，増幅を行う媒質に共振器をつけてフィードバック（帰還）をかけることにより，光を発振させるものである．増幅機能と帰還によって発振を起こさせることは，電子回路の発振器と全く同じである．

図 12.11 (a) は，レーザの基本構造を示したものである．半導体レーザのレーザ媒質の電子は，電子波動の整合性によってとびとびのエネルギー準位を持っている．レーザ増幅は，それらのうちの発光に適した 2 つの準位間の電子の遷移によって得られる．そのため増幅利得は周波数に対して平坦ではないが，その周波数特性は鋭くはない（Q は低い）．この様子を，図 12.11 (b) に示す．一方，半導体の端面がきれいに整っていれば，空気との屈折率の相違を使って理想的な鏡を実現できる．この鏡面により帰還がかかる．これはファブリ・ペロ共振器そのものであって，周波数特性は図 12.11 (c) のようになる．したがって，実際の発振はこれらの周波数特性の積によって決まる利得が最も大きいところで，図 12.11 (d) のように起こる．

このため，レーザ光は細い周波数スペクトルを持ち，したがって位相雑音が少ない正弦波に近い発振が実現される．このきれいな正弦波によって，高性能な通信や計測が行われる．

一方，**発光ダイオード** (**LED**：**light emitting diode**) はレーザのうち共振構造を除いた構造を持つ．したがってその発振周波数帯域幅は広く，位相雑音が大きい光が発生する．このような光は干渉を起こしにくい．これを逆手にとり，**スペックル**（干渉による斑点状の空間的な輝度ピーク）が少ない利点を生かして，照明や表示の光源に用いられる．

例 6 典型的な半導体レーザチップの共振器の長さは，$l_x = 300\,[\mu\mathrm{m}]$ である．このとき，モード間隔は，半導体 GaAs の屈折率を $n = 3.5$ とすると

$$\Delta f = \frac{\Delta\omega}{2\pi} = \frac{\pi c}{2\pi l_x n} = \frac{c}{2l_x n} \simeq 140\,[\mathrm{GHz}]$$

となる．なお，発振波長はたとえば赤色レーザであれば $0.7\,[\mu\mathrm{m}]$ 程度であり，その周波数は 430 [THz] となる．共振器の中には

$$\frac{430\,[\mathrm{THz}]}{140\,[\mathrm{GHz}]} = 3.1 \times 10^3\,[個]$$

の定在波の腹がある． □

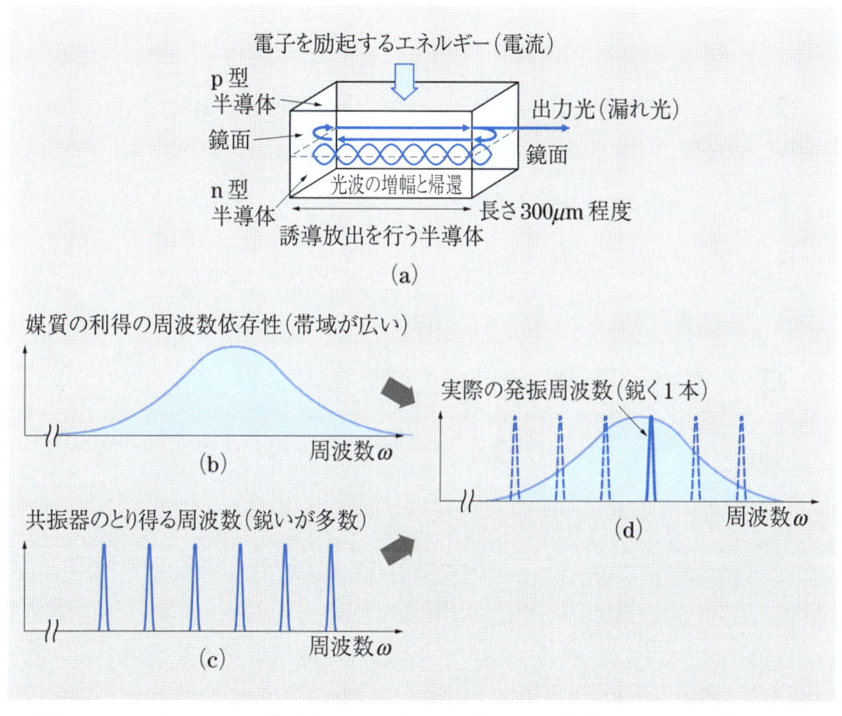

図 12.11 (a) レーザの構造と，(b) 電子のエネルギー準位で決まる Q 値の高くない増幅利得周波数特性，(c) Q 値が高いが多数あるレーザ半導体の形で決まる共振器の周波数特性，および (d) (b) と (c) の積で決まる実際の発振周波数特性（1 本のみ）

12章の問題

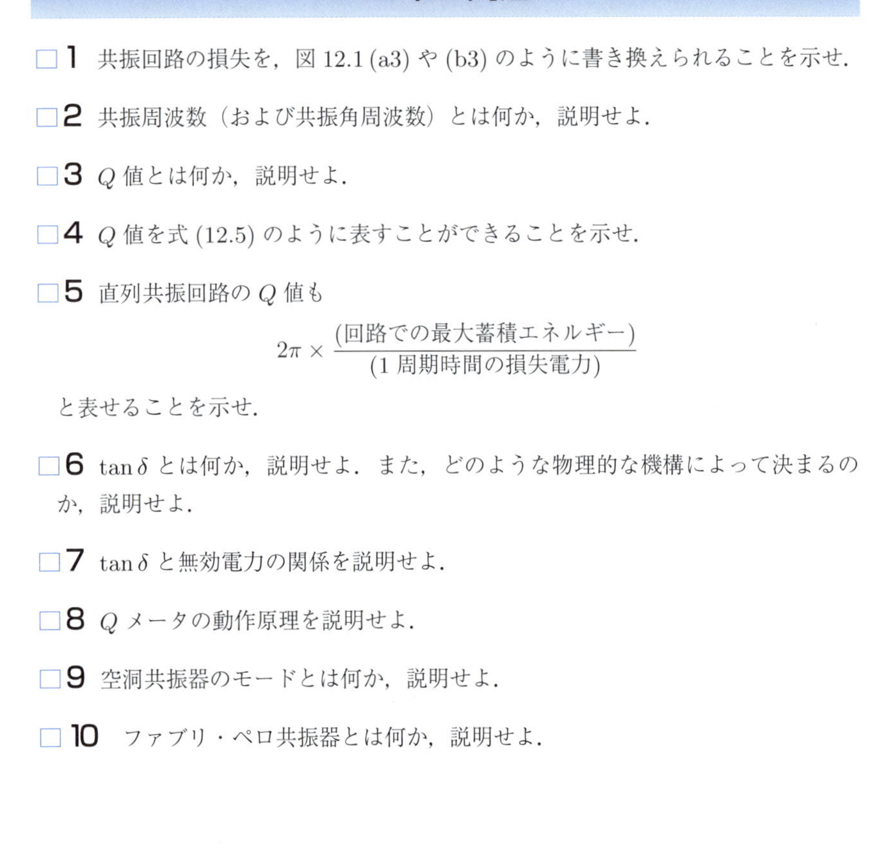

□**1** 共振回路の損失を，図 12.1 (a3) や (b3) のように書き換えられることを示せ.

□**2** 共振周波数（および共振角周波数）とは何か，説明せよ.

□**3** Q 値とは何か，説明せよ.

□**4** Q 値を式 (12.5) のように表すことができることを示せ.

□**5** 直列共振回路の Q 値も

$$2\pi \times \frac{(\text{回路での最大蓄積エネルギー})}{(1\ \text{周期時間の損失電力})}$$

と表せることを示せ.

□**6** $\tan\delta$ とは何か，説明せよ．また，どのような物理的な機構によって決まるのか，説明せよ.

□**7** $\tan\delta$ と無効電力の関係を説明せよ.

□**8** Q メータの動作原理を説明せよ.

□**9** 空洞共振器のモードとは何か，説明せよ.

□**10** ファブリ・ペロ共振器とは何か，説明せよ.

13 伝送線路とインピーダンスマッチング

信号の反射は計測結果に重大な影響を与える．光や電磁波の反射は，屈折率すなわちインピーダンスの変化によって生じる．このことは機器や計測器をつないでいるケーブルのインピーダンスにもあてはまる．ケーブル内や機器との接続点でインピーダンスに大きな相違があると，反射のために電圧や電流を正確に計測することができない．また機器間で信号やエネルギーを伝送することもできない．本章では，特に高周波で問題になるこのような課題を扱う．

13章で学ぶ概念・キーワード

- 分布定数回路，集中定数回路
- 特性インピーダンス
- 伝搬定数，減衰定数，位相定数
- インピーダンスマッチング（整合）
- 反射係数，定在波比
- スミスチャート
- 無反射終端，リアクタンス素子

13.1 分布定数回路

信号の周波数が高くなり波長が短くなると，信号を伝える伝送線路の上で電圧や電流が一様ではなくなり，場所に依存した電圧値や電流値を持つことになる．この場合には，伝送線路を部分部分に分けて，それぞれの場所の抵抗やコンダクタンスを考えることによって信号の伝送を議論しなければならない．すなわち，R や G, C, L などの電気的な性質が空間的に分布していると考える．このように取り扱われる回路を**分布定数回路** (**distributed element circuit**) とよぶ．これに対し，1本のケーブルや1つの電子部品をひとかたまりの素子として扱う場合，これを**集中定数回路** (**lumped element circuit**) とよぶ．

ある部品をどちらで扱うべきかは，問題とする周波数に依存する．ふつう，信号の波長が部品や回路の大きさに近いか，それよりも短い場合には，部品や回路を分布定数回路として扱う必要がある．

一般に精度の高い計測を行うためには，分布定数回路の考え方が不可欠である．また，パーソナルコンピュータの内部のハードディスクの接続や外部との通信ケーブルの接続を考える場合にも，分布定数回路の考え方によって反射が起こっていないか常に留意する必要がある．反射がある場合にはこれを抑圧しなければならない．

まず，どのような場合に反射が起こるのか，一般的に信号伝送はどう表されるのか，調べてみよう．最も簡単な分布定数回路は，図 13.1 (a) に示すような2本の導線によって信号を伝送する**伝送線路** (**transmission line**) である．その等価回路を図 13.1 (b) のように考える．単位長さあたりの直列インダクタンスを L [H/m]，直列抵抗を R [Ω/m] とする．ただし，往復2線の合計を考える．また，並列キャパシタンスを C [F/m]，並列コンダクタンスを G [S/m] とする．

キルヒホフの定理を考え，電圧 $v(t,z)$ と電流 $i(t,z)$ の関係式を作れば次のようになる．

$$\frac{\partial i}{\partial z} = -Gv - C\frac{\partial v}{\partial t} \tag{13.1}$$

$$\frac{\partial v}{\partial z} = -Ri - L\frac{\partial i}{\partial t} \tag{13.2}$$

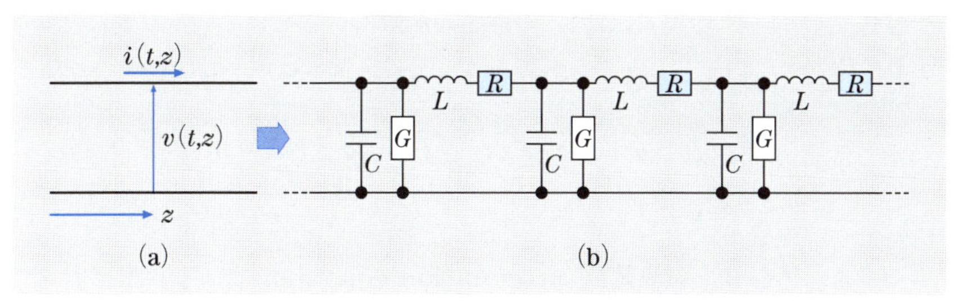

図 13.1　(a) 2 本の導線によって信号を伝送する伝送線路と
(b) その分布定数回路としての等価回路

そこで，$i(t,z)$, $v(t,z)$ のそれぞれが時間と空間の関数の積として表されると考え，時間的には $e^{j\omega t}$ であるとして，次のように解を仮定する．

$$i(t,z) = I(z)\, e^{j\omega t} \tag{13.3}$$

$$v(t,z) = V(z)\, e^{j\omega t} \tag{13.4}$$

これを式 (13.1) および式 (13.2) に代入すると，次が得られる．

$$i(t,z) = \left(I_1 e^{-\gamma z} + I_2 e^{\gamma z}\right)\, e^{j\omega t} \tag{13.5}$$

$$v(t,z) = \left(V_1 e^{-\gamma z} + V_2 e^{\gamma z}\right)\, e^{j\omega t} \tag{13.6}$$

ただし，γ（$\in$ 複素数）および $I(z)$ と $V(z)$ の関係は，次の通りである．

$$\left\{ \begin{array}{rcl} I_1(z) & = & V_1(z)/Z_0 \\ I_2(z) & = & -V_2(z)/Z_0 \end{array} \right. \tag{13.7}$$

$$\left\{ \begin{array}{rcl} \gamma & \equiv & \sqrt{YZ} \\ Z_0 & \equiv & \sqrt{Z/Y} \end{array} \right. \tag{13.8}$$

$$\left\{ \begin{array}{rcl} Z & \equiv & R + j\omega L \\ Y & \equiv & G + j\omega C \end{array} \right. \tag{13.9}$$

電流 I_1 と I_2 の向きは互いに逆であることに注意する．

Z_0 を**特性インピーダンス (characteristic impedance)**，γ を**伝搬定数 (propagation constant)** とよび，それらは直列インピーダンス Z と並列アドミタンス Y（の逆数）の幾何平均になっている．

特性インピーダンス Z_0 は，この線路が無限の長さ続いているときに外からこれをみたときのインピーダンスである．伝搬定数 γ は，一般に複素数となる．

$$\begin{aligned}\gamma &= \sqrt{YZ} = \sqrt{-\omega^2 LC + RG + j\omega(LG + RC)} \\ &\equiv \alpha + j\beta \end{aligned} \tag{13.10}$$

このとき，実部 α を**減衰定数** (**attenuation constant**) とよび，虚部 β を**位相定数** (**phase constant**) とよぶ．減衰定数は，波が単位長さ進むときに振幅が $e^{-\alpha}$ 倍になる（減衰する）ことを意味する．ただし，$R = 0$ かつ $G = 0$ のときには $\alpha = 0$ になり無損失である（式 (13.10) の平方根の中身が $-\omega^2 LC$ のみになる）．また位相定数は，単位長さ進むときに位相が β だけ回転することを意味する．β は波長 λ によって，$\beta = 2\pi/\lambda$ と表される．この α と β を使って解を書けば，次のようになる．

$$i(t,z) = \left(I_1 e^{-\gamma z} + I_2 e^{\gamma z}\right) e^{j\omega t} \tag{13.11}$$

$$= I_1 e^{-\alpha z + j(-\beta z + \omega t)} + I_2 e^{\alpha z + j(\beta z + \omega t)} \tag{13.12}$$

$$v(t,z) = \left(V_1 e^{-\gamma z} + V_2 e^{\gamma z}\right) e^{j\omega t} \tag{13.13}$$

$$= V_1 e^{-\alpha z + j(-\beta z + \omega t)} + V_2 e^{\alpha z + j(\beta z + \omega t)} \tag{13.14}$$

図 13.2 に示すように，$i(t,z)$ および $v(t,z)$ のそれぞれ第 1 項は z の正の方向へ減衰しながら進む波であり，第 2 項は負の方向に減衰しながら進む波である．

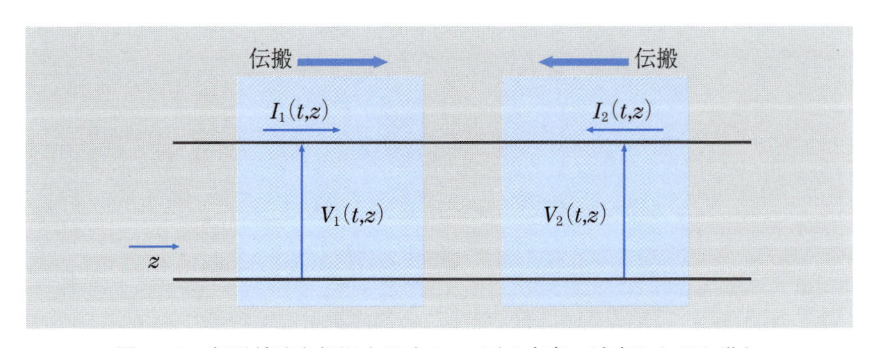

図 13.2　伝送線路を伝搬する波：z の正の方向へ減衰しながら進む波 1 と，負の方向に減衰しながら進む波 2

例 1　テレビや FM ラジオのアンテナ用の**平形平衡フィーダコード** (**balanced feeder**) は，図 13.3 (a) に示すような断面構造を持つ．このときの特性インピーダンス Z_0 を求めてみよう．抵抗成分 R とコンダクタンス成分 G は十分小さく，$Z_0 = \sqrt{L/C}$ としてよい．このとき電磁気学によれば，単位長さあたりインダクタンス L [H/m] として次を得る．

$$L = \frac{\mu_0}{\pi} \cosh^{-1} \frac{d}{2a} \tag{13.15}$$

また，単位長さあたりキャパシタンス C [F/m] は，次になる†．

$$C = \frac{\pi \varepsilon}{\cosh^{-1} \dfrac{d}{2a}} \tag{13.16}$$

したがって，特性インピーダンスが次のように得られる．

$$\begin{aligned} Z_0 = \sqrt{\frac{L}{C}} &= \sqrt{\frac{\mu_0}{\pi} \cosh^{-1} \frac{d}{2a} \; \frac{1}{\pi\varepsilon} \cosh^{-1} \frac{d}{2a}} \\ &= \frac{1}{\pi} \sqrt{\frac{\mu_0}{\varepsilon_0}} \frac{1}{\sqrt{\varepsilon_r}} \cosh^{-1} \frac{d}{2a} \end{aligned} \tag{13.17}$$

ここで，$\sqrt{\mu_0/\varepsilon_0} = 377$ [Ω] は**真空のインピーダンス**とよばれ，よく $\sqrt{\mu_0/\varepsilon_0} \simeq 120\pi$ [Ω] と近似する．また，ε_r は比誘電率であり，ポリエチレンでは $\varepsilon_r = 2.3$ である．ここでは 2 本の導体の間には間隔を保つための薄いポリエチレンの支持膜があるが，典型的な形状の場合，計算によれば導体の絶縁皮膜も含めてこれは等価的に領域全体に $\sqrt{1/\varepsilon_r} \simeq 0.84$ であるとする近似が可能である．すると，次を得る．

$$Z_0 \simeq 120 \times 0.84 \times \cosh^{-1} \frac{d}{2a} \tag{13.18}$$

通常，$d = 10$ [mm] 程度，$a = 0.5$ [mm] であり

$$Z_0 \simeq 120 \times 0.84 \times \cosh^{-1} \left(\frac{10}{2 \times 0.5} \right) = 300 \text{ [Ω]}$$

□

†)　近似のしかたによっては $\cosh^{-1}(d/2a)$ のかわりに，$\ln(d/a)$ とすることもある．

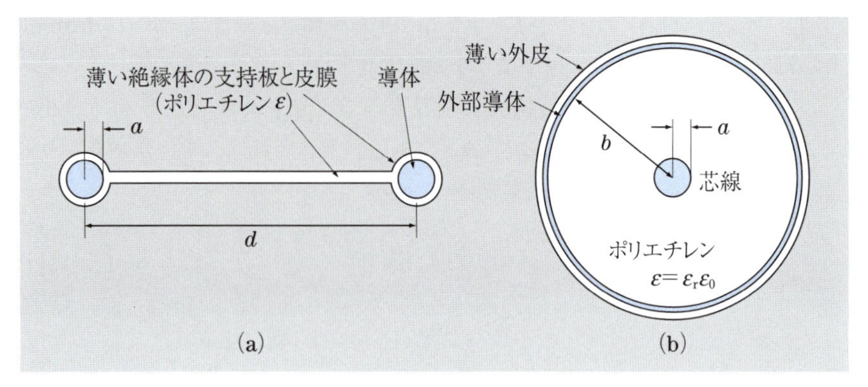

図 13.3　(a) 平形フィーダコードと (b) 同軸ケーブルの構造を表す断面図

例 2　同様にテレビや FM ラジオのアンテナ用によく使われる 3C–2V という名前の**同軸ケーブル** (**coaxial cable**) がある．その断面を図 13.3 (b) に示す．同軸ケーブルとは，内部導体と外部導体の対称軸位置が一致しているケーブルである．3C–2V の場合，その特性インピーダンスは次のように計算されて約 75 [Ω] となる．この場合も $R=0$, $G=0$ と考えて $Z_0=\sqrt{L/C}$ である．L [H/m] と C [F/m] はそれぞれ次のように計算される．

$$L = \frac{\mu_0}{2\pi}\ln\frac{b}{a} \tag{13.19}$$

$$C = \frac{2\pi\varepsilon}{\ln(b/a)} \tag{13.20}$$

したがって，$\sqrt{\mu_0/\varepsilon_0} \simeq 120\pi$ の近似を使えば，次を得る．

$$\begin{aligned} Z_0 &= \sqrt{\frac{L}{C}} = \sqrt{\frac{\mu_0}{2\pi}\ln\frac{b}{a}\ \frac{1}{2\pi\varepsilon}\ln\frac{b}{a}} \\ &= \frac{60}{\sqrt{\varepsilon_\mathrm{r}}}\ln\frac{b}{a} \end{aligned} \tag{13.21}$$

3C–2V では，芯線径は $2a=0.5$ [mm]，外部導体径は $2b=3.1$ [mm]，ポリエチレンの比誘電率は $\varepsilon_\mathrm{r}=2.3$ である．したがって，そのインピーダンスは

$$Z_0 = \frac{60}{\sqrt{2.3}}\times\ln\left(\frac{3.1}{0.5}\right) = 73\,[\Omega]$$

と計算される．　□

例 3　一般に計測では，テレビのアンテナケーブルなどと異なり，50 [Ω] の特性インピーダンスを持つ同軸ケーブルを用いる．たとえば 3D–2V という名前の同軸ケーブルである．構造は**例 2**と同じで図 13.3 (b) に示される．ただし芯線の径が異なり $2a = 0.9\,[\mathrm{mm}]$ である．その他の定数は 3C–2V と同じで，$2b = 3.1\,[\mathrm{mm}]$, $\varepsilon_{\mathrm{r}} = 2.3$ である．したがって，そのインピーダンスは

$$
\begin{aligned}
Z_0 &= \frac{60}{\sqrt{2.3}} \times \ln\left(\frac{3.1}{0.9}\right) \\
&= 49\,[\Omega]
\end{aligned}
$$

と計算される．ケーブルの外観は 3C–2V と同じでまぎらわしく，注意が必要である．だいたい外皮にケーブル名が印刷してある．　□

通常，計測用の同軸ケーブルは 50 [Ω] の特性インピーダンスを持ち，また高周波計測器の入力インピーダンスも 50 [Ω] に統一されている．ただし，電圧計（電子電圧計）では，計測回路に電圧降下の擾乱を与えないために入力インピーダンスが高くしてある．また低い周波数用のオシロスコープでも，同様の理由で FET 入力の高インピーダンス入力（1 [MΩ] 以上）と 50 [Ω] のそれとを切り替えられるようになっているものもある．高インピーダンス入力しかないが反射が気になる場合には，接続端子に 50 [Ω] の**ターミネーション**（**termination**：**終端器**）を介在させて反射をなくす．

また，**例 1**および**例 2**で計算したように，テレビのアンテナでは同軸ケーブルで 75 [Ω]（したがってテレビ用ケーブルは，計測には使えない），平形平衡フィーダコードで 300 [Ω] である．そのほかには，イーサネットの 100BaseTX などは 100 [Ω] のものが多い．これらの例を，付録 F の表 F.1 に示す．

13.2 反射とインピーダンスマッチング

伝送線路の伝搬定数に空間変化があると，反射が起こる．これは屈折率変化による光の反射や，水深の変化による水面波の反射と同じである．図13.4に示すような領域Aと領域Bの境界を考える．

まず時間項 $e^{j\omega t}$ を除いておく．そして，不連続点 $z=0$ での入射電圧を V，入射電流を I とする．また，反射波を V', I'，透過波を V'', I'' とする．このとき，不連続点における反射の様子を調べよう．電流や電圧の向きを考えると，反射点では次の関係が成り立つ．

$$\begin{cases} I = I' + I'' \\ V + V' = V'' \end{cases} \tag{13.22}$$

また，特性インピーダンスの関係は次のようになっている．

$$\begin{aligned} Z_0'' &= \frac{V''}{I''} = \frac{V+V'}{I-I'} \\ &= \frac{V}{I}\frac{1+V'/V}{1-I'/I} = Z_0\frac{1+s_0}{1-s_0} \end{aligned} \tag{13.23}$$

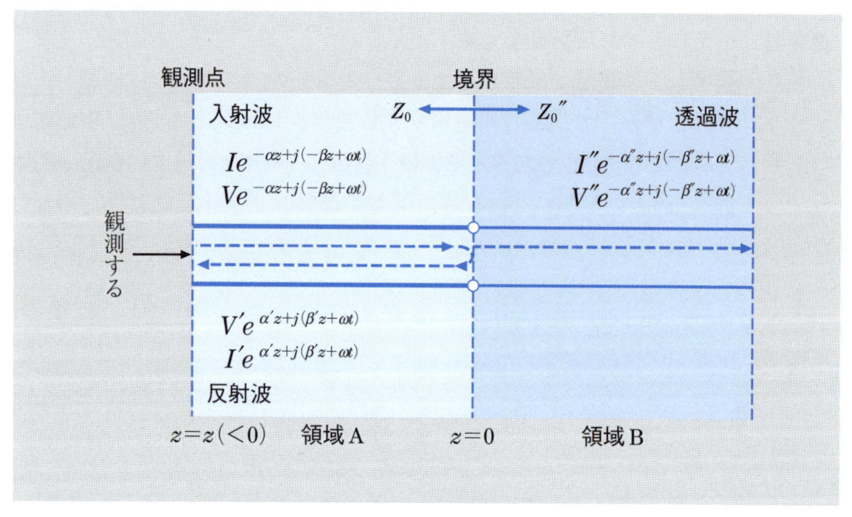

図13.4 伝送線路の途中 $z=0$ で伝搬定数に変化がある場合の波動の伝搬

ただし，境界点における**反射係数 (reflection coefficient)** s_0 を，次式のように定義した．反射係数 s_0 は一般に複素数である．

$$s_0 \equiv \frac{V'}{V} \left(= \frac{I'}{I} \right) \tag{13.24}$$

したがって，次の式を得る．

$$s_0 = \frac{Z_0'' - Z_0}{Z_0'' + Z_0} = \frac{Z_0''/Z_0 - 1}{Z_0''/Z_0 + 1} \tag{13.25}$$

その結果，反射について次の 3 つのことがわかる．

(1) $Z_0'' = 0$ （**短絡，ショート (short)**）では

$$s_0 = -1$$

となり，電圧の固定端の反射が起こる．またそれは電流の自由端の反射である．

(2) $Z_0'' = Z_0$ （**整合 (matching, matched)**）では

$$s_0 = 0$$

となり，反射が起こらない．

(3) $Z_0'' = \infty$ （**開放，オープン (open)**）では

$$s_0 = 1$$

となり，電圧の自由端の反射が起こる．またそれは電流の固定端の反射である．

すなわち，領域 A から領域 B に反射なく信号やエネルギーを伝達するには，$Z_0'' = Z_0$ である必要がある．このように $Z_0'' = Z_0$ とすることを，**インピーダンスマッチング**をとる（**インピーダンス整合**をとる (**impedance matching**)）という．これは伝送線路の最も基本的な考え方である．インピーダンスマッチングがとれていないときには，不要な反射が起こり，信号は正しく伝送されない．

なお，式 (13.24) による反射係数は，正確には**電圧反射係数** (**voltage reflection coefficient**) とよぶべきものである．**電流反射係数** (**current reflection coefficient**) も定義でき，電流の向きを考えて

$$
\begin{aligned}
s_{I0} &\equiv \frac{-I'}{I} \\
&= -s_0
\end{aligned}
$$

である．その相違が，上の説明の自由端と固定端の相補性に表れている．

次に，観測点 z から境界方向をみた場合の反射係数 $s(z)$ を考えよう．これには，観測点から境界までの伝搬と，反射波の境界から観測点までの伝搬を考え合わせればよい．

$$
\begin{aligned}
s(z) &= \frac{V'(z)}{V(z)} \\
&= \frac{V'(0)e^{\gamma z}}{V(0)e^{-\gamma z}} \\
&= \frac{V'}{V}e^{2\gamma z} \\
&\left(= \frac{I'}{I}e^{2\gamma z}\right) = s_0 e^{2\gamma z}
\end{aligned}
\qquad (13.26)
$$

「行って帰ってくる」ため，減衰と位相回転は片道の 2 倍の $2\gamma z$ になる．実際のケーブルや回路では，観測点から反射点までいくらかの距離があることが多い．あるいは反射の位置を推定する必要があることもある．その場合には，式 (13.26) によって反射を考えることになる．

13.3　スミスチャート

このように波動の反射と伝搬は，主に次の2つの要素によって表されることがわかった．

(1)　反射係数 s_0 がインピーダンス比の複素変換で決まること（式 (13.25) の変換）．
(2)　波動の伝搬によって位相の回転と振幅の減衰があること（式 (13.26) の $e^{2\gamma z}$）．

これらのうち，前者の式 (13.25) の変換は，複素平面 Z_0''/Z_0 全体を単位円の中に射影する変換である．たとえば，図 13.5 (a) のように伝送線路（特性インピーダンス Z_0）と $z=0$ にある負荷（インピーダンス $Z_{L0}=Z_L(z=0)$）の回路がある場合，点 $z=0$ での反射の様子は Z_0 と Z_{L0} によって決まり，その反射係数 $s_L(0)$ は次のように表される．

$$s_L(0)=\frac{Z_L(0)-Z_0}{Z_L(0)+Z_0}=\frac{Z_{L0}/Z_0-1}{Z_{L0}/Z_0+1}\equiv\frac{\widetilde{Z}_{L0}-1}{\widetilde{Z}_{L0}+1} \tag{13.27}$$

ただし，$\widetilde{Z}_{L0}$ は Z_0 で正規化された負荷インピーダンスである．これを $r+jx$ と書くことにする．

$$\widetilde{Z}_{L0}\equiv\frac{Z_{L0}}{Z_0}\equiv r+jx \tag{13.28}$$

また，式 (13.27) を $\widetilde{Z}_{L0}$ を陽に書けば次のようになる．

$$\widetilde{Z}_{L0}=\frac{1+s_L(0)}{1-s_L(0)} \tag{13.29}$$

図 13.5 (b) は，これらの関係を図示したものであり，**スミスチャート (Smith chart)** とよばれる．これを用いると，$\widetilde{Z}_{L0}$ と $s_L(0)$ の対応付けや，反射点を z の位置からみたインピーダンスなどを感覚的に容易に求めることができる．ネットワークアナライザはスミスチャートを表示する機能も有する場合がある．

反射率の絶対値の値域は $0\leqq|s|\leqq 1$ であり，一方，正規化インピーダンスの絶対値の値域は $0\leqq|\widetilde{Z}|\leqq\infty$ である．スミスチャートの内部の r および jx が正規化された負荷インピーダンスの座標であり，そこに $\widetilde{Z}_{L0}=Z_{L0}/Z_0$ の点を

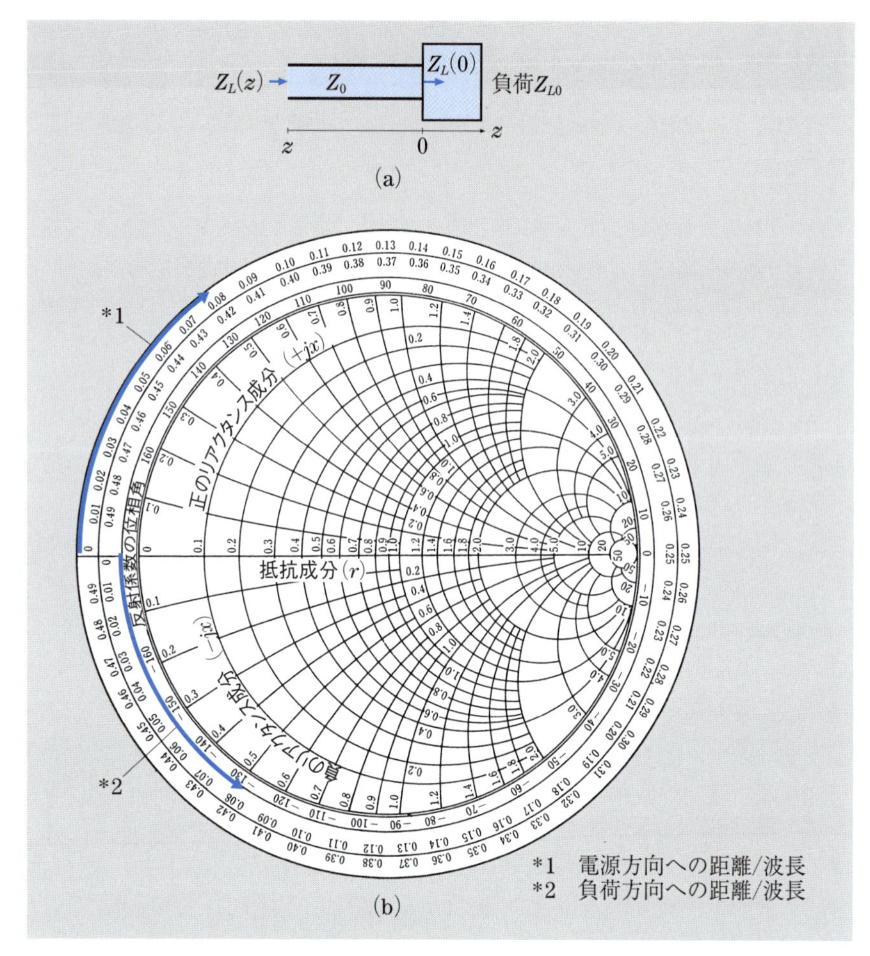

図 13.5 (a) 負荷のある伝送線路と (b) スミスチャート（図 (b) は電子情報通信ハンドブック（電子情報通信学会編，オーム社，1988）より改変）

打つ．これを図表の中心 $(1, j0)$ を回転の中心として時計回り ($*1$ の方向) に回せば左方向に観測点が移動したときにみえるインピーダンスになる．なぜならば，この平面が複素反射係数平面 $s(z)$（図 13.7 (b)）と同一だからである．このような操作は，次節以降で詳しくみる．

13.4 定在波比

反射が存在すると，進行波と反射波によって定在波が生じる．定在波がどの程度強く生じているかを示す指標が，**定在波比** (**voltage standing-wave ratio**: **VSWR**) である．ふつうアンテナ回路などの高周波回路には，反射が小さく定在波比が十分に小さい（1 に近い）ことが要求される．

線路の減衰が無視できる場合を考える．伝送線路上に図 13.6 (a) に示すような電圧振動の腹と節が生じている．定在波比 ρ は実数として，腹の振幅 $A_{\max}$ と節の振幅 $A_{\min}$ によって，次のように定義される．

$$\rho \equiv \frac{A_{\max}}{A_{\min}} = \frac{|V| + |V'|}{|V| - |V'|} \tag{13.30}$$

すなわち，定在波比 ρ は反射がない場合に 1 をとり，反射が強くなるにつれて大きくなる．また，定在波比と反射係数とは次の関係を持つことがわかる（章末問題 6 参照）．

$$|s| = \left| \frac{\rho - 1}{\rho + 1} \right| \tag{13.31}$$

また，入射波と反射波の関係を図 13.6 (b) にベクトル図として示す．

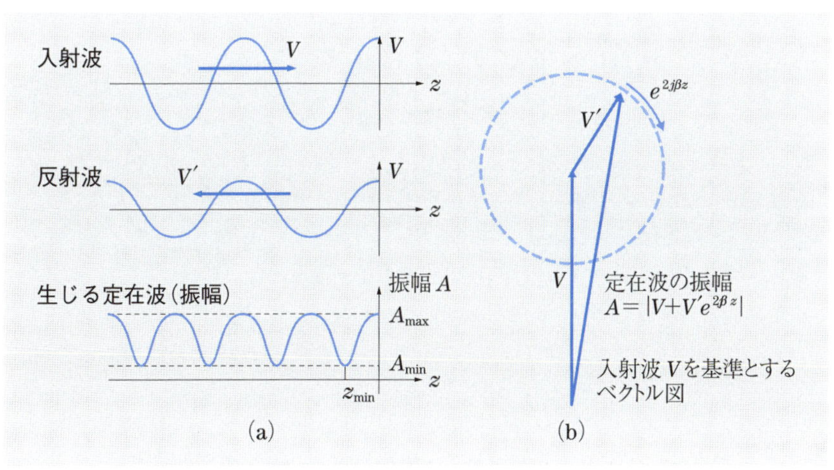

図 13.6 (a) 定在波の発生状況と (b) 対応するベクトル図

定在波の腹の位置では，入射波と反射波の位相が一致して（$\arg(V') = \arg(V)$）振幅が足し合わされる．したがって，その点で負荷側を見たときの（複素）反射係数

$$s(z) = \frac{V'(z)}{V(z)}$$

の位相は0であり，$s(z)$は実数になる．逆に定在波の節では，位相が180度ずれていて（$\arg(V') = \arg(V) + \pi$）振幅が引き算されている．したがって，反射係数の位相はπで$s(z)$はやはり実数になる．この様子を，図13.7に示す．腹でも節でもない点では，一般に反射波V'の位相と入射波Vの位相は中途半端にずれており，$s(z)$は複素数になる．観測位置をΔzだけ移動させると，それに応じて反射係数$s(z+\Delta z)$の位相は行き帰りで$2\beta\Delta z$変化する．これは式(13.26)の位相変化に対応する．

また，$z_{\min}$を図13.6(a)に示すように反射点に最も近い定在波の節の位置とすると，βを位相定数として，反射係数$s(0)$との間に次の関係が成り立つ（章末問題6参照）．

$$\arg(s(0)) = 2\beta z_{\min} + \pi \tag{13.32}$$

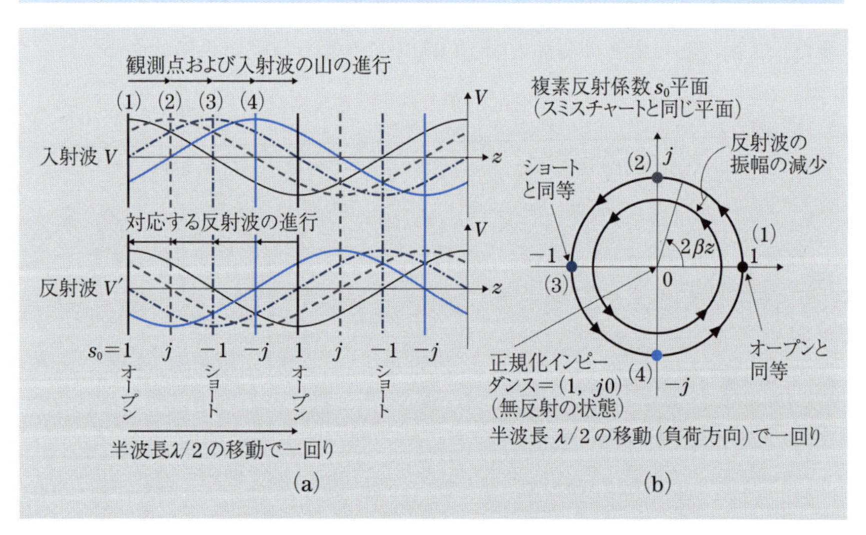

図13.7　(a) 観測点の移動（本質的ではないが理解しやすいように波の山も移動させた）と (b) 複素反射係数$s(z)$の回転（例として負荷が開放の場合）

13.5　線路定数の計測

一般的なケーブルを使用する場合には，その特性インピーダンスなどの諸特性は規格表を参照すれば足りることも多い．しかし，特に高周波の信号を扱うときで，プリント基板の配線をストリップラインと考え分布定数回路として扱う場合や特殊なケーブルを使用する場合には，その特性を計測する必要が生じる．

13.5.1　特性インピーダンスと伝搬定数の計測

図 13.8 に示すように，特性インピーダンス Z_0 と伝搬定数 γ は，計測の他端を短絡および開放にして次のように求めることができる．まず，観測端からみたインピーダンスは一般に次のように表される．

$$\begin{aligned} Z(-l) &= \frac{V(-l)+V'(-l)}{I(-l)-I'(-l)} \\ &= \frac{V(0)e^{\gamma l}+V'(0)e^{-\gamma l}}{I(0)e^{\gamma l}-I'(0)e^{-\gamma l}} \\ &= \frac{V(0)}{I(0)}\cdot\frac{e^{\gamma l}+s_0e^{-\gamma l}}{e^{\gamma l}-s_0e^{-\gamma l}} \end{aligned} \tag{13.33}$$

したがって，短絡時（$s_0=-1$）に計測されるインピーダンス Z_{short} と開放時（$s_0=1$）のそれ Z_{open} は Z_0 と次の関係にある．

$$Z_{\mathrm{short}} = Z_0\frac{e^{\gamma l}-e^{-\gamma l}}{e^{\gamma l}+e^{-\gamma l}} = Z_0\tanh\gamma l \tag{13.34}$$

$$Z_{\mathrm{open}} = Z_0\frac{e^{\gamma l}+e^{-\gamma l}}{e^{\gamma l}-e^{-\gamma l}} = Z_0\coth\gamma l \tag{13.35}$$

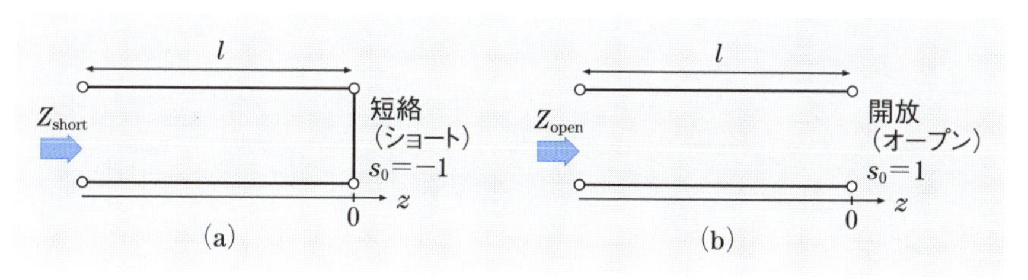

図 13.8　線路定数の計測：他端を (a) 短絡する場合と (b) 開放する場合

その結果，Z_0 と γ は分離できて，次の結果を得る．

$$Z_0 = \sqrt{Z_{\text{short}} Z_{\text{open}}} \tag{13.36}$$

$$\tanh \gamma l = \sqrt{\frac{Z_{\text{short}}}{Z_{\text{open}}}} \tag{13.37}$$

ここでも幾何平均になる．

また，同軸ケーブルを簡易に計測する場合には，波長に比べて十分に短い長さのケーブルを切り取って，単位長さあたりの L, C, R, G を集中定数として計測して求める方法も考えられる．

13.5.2　定在波比の計測とそれによる負荷インピーダンスの計測

定在波比から反射係数を求めることができ，そして負荷インピーダンス Z_{L0} を求めることもできる．計測は，ケーブルや導波管などの伝送線路になるべく擾乱を与えないように行う必要がある．特に，高周波回路では深くプローブ（探針）を侵入させると電磁界が乱されて，計測値が影響を受ける．定在波比の計測は，電圧の絶対値ではなく相対値（最大と最小の比）の計測ですむため，プローブを深く刺し入れる必要がなくて優れている．

図13.9に同軸線路の場合のプローブ挿入の様子を示す．導波管の場合にも必要に応じて細い溝や微細な穴を切って同様に計測することになる．プローブは整流ダイオードを含み，**包絡線検波**（整流により交流振幅を検出する検波方式）により直流電圧出力として計測する．プローブを移動して電圧が最大値と最小

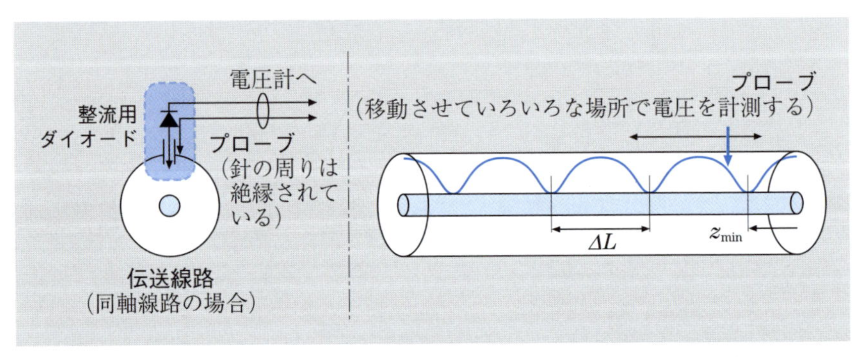

図13.9　定在波比計測のためのプローブの挿入（同軸線路の場合）

値をとる位置を求める．また，それらの電圧の比を求めて定在波比を得る．ダイオードは非線形性を有するので，必要に応じて補正を行う．

位相定数 β は，定在波の節の間の距離 $\varDelta L$ から次のように求まる．

$$\beta = \frac{2\pi}{2\varDelta L} = \frac{\pi}{\varDelta L} \tag{13.38}$$

一方，定在波比から負荷インピーダンスを求める場合には，次の例のように負荷からはじめての節までの距離 z_{min} を利用する．

例 4　図 13.10 に示すように定在波比を計測する．たとえば，定在波比が $\rho = 4.0$ で，また $z_{\mathrm{min}} = -\lambda/4$ であったとする．これらの値から，点 z_{min} での反射係数 $s_L(z_{\mathrm{min}})$ を求め，そして式 (13.29) の複素変換により $\widetilde{Z}_L(z_{\mathrm{min}})$ を求め，これから負荷の正規化インピーダンス $\widetilde{Z}_L(0)$ を求める．

まず，定在波比から z_{min} での反射係数を求める．

$$|s_L(z_{\mathrm{min}})| = \left|\frac{\rho - 1}{\rho + 1}\right| = 0.6 \tag{13.39}$$

そして，z_{min} では入射波と反射波が打ち消し合って節を作っており，ここでは位相が互いに π ずれている．すなわち，$s_L(z_{\mathrm{min}})$ の位相は π であって，結局 $s_L(z_{\mathrm{min}})$ は負の実数である．

$$s_L(z_{\mathrm{min}}) = -0.6 \tag{13.40}$$

また，式 (13.29) から次の関係がある．

$$\begin{aligned} \widetilde{Z}_L(z_{\mathrm{min}}) &= \frac{1 + s_L(z_{\mathrm{min}})}{1 - s_L(z_{\mathrm{min}})} = \frac{1 - 0.6}{1 + 0.6} \\ &= 0.25 = 0.25 + j0 \end{aligned} \tag{13.41}$$

これが z_{min} 地点から負荷方向をみた（正規化）インピーダンスである．これを，図 13.10 (b) に示すように $\lambda/4$（$= \pi/2$）目盛りだけ負荷方向に移動させれば（すなわちスミスチャートと同等である複素反射係数平面図（図 13.7 (b)）の角度にして $2\beta z_{\mathrm{min}} = 2 \times \pi/2 = \pi$），$z = 0$ における（正規化）負荷インピーダンスが求められる．移動先の読みは $3.7 + j0$ である．したがって，たとえば

$Z_0 = 50\,[\Omega]$ であれば，実際の負荷インピーダンス Z_L は

$$
\begin{aligned}
Z_L &= (3.7 + j0) \times 50 \\
&= 185\,[\Omega] \quad \text{（抵抗成分のみ）}
\end{aligned}
\tag{13.42}
$$

のように求まる．□

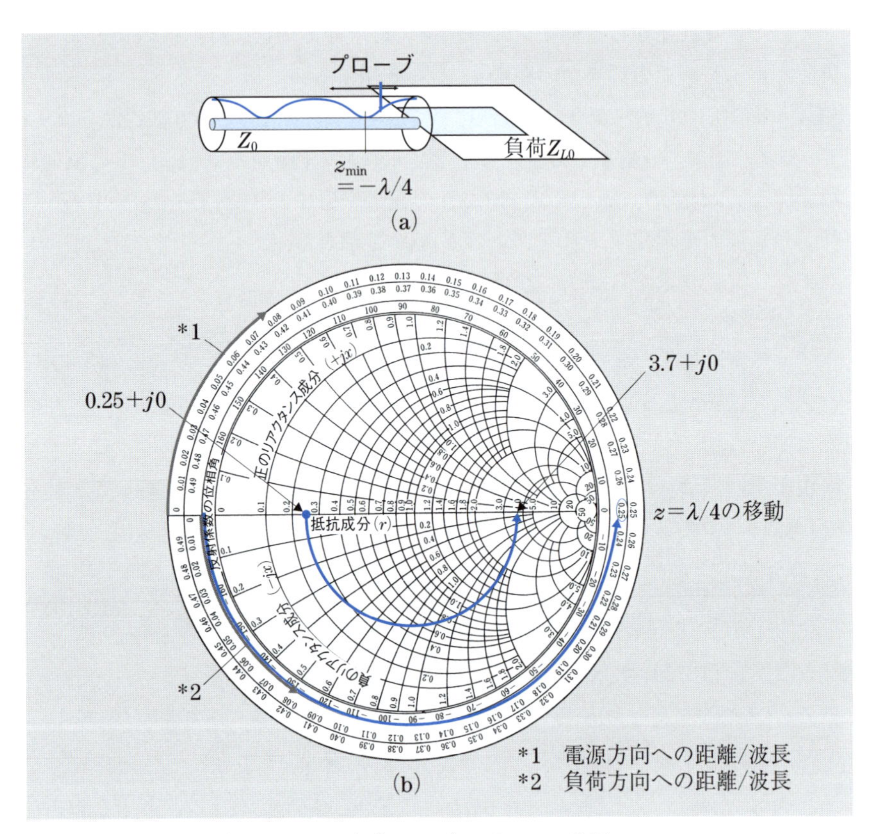

図 13.10　定在波比による負荷インピーダンスの計測
(図 (b) は電子情報通信ハンドブック（電子情報通信学会編，オーム社，1988）より改変)

13.6 リアクタンス素子・抵抗素子

計測を行うときや，伝送線路による回路を実現してゆくときに，抵抗やインダクタンス，キャパシタンスに相当する素子が必要になることがある．分布定数線路でこれらを実現するには，図 13.11 のような構造による．

図 13.11 (a) や (b) のように長さ l の伝送路の端を金属で短絡または開放すると，損失が無視できるとき，入力端からみたインピーダンスは式 (13.34) および式 (13.35) から次のように表される．

$$\begin{aligned} Z_{\mathrm{short}}(-l) &= Z_0 \tanh(\gamma l) \\ &= Z_0 \tanh(j\beta l) \\ &= jZ_0 \tan(\beta l) \end{aligned} \tag{13.43}$$

$$\begin{aligned} Z_{\mathrm{open}}(-l) &= Z_0 \coth(\gamma l) \\ &= Z_0 \coth(j\beta l) \\ &= -jZ_0 \cot(\beta l) \end{aligned} \tag{13.44}$$

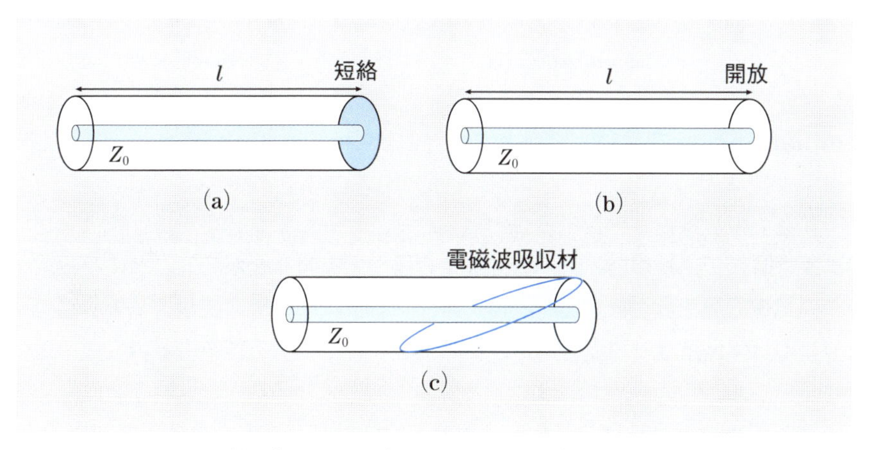

図 13.11　同軸型伝送路の場合のリアクタンス素子の (a) ショートスタブ，(b) オープンスタブと，(c) インピーダンス マッチングしている抵抗素子である無反射終端

これらは回路中で枝木のように使われることがあり，それぞれ**ショートスタブ (short stub)**，**オープンスタブ (open stub)** とよばれる．無損失線路では

$$Z_0 = \sqrt{\frac{Z}{Y}} = \sqrt{\frac{L}{C}}$$

であり，Z_0 は実数になる．したがって式 (13.43) は純虚数となり，l を調節することにより所望のリアクタンスを得ることができる．$\tan(\beta l)$ や $-\cot(\beta l)$ が正であればインダクタンス，負であればキャパシタンスになる．

ただし，位相定数 β は周波数に依存するので，そのリアクタンス値は周波数依存性を持ち，$j\omega L(\omega)$ または $j\omega C(\omega)$ と考えなければならない．したがって，このような素子は高周波回路で高いキャリア周波数に対して変調がわずかであるような場合（スペクトル広がりが小さい場合）や，複数の周波数成分を持つがこれらがある周波数の整数倍であるような場合（基本波と高調波の場合など）に有効である．たとえば，高速ディジタル同期回路でクロックによる雑音（固定基本周波数+その高調波）を逃すためのキャパシタとして利用できる場合もある．

一方，Z_0 に等しい抵抗素子は図 13.11 (c) のように，ゴム・カーボンやゴム・フェライトといった電磁波吸収材をテーパ（傾斜）をつけて導波路に埋め込むことにより反射をなくして実現する．すなわち，**無反射終端 (reflection-free termination)** は，Z_0 で終端されたことと同じである．単に**終端 (termination)** ともよばれる．

任意の値の抵抗を作製することは難しく，どうしても必要な場合には，リアクタンス素子，無反射抵抗，方向性結合器などを組み合わせることになる．また，比較的周波数が低い場合には，チップ抵抗などの集中定数素子を線路の端点につけて済ませることもある．その場合にはその抵抗値を所望のものに選べばよい．

計測器の校正用にはこれらを高い精度で作製し，基準素子として利用する．ネットワークアナライザなどの計測器の校正用部品として，ショートやオープン，ターミネーションなどが準備されている．

電磁波の静寂

電磁波は有用であるとともに，場合によっては雑音にもなる．近年，いわゆる**電磁両立性** (electromagnetic compatibility：EMC) の意識が高まっている．これは，迷惑な雑音を取り除いたり，生体への影響を評価したりして，人間社会や自然との摩擦を少なくすることを指す．重要な概念である．

電波暗室は，電気機器が発生する電磁波を計測するための部屋である．ふつう単に暗室といえば，銀塩写真の焼付けや光学実験のための暗い，光の反射も少ない部屋を指すが，それの電磁波版である．電波暗室は電磁波を通しにくい金属材料でできており，その内部に四角錐のとげとげの電磁波吸収体をまんべんなく貼りつけてある．四方八方に無反射終端がある状態になっている．床にはとげの上を歩かなくてすむように，網などを張ることが多い．

音波でも無響室とよばれるものがある．同様の形の吸音材（スポンジ様のもの）が使われることもある．音声関係の実験室で見る（聞く）ことができる．実際にこの中に入ると，意外なことに何ともいえない不思議な少しいやな感覚に襲われ，不安になる．そして，いかに日常が（音の）雑音に満ちているかに驚く．静寂が持つわずかの雑音が心地良い，ということに気づく．

もし，人間が電磁波を直接聞くことができる耳を持っていたら，電波暗室の中はどんなだろうか．また，電波にあふれた現代はどう聞こえるだろう．

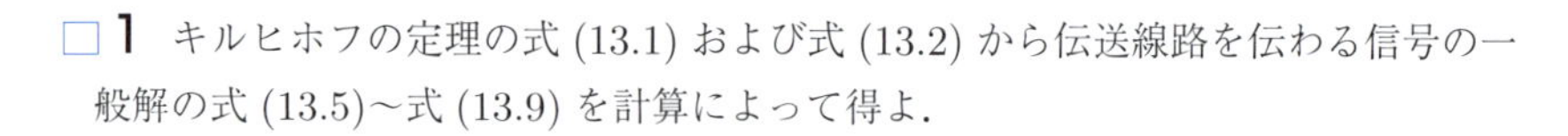

13章の問題

□**1** キルヒホフの定理の式 (13.1) および式 (13.2) から伝送線路を伝わる信号の一般解の式 (13.5)〜式 (13.9) を計算によって得よ．

□**2** 特性インピーダンス，伝搬定数，減衰定数，位相定数とはそれぞれ何か，説明せよ．

□**3** 伝送線路の抵抗成分 R とコンダクタンス成分 G が無視できるとき，特性インピーダンスは単位長さあたりのインダクタンス $L\,[\mathrm{H/m}]$ とキャパシタンス $C\,[\mathrm{F/m}]$ によって $Z_0 = \sqrt{L/C}\,[\Omega]$ と表される．単位が $[\Omega]$ になることを示せ．

□**4** 反射はなぜ起こるのか説明せよ．

□**5** 反射を考える図 13.4 において，反射係数の式 (13.24) に対して透過係数も定義できるだろう．どのように定義されるべきか．また，反射係数との関係を述べよ．さらに，透過する電力の s_0 への依存性についても考察せよ．

□**6** 反射係数と定在波比の関係式 (13.31) と式 (13.32) を確めよ．

□**7** 図 13.10 において，定在波比 $\rho = 4$，節の位置 $z_{\min} = -\lambda/8$ であるとした場合の Z_L を求めよ．

□**8** 図 13.11 (a) や (b) のリアクタンス素子は，なぜその値が信号周波数に依存するのか，説明せよ．

付　　録

A　不偏分散の推定式 (2.7)

標本を取り出すという事象に $i = 1, 2, 3, \ldots$ という番号をふる．そのような事象を複数回行うというまとまった事象に $I = 1, 2, 3, \ldots, N$ という番号をふる．そして，それぞれの事象 I について標本分散 S_I^2 を考え，さらにそれらの分散を考えることにする．この値を求めると，標本分散 S_I^2 と母分散 σ^2 の関係を次のように得ることができる．

各標本分散 S_I^2 は，次のように書くことができる．

$$
\begin{aligned}
S_I^2 &\equiv \frac{1}{n}\sum_i (x_{Ii} - \overline{x}_I)^2 \\
&= \frac{1}{n}\sum_i \left(x_{Ii}^2 - 2x_{Ii}\overline{x}_I + (\overline{x}_I)^2\right) \\
&= \frac{1}{n}\left(\sum_i x_{Ii}^2 - 2n(\overline{x}_I)^2 + n(\overline{x}_I)^2\right) \\
&= E(x_{Ii}^2) - (\overline{x}_I)^2 \qquad \text{(A.1)}
\end{aligned}
$$

ただし，$E(\cdot)$ は期待値と表す．そして，$(\overline{x}_I)^2$ は，次の値である．

$$
\begin{aligned}
(\overline{x}_I)^2 &\equiv \left(\frac{1}{n}\sum_i x_{Ii}\right)^2 \\
&= \frac{1}{n}\left(\frac{1}{n}\sum_i x_{Ii}^2 + \frac{1}{n}\sum_{i\neq j} x_{Ii}x_{Ij}\right) \\
&= \frac{1}{n}\left\{E(x_{Ii}^2) + \sum_j (n-1)\mu E(x_{Ij})\right\} \\
&= \frac{1}{n}\left\{E(x_{Ii}^2) + (n-1)\mu^2\right\} \qquad \text{(A.2)}
\end{aligned}
$$

これを使って $(\overline{x}_I)^2$ の事象 I に関する平均（の n 倍）$E_I(n(\overline{x}_I)^2)$ を求めよう．

$$\begin{aligned} E_I(n\ (\overline{x}_I)^2) &= E_I(E(x_{Ii}^2)) + E_I((n-1)\mu^2) \\ &= E_I(E(x_{Ii}^2)) + (n-1)\mu^2 \end{aligned} \tag{A.3}$$

以上の準備によって，標本分散の平均 $E_I(S_I^2)$ は次のように求められる．

$$\begin{aligned} nE_I(S_I^2) &= n\ E_I(E(x_{Ii}^2)) - n\ E_I\left(\frac{1}{n}\left\{E(x_{Ii}^2) + (n-1)\mu^2\right\}\right) \\ &= (n-1)E_I(E(x_{Ii}^2)) - (n-1)\mu^2 \\ &= (n-1)\sigma^2 \end{aligned} \tag{A.4}$$

これが，式 (2.7) である．

B　シャピロ・ステップの電圧 (3.3)

超伝導物体はその中に磁界を存在させない（**マイスナー効果**）．**ジョセフソン素子**は，超伝導線に少し弱い部分を作ったものであり，超伝導性の破れ（磁界の出入り）を許す．すなわち，ジョセフソン素子と電流回路がつくるループに鎖交する磁界に変化が生じ得る．マイクロ波照射は，この磁界の変化を誘発する．ただし，磁界の量は，最小の磁界の単位（磁束量子）Φ_0 の整数倍でしか変化できない．

そして，磁界の変化はループに沿った電圧を生成する．電磁誘導の法則によれば，n を整数として電圧 V は次式である．

$$\begin{aligned} V &= -\frac{d\Phi}{dt} \\ &= -\Phi_0\frac{dn}{dt} \end{aligned} \tag{B.1}$$

次元解析をしてみると磁束量子磁気素量 Φ_0 は電気素量 e^* を用いて

$$\Phi_0 = \frac{h}{e^*}$$

と表すと都合がよいことがわかる．また，n は通り抜けてゆく磁束量子の個数であって，マイクロ波の周波数 f によって $dn/dt = f$ である．したがって

$$V = f\frac{h}{e^*} \tag{B.2}$$

となる．超伝導では，超伝導粒子は電子 2 つが結合しており，$e^* = 2e$ であるため，式 (3.3) が得られる．

C　古典的なホール効果とキャリア密度・移動度の計測

古典的な**ホール効果** (**Hall effect**) (E.H. Hall, 1879) は，図 C.1 に示されるような計測を行うと，ホール電圧 V_{H} が観測される現象である．これは，移動するキャリア電荷 q が磁界 $\boldsymbol{B}$ によって曲がる力

$$\boldsymbol{f}_B = q\boldsymbol{v} \times \boldsymbol{B}$$

と，曲がった結果電荷が蓄積され発生した電界により生じる力

$$\boldsymbol{f}_E = q\boldsymbol{E}$$

がつりあうことによる．ホール抵抗は

$$\rho_{xy} \equiv \frac{V_{\mathrm{H}}}{I}$$

である．

この効果は，キャリア密度 n とキャリア移動度 μ を分離して計測するのに役立つ．導電率や電流密度は容易に計測できるが，電流密度は $\boldsymbol{J} = nq\boldsymbol{v}$ であり，一方，移動度で表せば $\boldsymbol{J} = nq\mu\boldsymbol{E}$ であるので，導電率計測のみでは n と μ を分離することができない．

ホール電圧 V_{H} は，キャリア密度を n とすると

$$\begin{aligned} h_y E_y &= h_y v B_z \\ &= \frac{h_y B_z I_x}{nq} \\ &\equiv h_y B_z I_x R_{\mathrm{H}} \end{aligned}$$

であり，ホール係数 R_{H} は

$$R_{\mathrm{H}} \equiv \frac{E_y}{B_z I_x} = \frac{1}{nq}$$

となる．これによって，キャリア密度 n がわかり，μ も求められる．

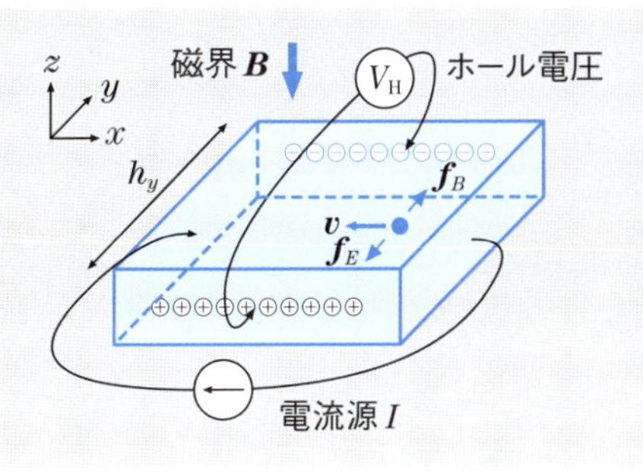

図 C.1　古典的なホール効果

D 情報量

第 8.3 節の情報量（情報の多さ）は，どのように定義されるべきだろうか．情報量 f とは，ある事象を知ったときに「どれだけびっくりするか」を表すものであると考える．つまり，情報量 =「びっくり度」である．

宝くじで 1 等が当たったことと 4 等が当たったこととでは，それを聞いたときのびっくり度が異なる．一般に，事象が起こる確率が小さいものであるほど，その事象にびっくりする．どれが起こるかわからない完全事象系 $\{A_1, \cdots, A_n\}$ の各事象のびっくり度は，事象の個数 n のみによって決まるだろう．すなわち

$$f = f(n)$$

と表すことができる．また，$m < n$ ならば $f(m) < f(n)$ だろう（単調増加関数）．さらに，複数の事象が起こる確率は，各確率の積であるから，情報量の和は

$$f(m) + f(n) = f(mn)$$

とできるだろう．

このような関数は対数関数である．そこで情報量 f は

$$f(n) = \log_a n$$

であると考えることにする．底 a は何でもよい．底を，$a = 2$ とするとき，情報量 $\log_2 n$ の単位を [bit]（**ビット**）とよぶ．これを自然対数の底 $a = e$ とするならば，情報量 $\ln n$ の単位を [nat]（**ナット**）とよぶことにする．

E 電磁波の種類

電磁波はその日常的に利用される周波数範囲が広く，数 kHz の低周波からマイクロ波，ミリ波，光波（遠赤外光，赤外光，可視光，紫外光），X 線，γ 線にいたるまでさまざまな名前がつけられている．これを図 E.1 に示す．

上にゆくほど高い周波数（短い波長）の電磁波を表し，そこには光波や X 線も含まれる．高周波側の周波数のよび名に「超」といった連結句が多い．これは，はじめは低い周波数のみが利用可能であったものが，徐々に高い周波数までその利用範囲を拡大してきたという，高周波化の歴史を物語るものである．なぜ高周波化が進んだかというと，電気（および光）通信や情報処理において，高い周波数のほうがより多くの情報を送受信・処理できるからである．

注意しなければならないのは，波長に関する名前のうち，**マイクロ波** (Microwave) は波長が数センチメートルの電磁波を指すことである．名前は「マイクロ」だが，こ

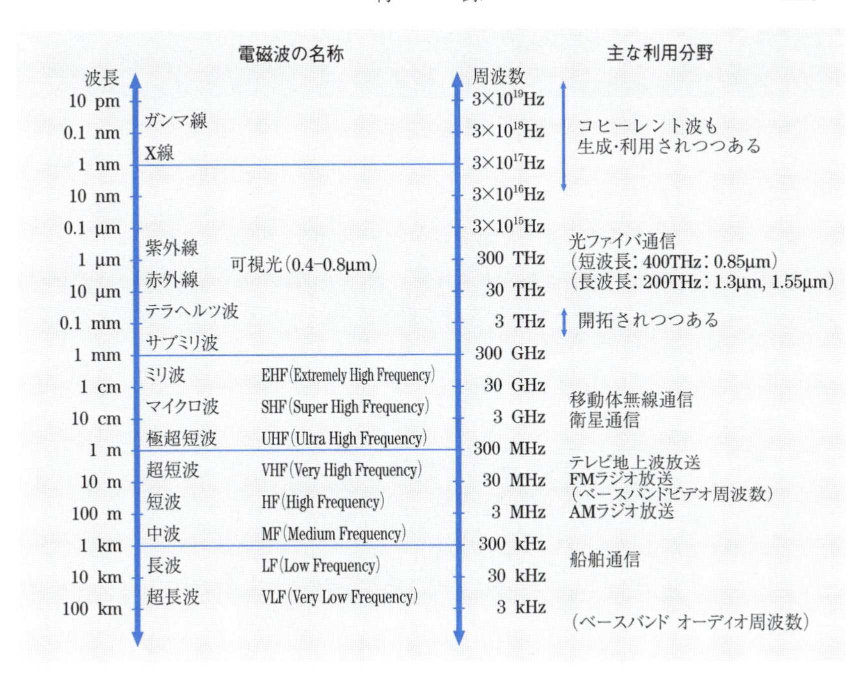

図 E.1　電磁波の波長および周波数と，帯域の呼び名，用途例

れは歴史的な名前付けの経緯のために，波長で数ミリメートルの電磁波である**ミリ波** (**Millimeter wave**) よりも長い波長（低い周波数）の電磁波を指すことになってしまった．そして，波長がミリ波よりもやや短い電磁波を，**サブミリ波** (**Submillimeter wave**) とよぶことになっている．

また近年まで，サブミリ波より短い波長で赤外光よりも長い波長の電磁波は，その発生がかなり困難な状況にあり，暗黒地帯となっていた．電磁波周波数の高周波化の歴史は，1930 年代にミリ波の発生が可能になったあたりでずっと停滞していた．そして，この暗黒地帯を開拓するよりも先に，1960 年にレーザの発振に成功し，光周波数領域の開拓が始まることとなった．その後，レーザ光は長波長の赤外へ，あるいは短波長の可視光へと，その周波数帯域を広げている．そして現在，暗黒地帯もテラヘルツ波として徐々に開拓されてきている．

さらに高周波側では，コヒーレントな X 線の発生と利用に関する研究が進められている．「コヒーレントな」とは「可干渉の，正弦波的で位相雑音が少ない」という意味である．X 線程度の非常に高い周波数になると，コヒーレントな電磁波の発生が難しい．しかし近年，そのような周波数帯域においても徐々にコヒーレンスの高い発生源が実現されつつあり，高度な干渉計測も行われ始めている．

F ケーブルの特性インピーダンス

よく用いられるケーブルの型式と特性インピーダンスは次の通りである．日本の同軸ケーブルの頭につく数字（1.5, 2.5, 3, 5 など）は同軸ケーブルの径（内部絶縁体外径 [mm]）を表し，C または D は特性インピーダンスを表す．50 [Ω] は一般計測用，75 [Ω] はアンテナ用である．RG で始まるものは米国規格である．また，イーサネットの twisted cable（100Base–TX など）にはいくつかの種類があるがだいたい 100 [Ω] 程度である．パーソナルコンピュータの内部配線用のフラットケーブルも 100 [Ω] 程度のものが多いが，50 [Ω] または 75 [Ω] のものもあり注意を要する．

表 F.1 各種ケーブルの特性インピーダンス

同軸ケーブルの規格	Z_0
1.5D-2V, 2.5D-2V, 3D-2V, 5D-2V	50 [Ω]
RG58A/U, RG58C/U	50 [Ω]
1.5C-2V, 2.5C-2V, 3C-2V, 5C-2V	75 [Ω]
RG59/U	75 [Ω]

その他のケーブルの規格	Z_0
平形平衡フィーダコード（テレビ・FM ラジオアンテナ用）	300 [Ω]
計算機内部配線用のフラットケーブル	多くは 100 [Ω]
計算機相互通信のイーサの 100Base-TX	多くは 100 [Ω]

G 新しい SI 単位系とその制定の背景

第 3.1 節に記述した SI 単位系は，2018 年 11 月に国際度量衡総会 (Conference general des poids et measures : CGPM) で採択され，2019 年 5 月から施行された．

それ以前に SI 単位の定義が最後に更新されたのは 1983 年のことであった．その内容は 1 メートルの定義を，メートル原器の利用に代えて，一定の時間に光が真空中を伝わる行程の長さ，としたことである．これはそれまでの SI 単位系の大きな問題をひとつ解決するものであった．その問題とは，定義と現示（実際に利用できる形で示すこと，またそのもの）が一体であったことである．すなわち，長さにメートル原器を用いていたことである．しかし，原器という実体は経年変化などの影響を受けるため，どうしても不安定である．これに連動して定義値が変動してしまう．その他の当時の問題点は，質量にもキログラム原器を用いていること，ジョセフソン素子と量子ホール効果を利用する現代では電流の定義がむしろ真空の透磁率を規定するようになってきたこと，水の三重点は水の純度や同位体組成に依存すること，モルが質量に依存しすなわちキログラム原器によっていること，であった．

これらの問題を解決してより信頼性の高い単位系を構成するため，次のような改定を進める方向が2011年の第24回国際度量衡総会で採択された．すなわち，プランク定数，電気素量（電子の電荷量），ボルツマン定数，アボガドロ定数という基礎定数の計測の精度が所定の十分な値に達したら，むしろこれらを義値として定め，それを基にしてキログラム，アンペア，ケルビン，モルの定義を行う，とする改定である．

2018年までの古いSI単位系の構成と新しいSI単位系の構成を，図G.1に比較する．時間[s]，長さ[m]，質量[kg]，電流[A]，温度[K]，光度[cd]，物質量[mol]の7つの基本単位について，それらを定義している定義値を左列に集め，お互いの依存関係を矢印で示した．すなわち，時間[s]はセシウム133の超微細構造の放射の周波数$\Delta\nu(^{133}\mathrm{Cs})_{\mathrm{hfs}}$によって定義される，長さ[m]はこの時間[s]と光速cによって定義される，などと読むことにする．

図G.1(a)の古いSI単位系の定義値には，キログラム原器の質量，水の三重点，炭素12のモル質量という不安定なものや精度の低いものが入っている．古い定義では，それらを使って計測を行うことにより，プランク定数h ($[\mathrm{J\ s}] = [\mathrm{s}^{-1} \cdot \mathrm{m}^2 \cdot \mathrm{kg}]$)や電気素量$e$ ($[\mathrm{C}] = [\mathrm{s\ A}]$)，ボルツマン定数$k_\mathrm{B}$ ($[\mathrm{J\ K}^{-1}] = [\mathrm{s}^{-2} \cdot \mathrm{m}^2 \cdot \mathrm{kg} \cdot \mathrm{K}^{-1}]$)，アボガドロ定数$N_\mathrm{A}$ ($[\mathrm{mol}^{-1}]$)といった基礎定数の値を定めていた．この状況は，安定性や精度を考えると本末転倒ともいえる．これを解消するものが，図G.1 (b)の新しいSI単位系である．そこではむしろプランク定数，電気素量，ボルツマン定数，アボガドロ定数などの数値を固定して定義値とすることにより，定義の不安定さをなくしている．これら定数と古い定義の主従関係を逆転させた．

なお，SI単位系のこれら各単位の定義については，その精度と利便性の向上のため常に見直しの可能性が探求されている．たとえばより正確な時間を目指して，日本の産業技術総合研究所，東京大学などでは光格子時計の研究が進められている．

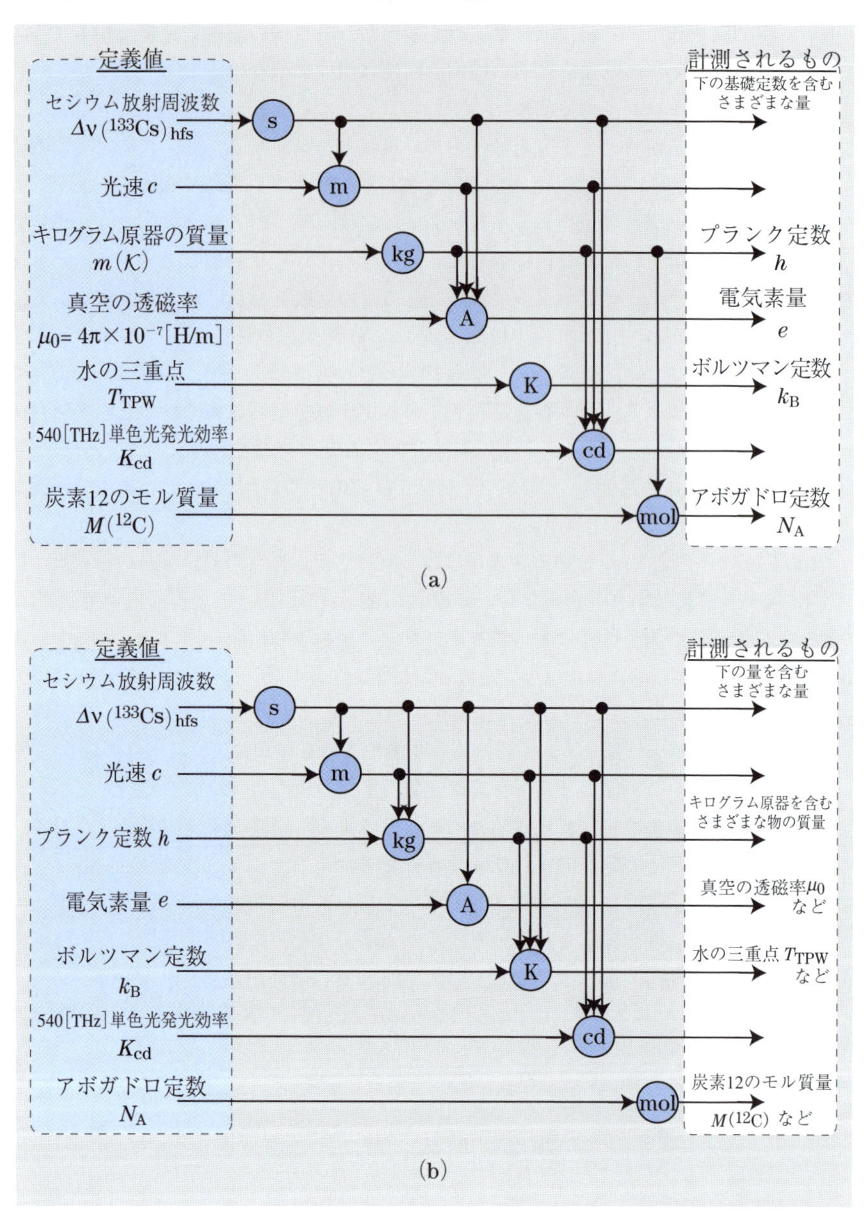

図 G.1　(a) 2018 年まで利用されていた古い SI 単位系（1983 年改訂）の構成と (b) 現行の新しい SI 単位系（2018 年採択，2019 年施行）の構成.

問題略解

1　計測の位置付けと基本概念

1　先端科学技術の分野はもちろんのこと，政治，経済などを含む社会現象，また芸術や心理などの分野の計測対象もあるだろう．広く考えてみてほしい．

2　目的の重要性については，2 ページの項目 (1) を参照．

3　直接計測と間接計測については 9 ページの項目 (1)，零位法と偏位法については同ページの項目 (2)，受動計測と能動計測については 9 ページの項目 (3) を参照．

4　抵抗値を計測するときにブリッジを使う場合には零位法であり，テスタを使う場合には偏位法である，など．

2　統計的な性質と処理

1　標本分散 S^2 と不偏分散 u^2 の関係については，付録 A を参照．

2　$\overline{x} = 100.3,\ S^2 = 0.568,\ u^2 = 0.631$．$u = 0.79$ となるから

$$t_{0.05} \times \frac{u}{\sqrt{n}} = 2.26 \times \frac{0.79}{3.16} = 0.57$$

で，真の値 μ は，95%の確率で $100.3 - 0.57 \leq \mu \leq 100.3 + 0.57$ にあると推定される．

3　プログラムを作って実行する．あるいは，表計算ソフトを活用する．

4　積 $c = ab$ については，$c + \Delta c$ に対して $(a + \Delta a)(b + \Delta b) = ab(1 + \Delta a/a + \Delta b/b + (\Delta a \Delta b)/(ab)) \simeq c(1 + \Delta a/a + \Delta b/b)$（2 次の微小項を無視）と考えると，$\Delta c/c = \Delta a/a + \Delta b/b$ である．誤差は統計的に無相関に生起するので，誤差の上限としては各項を絶対値に置き換える．除算 $c = a/b$ についても同様であるが，$1/(b + \Delta b) = (1/b)(1 + \Delta b/b)^{-1} \simeq (1/b)(1 - \Delta b/b)$ とする．線形和では定数係数の扱いは $|\Delta(Aa)| = |A\Delta a|$ などとする．一般的な関数については，観測点における微分係数が局所的な傾きなので，それを定数係数と考えれば線形和と同様になる．

3 単位と標準

1　28 ページの例 1 と同様に，29 ページの表 3.2 の右端の列の SI 基本単位による表し方を見ながら利用できそうな物理法則の式を書き出し，それを変形する．

2　低周波でだいたい 100 [dB]，すなわちパワーで 10^{10} 倍，振幅で 10^5 倍ぐらい．

3

減衰係数	1 [m]	100 [m]	1 [km]	100 [km]
0.042 [dB/m]	−0.042 [dB]	−4.2 [dB]	−42 [dB]	（事実上全く伝わらない）
0.11 [dB/m]	−0.11 [dB]	−11 [dB]	−110 [dB]	（事実上全く伝わらない）
0.38 [dB/m]	−0.38 [dB]	−38 [dB]	−380 [dB]（事実上全く伝わらない）	（事実上全く伝わらない）
0.027 [dB/m]	−0.027 [dB]	−2.7 [dB]	−27 [dB]	（事実上全く伝わらない）
0.16 [dB/km]	事実上全く減衰なし	−0.016 [dB]	−0.16 [dB]	−16 [dB] で伝わる

4　ジョセフソン電圧標準（35 ページ）や量子ホール効果抵抗標準（37 ページ）を参照．

5　可遡及性（トレーサビリティ）については，38 ページを参照．

4 指示計器

1　瞬時値はその瞬間瞬間の値．平均値，絶対値平均，実効値，尖頭値については 46 ページの表 4.1 にあるそれぞれの式を見ながら，それらを言葉で説明するとよい．

2　表 4.1 の式によって計算し，(b) 0 [V], (c) 90 [V], (d) 100 [V], (e) 283 [V]

3　図 4.5 で，トルクが $T \propto i(t)(v(t)/R)$ であり，電流と電圧の積が得られ，これを時間積分することになるから．

4　位相差が $\pi/2$ ではなく θ の場合，式 (4.10) および式 (4.11) はそれぞれ次のようになる．

$$
\begin{aligned}
H_1 &= h_1 \cos \omega t \\
H_2 &= h_2 \cos(\omega t + \theta) \\
&= h_2 \cos \omega t \cos \theta - h_2 \sin \omega t \sin \theta
\end{aligned}
$$

磁界 H_2 の第 1 項は磁界 H_1 と同相である．したがって，図 4.6 に示されるような互いに 90 度の角度をなすコイル配置の場合，この成分は単になななめに直線的に振動する磁界成分を生成し，回転成分を生み出さない．一方，H_2 の第 2 項は式 (4.11) と同様に回転磁界を生み出す．ただし，その大きさは $h_2 \sin\theta$ となる．その結果，式 (4.17) のトルクが得られる．

5　$\pi/2$ のフルスケール回転とし，電極間隔を $d = 1\,[\mathrm{mm}]$，対向面積を最大で

$$S = 0.1 \times 0.1\,[\mathrm{m}^2]$$

と考えたとする．また，容量が 0 から $\varepsilon_0 S/d$ まで線形に変化するとする．トルクは

$$\begin{aligned} T &= v^2 \times 8.85 \times 10^{-12} \times \frac{(0.1 \times 0.1)/0.001}{(3.14/2) \times 2} \\ &= v^2 \times 2.82 \times 10^{-11} \end{aligned}$$

となる．もし電圧が $10\,[\mathrm{kV}]$ かかれば，トルクは $T = 2.82 \times 10^{-3}\,[\mathrm{N \cdot m}]$ となる．

6　指示計器の階級については，53 ページの説明を参照．

5　指示計器による直流計測

1　倍率器を，9, 29, 99, 299, 999 [kΩ] とする．

2　分流器を，なし，500, 111, 34.5, 10.1 [Ω] とする．

3　四端子法については 61 ページの説明を，ガードリングについては 60 ページの説明を，それぞれ参照．

4　ダブルブリッジについては，まず 65 ページの図 5.9 を見ると r_a, r_b および r_m は Δ 形に結線されている．電気回路の Δ−Y 変換によれば，図 5.9(b) の等価回路の R_a, R_b および R_d の値を式 (5.4)〜(5.6) のように得る．その結果，ブリッジの式 (5.3) と同様に考え式 (5.7) を得る．ここから R を求める．その際，$R_A : R_B = r_a : r_b$ が満たされている可変抵抗器であることから

$$\frac{R_\mathrm{A}}{R_\mathrm{B}} \frac{r_\mathrm{b} r_\mathrm{m}}{r_\mathrm{a} + r_\mathrm{b} + r_\mathrm{m}} - \frac{r_\mathrm{a} r_\mathrm{m}}{r_\mathrm{a} + r_\mathrm{b} + r_\mathrm{m}} = 0$$

となることを使う．

5　テスタによる抵抗値計測が内蔵電池電圧に左右されない理由は，67 ページに詳しく説明した．特に，手順 (1) にあるように $R_s \gg r_A$ であると仮定できる状況にあることが重要である．電池電圧が低下しすぎると，プローブを短絡して r を調整しても最大目盛を指せなくなり，計測できなくなる．

6　指示計器による交流計測

1　瞬時電力，平均電力，実効電力，無効電力，皮相電力，電力量については，71 ページのそれぞれの説明を参照.

2　力率については，71 ページの説明を参照.

3　実効値については，71 ページの説明を参照．正弦波ではピーク電圧値やピーク電流値の $1/\sqrt{2}$ である.

4　図 6.2 に対する図を描く．コンデンサでは，電流に対して電圧が $\pi/2$ 遅れることになり，$\boldsymbol{i}$ を実軸にとれば，$\boldsymbol{v}$ は $-\pi/2$ に向く．コイルに対しては，電圧が $\pi/2$ 進むことになり，$\boldsymbol{i}$ を実軸にとれば，$\boldsymbol{v}$ は $\pi/2$ に向く.

5　電力量計の構造と動作については，75 ページの誘導形積算電力量計の説明を参照.

6　図 6.3 の 3 つのコイルが図 4.6 の 4 つのコイルのうちの 3 つ分を構成している．その結果，第 4 章の誘導形指示計器の式 (4.16) と同様になる．図 6.3 の場所 1 と 2 は反対称の形になっているが，位相の関係も逆になっているので，同じ向きのトルクを生じる.

7　DCCT（直流用変流器）の構造と動作については，図 6.7 と 79 ページの説明を参照.

8　比型ブリッジおよび積型ブリッジの平衡条件については，83 ページの説明の式をなぞって，それぞれのインピーダンスを C や L を含めて具体的に表す.

9　計測用接地 R_2 に電流が流れなければ，それは大地の電位と等電位である．可動接点からみた可変抵抗の電圧降下が，目的とする接地電極の抵抗による電圧降下をちょうど相殺する条件から，式 (6.30) が得られる.

7　計測用電子デバイスと機能回路

1　$V = V_{\rm dd}/\{1 + (R_1(R_2 + R_{\rm in}))/(R_2 R_{\rm in})\}$ となる．(1) 可動コイル形で 1.67 [V]，(2) FET 入力電圧計では 2.49 [V]，(3) つながない場合は 2.50 [V].

2　反転増幅器，非反転増幅器，トランスインピーダンス増幅器，電荷量出力器，電圧フォロア，加算器，積分器，微分器などの機能回路の構成と動作については，103〜108 ページの詳しい説明を参照.

3　図 7.8(h) の回路に入力抵抗 R を直列に加え，負帰還の抵抗値も同じ R とし

$$\frac{1}{2\pi CR} = 500\,[\mathrm{Hz}]$$

となるように C を選んで構成する．詳細は 108 ページの項目 (8) を参照．

4　オペアンプの利得の周波数特性については，式 (7.14) を式 (7.15) に代入して式 (7.16) を得る．その結果，振幅は $G(f)$ の実部と虚部が等しくなる周波数

$$f_{\mathrm{c}} = \frac{f_{\mathrm{c}0} A_0}{G_0}$$

を境に，それより低い周波数では一定の大きさ（分母の大きさが $1 + (A_0/G_0)$ に近づく），高い周波数では周波数に反比例（すなわち -6[dB/octave] で減衰，分母が周波数に比例）することがわかる．位相は同じく f_{c} では分母の実部と虚部が等しいため 45 度である．それより低い周波数では周波数が下がるにつれて 0 度に近づき（分母の実部が大きくなる），高い周波数では周波数が高くなるにつれて -90 度に近づく（分母の虚部が大きくなる）ことがわかる．

8　ディジタル計測

1　ディジタル計測の長所と短所については，116 ページの説明を参照．ディジタル計測特有の注意点があることに留意する．

2　ゲート幅変調型，デュアル・スロープ型，逐次比較型の各 A/D コンバータの構成と動作については，121 ページからの説明を参照．

3　抵抗比型および 1 ビット型の各 D/A コンバータの構成と動作については，123 ページからの説明を参照．それぞれ利点と欠点がある．

4　第 8.7 節の量子化雑音の考え方により，SN 比は約 146 [dB] に制限される．

5　128 ページの図 8.10(b) は，エイリアシングが起こらないぎりぎり低いサンプリング周波数でサンプリングを行っている状況を時間領域で示したものである．これよりもサンプリング点がまばらになると，波形の山と谷を捉えることができなくなる．その様子を図に表現して説明するとよい．

6　129 ページの標本化定理の考え方により，$8\,[\mathrm{kHz}]/2 = 4\,[\mathrm{kHz}]$ 以上の周波数をカットするロー・パス・フィルタ．

7　量子化のビット数の相違による量子化 SN 比の違い（129 ページの例 7 参照）と，サンプリング周波数の相違による帯域幅（129 ページの例 8 参照）の違い．

9 波　　形

1　オシロスコープ（132 ページ），ディジタルオシロスコープ（134 ページ），サンプリングオシロスコープ（135 ページ）の項をそれぞれ参照．特にディジタルオシロスコープとサンプリングオシロスコープについては，138 ページに説明されているエイリアシングが起こることについても理解を深めること．

2　サンプルホールド回路の構成と動作については，136 ページを参照．A/D 変換をはじめ，多くの用途に利用される．

3　標本化間隔 T_{s} と標本化周波数 f_{s} については，138 ページを参照．これらは互いに逆数の関係にある．適切に標本化が行われるために標本化周波数 f_{s} は，波形に含まれる最高周波数 $f_{\max}$ に対して $f_{\mathrm{s}} > 2f_{\max}$ でなければならない．128 ページの第 8.8 節の標本化定理も参照．

4　時間領域では，たとえば正弦波の山ばかりをサンプリングしてちょうど直流電圧を観測したようになる．周波数領域では，干渉の結果でてくる差の周波数が

$$f_{\mathrm{s}} - f_{\mathrm{c}} = 0$$

となって直流が観測される．これは第 10.6 節に述べるホモダイン検波を行っている状況でもある．

10 周波数・位相

1　$\cos(2\pi f_1 t + \theta_1) \cdot \cos(2\pi f_2 t + \theta_2)$

$$= \frac{1}{2}[\cos\{2\pi(f_1 - f_2)t + (\theta_1 - \theta_2)\} + \cos\{2\pi(f_1 + f_2)t + (\theta_1 + \theta_2)\}] \text{ など．}$$

2　フーリエスペクトル（146 ページ）は信号の時間波形をフーリエ変換した結果で，その信号がそれぞれの周波数で持つ振幅と位相値を表す．ベクトルネットワークアナライザ（152 ページ）（電子回路的にはホモダイン検波）によって電子的に計測することができる．あるいは信号を A/D 変換した後に計算でフーリエ変換を行ってこれを得ることもできる．これらは実際の観測では有限の観測時間になる．

一方，パワースペクトル密度は信号のパワーすなわち振幅の 2 乗が各周波数でどれだけの周波数密度を持つかを表すものであり，位相値には着目しない．振幅を 2 乗してもよいし，スペクトラムアナライザ（150 ページ）でも計測できる．

3　スペクトラムアナライザの動作については150ページを，ネットワークアナライザ（特にベクトルネットワークアナライザ）については152ページを参照．いずれも局部発信器により生成された正弦波との混合によって，信号のうち特定の周波数を持った成分を抜き出すものである．ネットワークアナライザでは，局発信号を対象に入力する能動計測を行っている．また特にベクトルネットワークアナライザでは，図10.8(a)に示されるように同相成分（実部）と直交成分（虚部）の両方を計測して，その周波数成分の位相値も得ている．

4　図10.1(b)のフィルタ・バンクによって周波数成分を観測する場合には，各フィルタの帯域幅 B がそのまま周波数分解能となる．同様に図10.1(c)の混合によって観測する場合にも，周波数分解能 B はローパス・フィルタの帯域幅 $B/2$ の2倍（直流をはさんで周波数が折り返すため）である．いずれの場合にも，観測の周波数分解能 B は観測時間 T の逆数である．これは，混合の場合には観測の時間積分を146ページの式(10.2)のように表現することで理解される．したがって，高い周波数分解能を得るためには，分解能の逆数程度の長い観測時間が必要になる．

5　周波数分解能 $B = 1/T$ はそれぞれ $f_0 \times 10^{-2}$ および $f_0 \times 10^{-3}$ [Hz] である．式(10.4)にしたがえば，前者では積分して

$$P(f_0) = \frac{v_0^2}{2f_0R} \times 10^2 \text{ [W/Hz]}$$

それ以外では0．また，後者は

$$P(f_0) = \frac{v_0^2}{2f_0R} \times 10^3 \text{ [W/Hz]}$$

それ以外では0．f_0 が安定していて実際上，線スペクトルであれば，観測時間を長くとるほど，スペクトルはデルタ関数に近づいてゆく．

6　y 切片を出すため，式(10.8)に $v_{\mathrm{ref}} = 0$ を代入すると

$$\left(\frac{v}{v_0}\right)^2 = \sin^2\theta$$

を得る．θ の符号については，輝点の動きも見ながら判断するか，可能であれば観測対象の信号（回路）の位相を回路的にずらしてリサージュ図形がどう変化するかを観察して決める．

11 雑　　音

1　8ページのコラム「『雑音』も主観的なものである」に挙げたように，自分以外の人の電話の声や街のイルミネーションなど，日常生活で経験する雑音を広く考えてみよう．さらにそれぞれについて，162ページに分類したようにその性質を分類するとどうなるかも考えてみよう．

2　熱雑音（162ページを参照），ショット雑音（165ページを参照）ともに白色雑音であり，すなわち周波数に依存しないパワースペクトル密度を持つ．熱雑音は電子の熱振動によって発生するもので，式(11.1)のように絶対温度 T と観測帯域幅 B に比例したパワーを持つ．さらに，観測される電圧や電流の二乗平均は絶対温度に比例する．一方，ショット雑音は電子や光子が持つ粒子性によって発生し，式(11.4)のように電流ゆらぎの二乗平均 $\overline{i_n^2}$ が，信号電流の大きさ i_s と観測帯域幅 B に比例する．

3　163ページに記したように，白色雑音は周波数領域で一定の密度を持つ雑音である．熱雑音やショット雑音は白色雑音である．一方，166ページの $1/f$ 雑音は，周波数が低いほど大きなスペクトル密度を持ち，低周波成分が大きい．そのため時間領域では過去の影響が長く続くことになる．時間的相関が長い．自然風のゆらぎなど，さまざまな場面で観測される．

4　SN比については，167ページを参照．SN比は雑音の大きさに対する信号の大きさの比であり，よくデシベルで表される．これが大きいほど，信号が雑音に埋もれずにはっきり観測されていることを意味する．

5　たとえば20ページの仮説検定の言葉で次のように説明できる．21ページの例2の中の式(2.11)にあるように，標本数 n を増大させると $\sqrt{n}$ に反比例して直流値の推定の精度を増すことができる．観測時間を長くとることは，この標本数を大きくとることに対応する．

6　一般には，ハイ・パス・フィルタ（遮断周波数 f_{cH} より高い周波数の信号を通過させる）とロー・パス・フィルタ（遮断周波数 f_{cL} より低い周波数の信号を通過させる）を組み合わせて利用する．$f_{\mathrm{cH}} < f_{\mathrm{cL}}$ となるようにし，これら2つの遮断周波数の間の周波数の信号を通過させる．あるいは，図11.6のように共振回路を使う場合もある．共振周波数 f_0 に近い周波数の信号と，それから遠い周波数の雑音を考える．f_0 よりも早く変化する信号はコンデンサによってアースに逃げてしまい，また遅く変化する信号はコイルによってやはりアースに逃げてしまい，信号のみ残る．さらに実

際には，第 12 章にあるように，共振周波数 f_0 付近で生じる共振でエネルギーが共振回路に蓄えられるため，ここで大きな信号振幅を得ることになる．

7　ロック・イン・アンプの動作については，169 ページの説明および 170 ページの図 11.4 を参照．

8　ボックスカー積分器の動作については，171 ページの説明および図 11.5 を参照．

9　2 つの順序回路の間でジッタが生じると，演算の同期がとれなくなり，複数の信号の受け渡しで対応関係がくずれて演算が意味を持たなくなってしまう．

12 共　　振

1　181 ページの説明に沿って考える．図 12.1(a2) のコイルのアドミタンス $(j\omega L+R)^{-1}$ と図 12.1(a3) のコイルのアドミタンス $1/(j\omega L)+G'$ を互いに等しいとおくと

$$G' = \frac{R}{\omega^2 L^2 - j\omega LR}$$

を得る．ここで $R \ll \omega L$ ならば

$$G' = \frac{R}{(\omega L)^2}$$

となる．同様に図 12.1(b2) のコンデンサの漏れを含むインピーダンス $(j\omega C+G)^{-1}$ と図 12.1(a3) のコンデンサのインピーダンス $1/(j\omega C)+R'$ を等しいとおくと

$$R' = \frac{G}{\omega^2 C^2 - j\omega CG}$$

を得る．ここで $G \ll \omega C$ ならば $R' = G/(\omega^2 C^2)$ となる．

2　共振周波数 f_0，共振角周波数 $\omega_0 = 2\pi f_0$ については，183 ページの説明にあるように，共振器のアドミタンスやインピーダンスが極値をとる（角）周波数のことである．この（角）周波数で共振が起こる．

3　Q 値については，186 ページの説明を参照．共振の鋭さを表す側面と，コンデンサなどの部品の性能の良さ（損失の少なさ）を表す側面とがある．

4　式 (12.10) から次を得る．

$$\omega_2 - \omega_1 = \frac{(1+\sqrt{4Q^2+1})\omega_0}{2Q} - \frac{(-1+\sqrt{4Q^2+1})\omega_0}{2Q} = \frac{\omega_0}{Q}$$

5　直列共振回路の Q 値も，186 ページの式 (12.11)～(12.16) と類似の議論を，図

12.1(b) について行う．1 周期の間の損失は $Ri_0^2/(2f_0)$，コイルに蓄積されるエネルギーは $Li_0^2/2$ であり，その比である次を考える．

$$2\pi \times \frac{Li_0^2/2}{Ri_0^2/(2f_0)}$$

6　$\tan\delta$ の意味とそれを決定する物理的機構については，コンデンサ，コイルいずれの場合についても，188 ページからの第 12.5 節の説明，および 182 ページの第 12.2 節の説明を参照.

7　$\tan\delta$ と無効電力の関係については，188 ページの複素平面による図 12.5 およびその説明を参照.

8　Q メータの構造と動作原理については，190 ページの図 12.6 およびその説明を参照．共振時の電圧は内蔵電源電圧の Q 倍になる．

9　空洞共振器のモードについては，192 ページの説明および 193 ページの図 12.8 を参照.

10　ファブリ・ペロ共振器の構造と動作については，195 ページの説明を参照．共振の鋭さを表すフィネスについても確認する．

13　伝送線路とインピーダンス マッチング

1　201 ページの式 (13.3) および式 (13.4) のように，$i(t,z)$, $v(t,z)$ それぞれが時間と空間の関数の積として表されると考え，時間的には $e^{j\omega t}$ であるとして，解を仮定してもとの式に代入する．

2　特性インピーダンス，伝搬定数，減衰定数，位相定数については，201, 202 ページの説明を参照.

3　$\sqrt{L/C}$ の単位については，固有の名称を持つ SI 組立単位の表（29 ページ，表 3.2）を参照して次元解析する．

4　反射は，波動が進行する際の突然のインピーダンスの変化によって起こる．詳細については，207 ページの項目 (1)〜(3) の説明を参照.

5　電圧透過係数は，その意味から V''/V と定義される．式 (13.22) によって，これは

$$\frac{V+V'}{V} = 1 + s_0$$

である．短絡（$s_0 = -1$）では，電圧透過係数は 0 になり，透過電圧は 0 になる．開放（$s_0 = 1$）では透過係数は 2 になり，透過電圧は境界点で振幅が 2 倍になるが，電力が透過するわけではない．それは電流透過係数も関わってくるからである．

電流透過係数は，その意味から I''/I と定義される．式 (13.22) から，これは

$$\frac{I - I'}{I} = 1 + s_{I0} = 1 - s_0$$

と表すことができる．

透過電力係数はこれら透過電圧係数と透過電流係数の内積の実部 $\mathrm{Re}[(1+s_0)^*(1-s_0)]$（ただし，$|s_0| \leq 1$）であり，それは $s_0 = 0$ で最大値 1 をとる．

6　まず，式 (13.31) については，複素反射係数 s の振幅のみの関係なので，無損失の場合，計測の位置にはよらない．そこで $z = 0$ での s_0 を考え

$$s_0 = \frac{V'}{V}$$

を式 (13.30) に代入して式 (13.31) を得る．一方，式 (13.32) は位相の関係なので計測の位置が問題である．$z_{\min}$ は節であるから，その点で入射波と反射波の位相は逆転しており，そこでの反射係数の位相は π である（$\arg(s(z_{\min})) = \pi$）．そこから $z = 0$ に計測点を移動させると位相は式 (13.26) によって距離 $z_{\min}$ に相当する $2\beta z_{\min}$ だけ回転する．したがって次式を得る．

$$\arg(s(0)) = 2\beta z_{\min} + \pi$$

7　例 4 と同様に考える．

$$s_L = -0.6,$$
$$\widetilde{Z}_L(z_{\min}) = 0.25 + j0$$

で，この点を負荷方向に $\lambda/8$（90 度）回転させて

$$\widetilde{Z}_L(0) = 0.47 - j0.88$$

となるから次式が得られる．

$$Z_L = 24 - j44\,[\Omega]$$

8　ショートスタブやオープンスタブといった分布定数形のリアクタンス素子は，217 ページの式 (13.43) や式 (13.44) の tan 関数や cot 関数に表されるように，そのインピーダンスが位相定数の周期関数となっており，すなわち周波数の周期関数となるためである．これは物理的には，周波数を変化させたときに，スタブの中に定在波が周期的に立つことに対応している．

参考文献

本書の執筆にあたって，さまざまな分野の既刊書を参考にさせていただいた．特に，次の書籍を参照した．これらは，参考図書としても有用である．

[1] 金井寛，斉藤正男，日高邦彦,「電気磁気測定の基礎（第3版）」，昭晃堂，1992年
[2] （社）電子情報通信学会,「電子情報通信ハンドブック」，オーム社，1988年
関連分野の個別事項が網羅されている．ただし高価なので，まず図書室などで利用することをおすすめする．
[3] 国立天文台,「理科年表」，丸善，毎年発行
基礎的な物理データ・数値が網羅されている．ハンディ版は値段も手ごろである．

なお，本書内容を効果的に習得するには，実際に実験を行って計測技術を身につけることが不可欠である．実験体験が最もよい教師といえる．

実験と講義を並行して進めることが理想的である．しかし大学の課程構成の関係で，これが実現できないことも多い．まず本書で計測について学んだ後に実験を体験する場合には，実験中に疑問が生じたときにすぐに本書をもう一度参照してほしい．

また磁気や光，音波・超音波，圧力，温度などのさまざまな物理量は，ほとんどの場合，センサによって電気量に変換されたのち計測される．そのような場面にも，それぞれのセンサの性質をよく理解した上で本書内容を応用していただきたい．また，それらを含む発展的な計測や，あるいは基礎の理解には，次の参考書籍も役立つ．

[4] 清水良一,「確率と統計」，新曜社，1980年
確率・統計に関する入門書で，統計処理の基本が簡潔に述べられている．
[5] R.P. ファインマン，R.B. レイトン，M.L. サンズ,「ファインマン物理学」，邦訳はI～V巻，岩波書店，1967年
計測対象現象や計測原理の基礎となる物理について，丁寧な説明がなされている．

[6] 大越孝敬,「光エレクトロニクス」, コロナ社, 1982 年
光エレクトロニクスに関する入門書で, 光計測に役立つ.
[7] 小林春雄, 熊倉鴻之助, 畠中寛,「神経情報生物学入門」, オーム社, 1990 年
神経生理の入門書であり, 生体神経関係の計測の基本も確認できる.

付録 G には新しい SI 単位系について記した. この項の一部は次の文献を参照した. 今後, 基礎定数の安定度の充実とともに移行が採択されるだろう.

[8] Bureau International des Poids et Mesures (BIPM), "Towards the "New SI" ...", http://www.bipm.org/en/measurement-units/new-si/, 2013 年
[9] Bureau International des Poids et Mesures (BIPM), "Resolutions adopted by the CGPM at its 25th meeting (18–20 November 2014)", http://www.bipm.org/utils/common/pdf/CGPM-2014/25th-CGPM-Resolutions.pdf, 2014 年
[10] 臼田孝,「国際単位系（SI）の体系紹介と最新動向（概論）」, 計測と制御, Vol.53, No.1, pp.74–79, 2014 年, およびこれにつづく No.2～No.8 に掲載の各論

また, 第 1 章に述べた歴史的な物理計測例に関する逸話は, 次の文献に詳細に記されている.

[11] A. パイス, 西島他訳,「神は老獪にして… —アインシュタインの人と学問—」, 産業図書, 1987 年

索　　　　引

英数字

ア 行

カ　行

サ　行

タ　行

ナ 行

ハ 行

マ　行

ヤ　行

ラ　行

ワ　行

著者略歴

廣瀬(ひろせ) 明(あきら)

1987年　東京大学大学院工学系研究科電子工学専攻博士課程中途退学
　　　　同年東京大学先端科学技術研究センター光デバイス分野助手
1991年　同センター高速電子機能デバイス分野専任講師
1993年　ボン大学（ドイツ）神経情報研究所客員研究員
1995年　東京大学先端科学技術研究センター情報デバイス分野助教授
1999年　東京大学大学院新領域創成科学研究科基盤情報学専攻助教授
2004年　東京大学大学院工学系研究科電子工学専攻助教授
2007年　同教授
2008年　東京大学大学院工学系研究科電気系工学専攻教授　工学博士

主要著書

"Complex–Valued Neural Networks: Theories and Applications," World Scientific Publishing Co., 2003
"Complex–Valued Neural Networks, 2nd Edition," Springer, 2012
"Complex–Valued Neural Networks: Advances and Applications," IEEE Press / Wiley, 2013
『複素ニューラルネットワーク［第２版］』サイエンス社，2016 年

新・電気システム工学＝TKE-5

電気電子計測［第２版］

2003 年 10 月 25 日 © 初 版 発 行
2014 年 4 月 10 日 初版第16刷発行
2015 年 1 月 10 日 © 第 2 版 発 行
2024 年 9 月 25 日 第2版12刷発行

著者 廣 瀬 明
発行者 矢 沢 和 俊
印刷者 山 岡 影 光
製本者 小 西 恵 介

【発行】 株式会社 数理工学社
〒151–0051 東京都渋谷区千駄ヶ谷 1 丁目 3 番 25 号
編集 ☎ (03) 5474–8661 (代) サイエンスビル

【発売】 株式会社 サイエンス社
〒151–0051 東京都渋谷区千駄ヶ谷 1 丁目 3 番 25 号
営業 ☎ (03) 5474–8500 (代) 振替 00170–7–2387
FAX ☎ (03) 5474–8900

印刷 三美印刷　　製本 ブックアート

《検印省略》

ISBN978–4–86481–025–8

PRINTED IN JAPAN